作物品质生理生化与测试技术

主　编　邓志英（山东农业大学）
　　　　田纪春（山东农业大学）
副主编　李　勇（山东农业大学）
　　　　姜小苓（河南科技学院）
　　　　宋雪皎（山东农业大学）
　　　　于海霞（山东农业大学）
编　委（按姓氏笔画排序）
　　　　于海霞（山东农业大学）
　　　　邓志英（山东农业大学）
　　　　田纪春（山东农业大学）
　　　　李　勇（山东农业大学）
　　　　李永强（云南农业大学）
　　　　吴晓军（河南科技学院）
　　　　宋雪皎（山东农业大学）
　　　　张　晓（江苏里下河地区农业科学研究所）
　　　　陈建省（山东农业大学）
　　　　姜小苓（河南科技学院）
　　　　郭迎新（山东农业大学）
　　　　梁荣奇（中国农业大学）

科学出版社

北　京

内 容 简 介

　　本书共分为十章，介绍了作物品质的概念、影响因素和分类，作物淀粉品质、蛋白质品质、油脂品质和纤维素品质的理化性质、生物合成代谢和相关基因及其与加工品质的关系，作物面粉品质、面团品质及最终加工品质的评价指标及最新测试技术，还介绍了品质检测的新仪器和新方法，以及基因编辑技术在作物品质改良中的应用。

　　本书内容新颖、语言流畅、通俗易懂，理论联系实际，具有科学性和实用性，可供各大专院校的农学、食品科学与工程、动物科学、粮食工程等相关专业研究生、本科生及教师使用，也可作为科研院所、谷物及食品检测单位等相关人员的参考书。

图书在版编目（CIP）数据

作物品质生理生化与测试技术 / 邓志英，田纪春主编. —北京：科学出版社，2021.6

ISBN 978-7-03-066690-1

Ⅰ. ①作… Ⅱ. ①邓… ②田… Ⅲ. ①作物-品质-分析 ②作物-品质-测试技术 Ⅳ. ① S331

中国版本图书馆 CIP 数据核字（2020）第 220644 号

责任编辑：丛　楠　张静秋 / 责任校对：宁辉彩
责任印制：张　伟 / 封面设计：蓝正设计

科 学 出 版 社 出版
北京东黄城根北街 16 号
邮政编码：100717
http://www.sciencep.com

北京凌奇印刷有限责任公司 印刷

科学出版社发行　各地新华书店经销

*

2021 年 6 月第 一 版　开本：787×1092　1/16
2022 年 10 月第二次印刷　印张：12
字数：310 000

定价：59.80 元
（如有印装质量问题，我社负责调换）

Preface 前 言

　　"十三五"期间，国家提出《中共中央 国务院关于深入推进农业供给侧结构性改革 加快培育农业农村发展新动能的若干意见》，其中农业供给侧结构性改革的主要内容是提高农产品，特别是与人类食物直接相关的谷物产品的品质水平。同时，根据"保障粮食安全、突出绿色发展、符合市场需求"的原则，国家农作物品种审定委员会提出了三大品种类型——"高产稳产品种""绿色优质品种"和"特殊类型品种"，以及相应的审定标准，尤其是后两种类型，都有严格的品质指标要求。尽管不同的作物其品质要求的侧重点有差异，但是与人类健康息息相关的营养化学指标基本一致。例如，作物中的蛋白质、淀粉、油脂、纤维素等理化性质不仅影响作物自身的品质，而且影响其加工用途，因此，明确作物中重要营养化学指标的理化性质，不仅是确定作物品质优劣的前提，而且对其加工用途、品质研究的创新和确保食品安全具有重要意义。

　　本书在概述作物品质的影响因素、分类及其检测方法的基础上，重点介绍了作物淀粉品质、蛋白质品质、油脂品质和纤维素品质的生理生化、生物合成代谢相关基因及其与加工品质的关系等内容，接着论述了作物面粉品质、面团品质及最终产品加工品质的最新测试技术，最后介绍了品质检测的新仪器和新方法，以及基因编辑技术在作物品质改良中的应用。本书内容符合当前教学对学生知识培养的要求，是农学、食品科学与工程、粮食工程等相关专业研究生的主要教材之一。本书内容丰富，技术具有前沿性，实用性较强，对研究生将来从事作物生产、品质研究、品种选育、营养成分判定和开发利用等工作有帮助，也有利于粮食和食品卫生的安全标准制定及监控方面的高层次研究，以及学生的进一步深造、就业和自主创业。

　　本书内容共分为十章，每章编写分工为：第一章，邓志英、田纪春；第二章，李勇、梁荣奇；第三章，李永强、陈建省、邓志英；第四章，邓志英、吴晓军；第五章，李勇、姜小苓、邓志英；第六章至第八章，邓志英、张晓；第九章，宋雪皎、于海霞；第十章，邓志英、郭迎新。本书介绍的主要品质性状的检测技术和方法，尽量采用国内外最新标准或一些新的研究方法，涉及的内容主要在第六章至第九章。

　　本书的出版得到国家自然科学基金（31871613）、山东省"一流大学和一流学科"建设、山东省研究生教育质量提升计划（SDYY18114）、山东农业大学研究生课程建设等项目的支持，在此表示感谢！

　　由于编者水平有限和经验不足，书中难免存在疏漏，敬请广大读者批评指正。

编 者

2021 年 5 月于山东农业大学

主 编 简 介

邓志英：女，1976 年生，博士，教授，硕士研究生导师。现任农业农村部谷物品质监督检验测试中心（泰安）副主任、山东农业大学农学院种子科学与工程系系主任。主要从事作物遗传育种、产量品质形成分子机理及谷物品质检测分析领域的研究工作。先后主持国家自然科学基金、山东省自然科学基金、山东省重点研发计划等项目 10 多项。获国家科技进步二等奖、山东省科技进步二等奖、山东省高等学校优秀科研成果奖三等奖、中国专利银奖、山东省研究生教育省级教学成果奖等奖项。荣获"泰安市第十四批专业技术拔尖人才"称号。作为主编出版全国高等农林院校"十三五"规划教材《谷物品质分析》，作为副主编和第二主编出版中英文专著两部、参编一部；发表学术论文 70 多篇。

田纪春：男，1953 年生，博士，教授，博士研究生导师，国务院政府特殊津贴专家。先后任农业农村部谷物品质监督检验测试中心（泰安）常务主任、国家农作物品种审定委员会委员、山东省农作物品种审定委员会委员等。现任《分子植物育种》和《粮油食品科技》期刊编委、全国优质专用小麦产业联盟常务理事、国家粮食和物资储备局优质粮食联盟（滨州）理事、山东华通控股集团有限公司农业板块首席科学家等。先后被评为山东省优秀教师、山东省优秀青年知识分子标兵、山东省专业技术拔尖人才和齐鲁最美科技工作者。主持国家973 项目、国家自然科学基金及其他省部级项目等 32 项。自主育成国审和省审小麦新品种18 个。获国家技术发明奖二等奖、山东省技术发明奖三等奖、国家科技进步二等奖及中国专利银奖；获国家发明专利 8 项，植物新品种权 12 项。培养博士和硕士研究生 89 名；发表学术论文 316 篇，其中 SCI 论文 61 篇；出版专著和教材 10 部。

Contents

第一章 绪 论

第一节 作物品质概述

一、作物品质的概念

广义上，品质就是指目标产品的质量，即产品的优劣；而就作物而言，品质是指能够满足人类需求的农作物目标产品的质量或优劣（田纪春，1995）。由于作物的种类较多，其产品多样化，生产-销售-加工-消费等环节的目的不同，所要求的标准也不同，所以很难对优质确定一个统一的标准。例如，对小麦而言，生产者认为籽粒饱满、角质率高、容重高、粒色好、售价高的小麦品质好；经销者则要求籽粒洁净、大小均匀、含水量适宜、无病虫和毒素感染、无发芽、无混杂、蛋白质含量一致；面粉加工者除上述要求外，还要求种皮薄、粒色浅、易磨制、出粉率高和粉质好；食品加工者则重视百克面粉的烘焙或蒸煮体积，以及制成食品的外观、色泽、内部质地等；而消费者则要求制品具有较高的营养价值、较好的外观及良好的口感（魏益民，2002）。不同的作物其品质评价指标也各不相同。例如，评价水果及蔬菜品质的指标包括感官指标和内部指标，其中感官指标主要侧重于产品的外观、质地、风味等，而内部指标主要是指营养物质种类和含量、无毒素、无杂物等。对于水稻，品质评价主要包括外观品质、碾米品质及蒸煮加工和营养品质，其中，外观品质主要包括米粒颜色、籽粒大小、形状、粒重、均匀度、角质率、腹白度等；碾米品质主要包括出米率、糙米产量、精米产量等；蒸煮加工及营养品质主要包括直链淀粉及支链淀粉比例、蛋白质含量、糊化特性、营养物质含量等。因此，评价作物品质是一项十分复杂的任务。

二、影响作物品质的因素

影响作物品质的因素较多，包括内在因素和外在因素，内因主要是基因型，而外因主要涉及气候条件、栽培措施、病虫害、倒伏等环境因素，总体来说基因型和环境是关键因素（唐永金，2004）。即使同一基因型的品种，由于气候、土壤、栽培措施、熟期和收获期等方面的差异也可能导致品质的差异。例如，国内培育的优质小麦品种多数品质不稳定，即在不同地域环境下种植，其品质也会有所差异。一般情况下，基因型是主导因素，决定了作物的遗传特性，但是环境条件对其也有影响。要想获得优质的产品，前提条件是要有优质的品种，再加上相应的配套栽培措施，最终才能生产出相应的优质产品。

（一）基因型

一般情况下，多数作物品质的性状主要受遗传因素的控制，如蛋白质、淀粉、油脂、维生素、食味和蒸煮品质等，但是这些性状如大米香味（受一个隐性基因控制）、籽粒长度、垩白率等也容易受环境条件的影响；因此，大多数品质性状受主效基因和微效基因的控制，一般都是数量性状，除了受遗传因素的影响，还受环境条件的影响。

（二）环境因素

1. 地理和气候

禾谷类作物（小麦、水稻、玉米、大麦、黑麦）籽粒蛋白质含量由北向南、由西向东逐渐提高；大豆则是南高北低；小麦的蛋白质含量随纬度或海拔的降低而逐渐降低。高纬度和高海拔地区，由于气温低、雨量少、日照长、昼夜温差大，有利于油分的合成。季节等气候条件不同，对作物的品质影响也较大，例如，不同季节种植的水稻，其品质就有差异。因此，地理和气候条件显著影响着作物的品质。

2. 光照和温度

适宜的光照和温度利于作物优质品质的形成。温度过高或过低都不利于作物优质品质的形成。前人研究发现，在一定的范围内，随着温度的提高，籽粒蛋白质有所增加，如小麦在20～25℃条件下，蛋白质和面筋含量最高；而水稻籽粒成熟期间的温度则与直链淀粉含量呈负相关。一般光照充足时，有利于优质品质的形成，而光照不足会影响作物的品质。

3. 水分

作物品质的形成期大多处于作物生长发育旺盛期，因此需水量多、耗水量大。如果此时遭遇干旱或渍水，一般都会明显降低品质。水分不足不仅会影响外观品质，也会影响内在品质。水分过多则会抑制根系的生理功能，从而影响地上部的物质积累和代谢，降低品质。对于不同的作物或同种作物的不同品种，水分对其品质的影响是不同的。降雨量和土壤水分的增加，会使作物蛋白质含量有所降低；水分、温度、施肥不同时，也会影响到油料作物油分的含量和成分；麻类作物生长期间如果水分充分供应，可促进形成品质优良的韧皮纤维，防止木质化。

4. 营养元素

（1）大量元素　　一般来说，大量元素指的是肥料中的氮、磷、钾；不同的作物施用氮、磷、钾肥时，对作物品质的影响不同。例如，禾谷类作物小麦，施用氮肥能增加籽粒蛋白质含量，而当氮磷钾配比合理时，能使产量和蛋白质含量均明显增加；在油料作物中，高氮肥可增加饱和脂肪酸含量，减少不饱和脂肪酸含量，从而促使脂肪酸价提高，导致油分变劣；对于淀粉含量高的作物如马铃薯，施用钾肥和磷肥利于提高淀粉的含量，而施用氮肥则会降低淀粉的含量；对于糖类作物如甘蔗和甜菜，生育后期低温有利于积累糖分，而氮磷钾配比合理使用及增施钾肥也可以提高含糖量。

（2）微量元素　　一般来说，微量元素指的是锌、铁、硒、硼等；微量元素含量不足或过量都会影响作物的品质。作物的生长发育包括营养生长和生殖生长，都受微量元素的影响，例如，硼在作物生殖器官发育和受精过程中起重要作用，充足的硼肥利于分生组织的细胞分化。缺硼时，会引起作物不良的表现，例如，油菜的"花而不实"、大/小麦的"穗而不实"、棉花的"蕾而不花"、苹果的"缩果病"、柑橘的"硬化病"、甜菜的"心腐病"、芹菜的"茎裂病"和花生的"有果无仁"等现象。增施硼肥时，不仅可以改善这些不良的表现，而且有利于根系的生长发育，进而改善这些作物的生长发育，提高其品质。

微量元素锌参与了植物叶绿素和生长素的合成，改善植物的碳、氮代谢，有利于细胞的正常分裂与生长。当缺锌时，植物的生长会受到影响，例如，出现叶片变白、节间变短、生长点坏死等现象，以及玉米"白芽病"、水稻"僵苗"、落叶果树"小叶病"、柑橘"斑叶病"等；增施锌肥后，可以改善作物的生长发育，避免不良症状的产生，进而达到增产、改善品质的目的。

5. 空气质量

空气质量的优劣主要受大气污染的影响，例如，粉尘、二氧化碳浓度、臭氧浓度等。空气质量不仅影响人类的生命健康，而且会影响作物的产量和品质。例如，提高臭氧浓度会降低大豆的油酸含量；而提高二氧化碳浓度则会增加脂肪中油酸的含量，二氧化碳浓度升高会降低作物体内碳水化合物向氨基酸和蛋白质转换的速率，使作物体内氨基酸和蛋白质的含量下降。

6. 土壤质量

通常质量好、肥力高、利于作物吸收矿质元素的土壤有利于提高作物的产量和优质品质的形成。例如，酸性土壤不利于作物的生长，但是用石灰改造后，可明显提高作物的蛋白质含量。壤土、砂土比黏土更有利于花生总糖和蔗糖的积累，而且砂土中种植的花生脂肪中油酸 / 亚油酸的含量也最高。土壤的盐渍化不仅影响作物产量而且影响作物品质。例如，盐胁迫会影响大豆籽粒蛋白质含量，对大豆籽粒的脂肪含量影响不大，但对脂肪酸的组成有一定影响（常汝镇等，1994）。

7. 病虫害

病害和虫害严重影响作物的外观品质（如籽粒大小、外观光泽度和整齐度等）和营养品质（如降低有益成分含量、增加有害物质含量等），有的甚至产生毒素、危害人类的身体健康，例如，小麦赤霉病不仅影响小麦产量而且严重影响小麦品质，赤霉菌产生的呕吐毒素在人体内积累到一定程度会致癌；花生和玉米中的黄曲霉毒素含量过高时容易致癌而影响消费者健康。

三、作物品质的分类

作物品质根据不同特征可以分为不同种类（翟凤林等，1991；田纪春，1995）。根据理化性质，可分为物理品质和化学品质；根据结构特点，可分为外观品质和内含品质；根据用途，可分为食用品质、加工品质、饲用品质、工业用品质、商用品质和医用品质；根据工艺流程，可分为一次加工品质和二次加工品质；根据贮藏保鲜特点，可分为保鲜品质和贮藏品质。不同的分类方式之间也相互联系。

（一）物理品质

物理品质主要是指作物产品物理特性的优劣。例如，粮食籽粒的形状、大小、色泽、容重、角质率、种皮厚度、整齐度、饱满度等；水果的果形、大小、色泽、质地等；蔬菜的新鲜度、柔嫩度等。物理品质决定了产品的外观、结构、加工利用及销售的优劣。因此，物理品质也影响产品的外观品质。

（二）化学品质

化学品质主要指作物产品的化学特点，包括产品营养物质的成分、含量等。例如，粮食作物的蛋白质含量、氨基酸成分、面筋含量等；果蔬的维生素成分、含量及矿质元素的

作物品质生理生化与测试技术

成分、含量等。因此，产品的营养价值直接受化学品质的影响。化学品质也决定了产品的内含品质。

（三）加工品质

加工产品是指目标产品对制作不同食品的适合和满足程度。加工品质分为一次加工品质和二次加工品质。一次加工品质是指农产品进行初加工的品质，例如，小麦的一次加工品质针对将小麦加工成面粉的过程，常用的指标是容重、千粒重、硬度、出粉率、灰分含量和面粉颜色等。二次加工品质是指一次加工后的产品进行再加工后产品的品质。例如，制作各种食品时对面粉物化特性的要求，包括面粉品质、面团品质、烘烤品质与蒸煮品质等，主要是指面粉及其制成品如面包、馒头、面条、饼干、糕点等的口感、滋味、烘焙特性和蒸炸特性等。

（四）食用品质

食用品质是评价加工品质的最终指标，包括营养品质、蒸煮品质、烘烤品质、卫生品质等。①营养品质主要是指目标器官中所含营养成分的含量、成分结构及对人畜营养需要的适应性和满足程度，包括营养成分的多少、营养成分是否全面和平衡、营养成分被人畜吸收利用的难易程度，以及抗营养因子及有毒物质的成分、含量等。例如，粮食籽粒中的蛋白质含量、氨基酸成分及含量；油料作物的含油量及脂肪酸成分等。②蒸煮品质主要是指米、面等制作各种食品的适宜性和其质量的好坏，包括大米、小米的蒸煮品质、口感、硬度、风味；小麦面粉制品如馒头、面条、包子等的品质。③烘烤品质主要是指面制品如面包、蛋糕等食品的适宜性及其质量的优劣。④卫生品质主要是指产品是否具有毒性，例如，粮食籽粒及面制品中的呕吐毒素、黄曲霉毒素等；油料作物产品中的芥酸；棉籽油中的棉酚、单宁、植酸、重金属、农药残留等。

第二节　作物品质检测方法概述

一、作物品质检测的意义

随着粮食"丰年有余"新局面的到来，我国作物生产也发生了转变：一是由过去单纯注重产量向产量、品质兼顾方向发展，培育优质专用作物新品种和种植优质高效作物已成为农业结构调整的主要内容；二是从保护环境和人民健康的角度出发，国家开始重视无公害、绿色和有机食品的安全生产，投入大量资金在各种作物主产区组建国家和省部级质检结构，大力支持农产品质量标准化和监督检验工作。这些工作都是以作物品质的检测分析为前提和基础。目前，正规的作物品质检测分析已有百年的历史，随着电子技术的发展和计算机软件的开发，作物品质分析技术得到了迅速发展。例如，面团流变学参数测试仪器由手动变为自动，以及自动凯氏定氮仪的问世等。因此，作物品质检测对我国作物品质的改良具有重要的意义（邓志英等，2020）。

首先，作物品质检测是品质育种选择的基础。许多品质指标不能直观判断，例如，面团稳定时间、面筋含量等指标，必须通过测定才能确定。许多品质指标虽然可以直观判断，但常与实际情况有较大差异。例如，有些看起来为软质胚乳的小麦，实际硬度测定值很大；角质率高的品种，硬度反而较小。现有品种的审定标准中已有品质指标和评分，品质检测已是品种审定的前提条件。

其次，作物品质检测是粮食优质优价的标准。国际贸易、进出口的价格谈判，常以品质优劣作为主要依据。例如，美国硬红冬麦的价格是一般小麦的两倍。"订单农业"的产业化种植，必须有品质监督检测才能确定品种类别、最终用途和价格，从而协调产销双方的矛盾。

再次，作物品质检测是质量标准化的必要前提。尽管国家和一些省份在"十五"至"十三五"期间都立项进行质量标准化工作，但我国农产品及其制品的质量标准仍亟待完善。质量标准化工作的前提和主要依据就是质量监督检测，近期国际上关于中国食品质量的一些非议更说明我国的食品标准化有待提高。

最后，作物品质检测是谷物产品功能性开发和工业利用的基础。应通过检测和试验确定物质的功能性和工业利用价值。一是可通过检测和试验确定物质的含量和提取价值；二是通过检测和试验确定物质的提取和应用方法。

二、作物品质检测分析方法

在分析工作中，由于分析的目的不同，或由于被测组分和干扰成分的性质，以及它们在食品中存在数量的差异，所选择的分析方法也各不相同。食品分析常采用的方法有：感官检验法、化学分析法、仪器分析法、微生物分析法、酶分析法（田纪春等，2006）。

（一）感官检验法

感官检验又称感官分析，是在心理学、生理学和统计学的基础上发展起来的一种检验方法。它是借助人的感觉器官的功能，如视觉、嗅觉、味觉和触觉等感觉来检验食品的色、香、味和组织状态等。感官检验是与仪器检验并行的重要检测手段。

（二）化学分析法

化学分析法是以物质的化学反应为基础，是被测成分在溶液中与试剂作用，由生成物的量或消耗试剂的量来确定组分和含量的方法。

化学分析法包括定性分析和定量分析两部分。化学定量分析法包括重量法和滴定法：粮食中水分、灰分、脂肪、果胶、纤维等成分的常规测定方法都是重量法；滴定法又包括酸碱滴定法、氧化还原滴定法、络合滴定法和沉淀滴定法4种，其中前两种最常用，如酸度、蛋白质的测定常用酸碱滴定法，还原糖、维生素C的测定常用氧化还原滴定法。

化学分析法是植物养分与品质分析的基础。为保证仪器分析的准确度和精密度，还须用规定的或推荐的化学分析标准方法作对照，以确定两种方法分析结果的符合程度。

（三）仪器分析法

以物质的物理或物理化学性质为基础，利用光电仪器来测定物质含量的方法称为仪器分析法。它包括物理分析法和物理化学分析法。物理分析法是通过测定密度、黏度、折光率、旋光度等物质特有的物理性质来求出被测组分含量的方法。物理化学分析法是通过测量物质的光学性质、电化学性质等物理化学性质来求出被测组分含量的方法，它包括光学分析法、电化学分析法、色谱分析法、质谱分析法和放电化学分析法等。

仪器分析法具有灵敏、快速、操作简单、易于实现自动化等优点。随着科学技术的发展，仪器分析法已越来越广泛地应用于食品分析中。

（四）微生物分析法

微生物分析法是基于某些微生物的生长需要，在特定的物质、方法和条件下进行的成分分析，它克服了化学分析法和仪器分析法中某些被测成分易分解的弱点，方法的选择性也较高。微生物分析法广泛应用于维生素、抗生素、激素等成分的分析。

（五）酶分析法

酶分析法是利用酶的反应进行物质定性、定量的方法。酶是生物催化剂，它具有高效和专一的催化特性，而且是在温和的条件下进行。酶作为分析试剂应用于品质分析中，解决了从复杂的组分中检测某一成分而不受或很少受其他共存成分干扰的问题，具有简便、快速、准确、灵敏等优点。目前已应用于有机酸（柠檬酸、苹果酸、乳酸等）、糖类（葡萄糖、果糖、乳糖、半乳糖、麦芽糖等）、淀粉、维生素 C 等成分测定。

三、作物品质检测分析的发展方向

近年来，随着食品的发展和科学技术的进步，谷物品质分析发展十分迅速，一些学科的先进技术不断渗透到分析工作中来，形成了分析方法和分析仪器日益增多的现状。这不仅缩短了分析时间，减少了人为的误差，而且大大提高了测定的灵敏度和准确度。

（一）分析方法标准化

近 20 年来，国际和国内都十分重视植物养分和品质分析的标准方法的制定，国际上常用的有 AACC（美国谷物化学协会）标准方法、ICC（国际谷物协会）标准方法，国内的有国家标准（GB）、行业标准（HB）、地方标准和企业标准。

（二）分析手段仪器化

科技水平先进的国家在谷物品质分析中已基本采用仪器分析和自动化分析方法来代替传统手工操作。气相色谱仪、高效液相色谱仪、氨基酸自动分析仪、原子吸收分光光度计、凝胶成像扫描仪、电子型粉质仪、拉伸仪、质构仪等均已在分析中得到了普遍应用。我国近几年也开始应用上述仪器开展各种食品成分的分析工作。

（三）分析程序自动化

自动化分析技术的研究始于 20 世纪 50 年代末期。植物样品中的某些维生素、微量和常量元素、脂肪酸、部分氨基酸等的测定均可用自动化流程进行分析，免除了繁重的手工操作，样品和试剂用量减至微量，分析时间也大为缩短。

随着科学技术的突飞猛进、植物生产的发展和生活水平的不断提高，人们对食品的品种、质量等要求越来越高，相应的需求分析项目也越来越多，对分析的准确度要求也越来越高。总之，为适应食品工业发展的需要，食品分析将在准确、灵敏的前提下，向着简易、快速、微量、可同时测定若干成分的自动化分析的方向发展。

思　考　题

1. 作物品质的概念是什么？有哪些影响因素？
2. 作物品质是如何进行分类的？
3. 为什么要进行作物品质检测？
4. 作物品质检测的方法有哪些？
5. 作物品质检测的发展方向如何？

第二章　作物淀粉品质的生理生化

第一节　概　　述

淀粉是植物种子（小麦、玉米、水稻、高粱等）、块茎与块根（马铃薯、红薯等）和干果（栗子、白果等）的主要成分。全球每年禾谷类作物中淀粉总产量约为 100 亿吨，绝大部分用作粮食和饲料，还可作为工业原料广泛应用于食品、医药、饮料、造纸、包装、纺织和化工等工业中，在人类生活中占据重要地位，其营养品质和加工品质具有重要的社会和经济意义。谷类作物淀粉含量一般占种重的 60%～75%；薯类作物淀粉含量一般占块根重的 57%～87%；豆类作物淀粉含量一般占种重的 30%～60%。籽粒的不同部位淀粉含量差异较大。谷物籽粒中的淀粉主要集中在胚乳中，糊粉层中只含有极少量粒度很细的淀粉，而胚（除玉米外）都不含淀粉。

一、淀粉的化学性质

淀粉（starch）是由 α-D-葡萄糖残基通过糖苷键连接而成的储能形式的均一多糖。因淀粉分子只有一种葡萄糖，故属于同多糖，组成每个淀粉分子的葡萄糖残基数目称为聚合度（degree of polymerization）。淀粉的许多化学性质基本上与葡萄糖相似，但由于其相对分子质量比葡萄糖大得多，所以也具有特殊性。

（一）淀粉的水解作用

淀粉在与酸共煮条件下发生水解，最后全部生成葡萄糖，此水解过程可分为几个阶段，同时相应地形成各种中间产物：淀粉→可溶性淀粉→糊精→麦芽糖→葡萄糖。

淀粉还可以用淀粉酶进行水解，生成的糊精和麦芽糖再经酸作用可全部水解成葡萄糖，因此，根据测定的葡萄糖含量即可换算出淀粉含量，这就是酶法和酸法测定淀粉含量的原理。

在淀粉水解过程中会产生各种不同相对分子质量的糊精，它们的特性见表 2-1。

表 2-1　淀粉水解产生的各种糊精的特性

名称	与碘反应	比旋光度 $[\alpha]_{20}^{D}$	沉淀所需乙醇溶液浓度
淀粉糊精（amylodextrin）	蓝色	$+190°\sim+195°$	40%
显红糊精（erythrodextrin）	红褐色	$+194°\sim+196°$	60%
消色糊精（achrodextrin）	不显色	$+192°$	溶于 70% 乙醇溶液，蒸去乙醇即可生成晶体
麦芽糊精（maltodextrin）	不反应	$+181°\sim+182°$	不被乙醇溶液沉淀

淀粉分子中除了 α-1,4 糖苷键可被水解外，分子中葡萄糖残基的 2、3 及 6 位羟基上都可

进行取代或氧化反应，由此产生很多淀粉衍生物。

（二）淀粉的氧化作用

淀粉的氧化因氧化剂的种类及反应条件不同而不同。淀粉在酸、碱、中性介质中与氧化剂作用，被氧化而变性；氧化后的淀粉成为氧化淀粉。氧化淀粉使淀粉糊化温度降低，热糊黏度变小而热稳定性增加，产品颜色洁白，糊透明，成膜性好，抗冻融性好，是低黏度、高浓度的增稠剂，广泛应用于纺织、造纸、食品及精细化工行业。

（三）淀粉的成酯作用

淀粉分子既可以与无机酸（硝酸、硫酸和磷酸等）作用生成无机酸酯，又可以与有机酸（甲酸、乙酸等）作用生成有机酸酯。通过酯化过程对淀粉改性，使淀粉的性质发生改变，从而扩大了淀粉的应用领域。

（四）淀粉的烷基化作用

淀粉分子中的羟基可与环氧烷烃进行烷基化反应而生成烷基化淀粉。低取代度的烷基化淀粉性质与低取代度的淀粉醋酸酯相似。随着烷基化程度的增加，淀粉的糊化温度下降，糊化时淀粉团粒的溶胀和分散速率加快，分散系的透明度和内聚力加大，冷却老化时胶凝性及黏度增加的趋势减弱。常用的是羟丙基淀粉，它不但可以提高食品的黏度稳定性和低温贮藏时的保水性，还能在肉汁、果饼馅和布丁中作增稠剂，使之平滑、浓稠、透明、清晰、无颗粒结构，并在各种贮存条件下都能保持这些特性。

此外，淀粉分子中的羟基还可以发生醚化、离子化、交联和共聚等反应。

二、淀粉粒的结构和特征

淀粉分子在植物中以白色固体淀粉粒（starch granule）形式存在。淀粉粒是淀粉分子的集聚体。不同植物因遗传因素和环境条件的影响，所形成的淀粉粒具有不同的结构和性质。因此，研究淀粉粒结构有助于鉴别淀粉来源、了解和改进淀粉特性。

（一）淀粉粒的形态和大小

植物种类不同，淀粉粒的形态和大小也各不相同。大米淀粉粒呈不规则的三角形，颗粒较小，常见多个颗粒聚集在一起。玉米淀粉粒大多呈压碎状的多角形，它的角不像大米那样尖锐，而是稍带圆的；玉米籽粒顶部的淀粉粒则呈球形。

同种植物的淀粉粒不一定整齐一致。例如，马铃薯淀粉粒有卵形和椭圆形。木薯淀粉粒呈球形和削去一端的卵形。大麦淀粉粒有大粒和小粒两种，中等大小的很少，大粒和黑麦淀粉粒一样呈圆盘形，小粒则是接近球体的椭球形。高粱淀粉粒呈卵形和不规则多角形，其角比玉米淀粉粒更圆滑。糯玉米淀粉粒还有高度延长的不规则腊肠形。豆类淀粉粒多呈卵形，在皱皮豌豆淀粉粒表面还能看到与桃相似的合缝。小麦籽粒胚乳中的淀粉粒可分为两种：A型淀粉粒呈透镜状，直径 $20 \sim 25\mu m$，其数量占总数的 $10\% \sim 15\%$，颗粒较大；B型淀粉粒体积较小，直径 $2 \sim 10\mu m$，占总量的 $85\% \sim 90\%$。

淀粉粒的大小以长轴的长度表示。各种淀粉粒的大小差别很大，最小的大米淀粉粒只有

2μm，最大的马铃薯淀粉粒可达 120μm。通常用粒径极限范围和平均值来描述淀粉粒的大小分布情况，见表 2-2。从表中粒径的分布来看，中等程度的多，而大于或小于平均粒径者逐渐减少。

表 2-2　常见植物淀粉粒的大小

淀粉粒来源	粒径极限范围 /μm	平均值 /μm	淀粉粒来源	粒径极限范围 /μm	平均值 /μm
玉米	4～26	15	马铃薯	15～120	33
大米	2～9	5	木薯	15～50	25
小麦	3～38	20	芭蕉芋	10～55	28
大麦	6～35	18	藕	9～40	22
高粱	3～27	13	葛根	8～42	24

即使是同一种植物的淀粉粒大小也会因品种和发育阶段的不同而异。例如，不同小麦品种中淀粉粒的大小、分布存在明显差异。前人研究发现直径 9.9～18.5μm 和 18.5～42.8μm 两种淀粉粒的比例在美国东半部 12 个软质小麦品种之间存在显著差异，其中 3 个直链淀粉含量不同的硬粒冬小麦品种的淀粉粒大小也有差异：硬粒冬小麦品种'Ike'淀粉中含 86% 的 A 型淀粉粒，直径 18μm 的淀粉粒含量最多；品种'Karl-92'淀粉中含 77% 的 A 型淀粉粒，直径 16μm 的淀粉粒含量最多；品种'Rio Blanco'淀粉中含 82% 的 A 型淀粉粒，淀粉粒大小居中。

小麦淀粉粒大小对淀粉加工业也是非常重要的，因为在淀粉洗涤过程中，A 型和 B 型淀粉粒分开，B 型淀粉粒容易随水流失，因此需要额外的处理过程，增加了费用。而 A 型淀粉粒比例升高，表面积增加，可以结合更多的蛋白质、直链淀粉、脂类和水，因此淀粉粒大小、分布的改变对面团流变学特性有重大影响。

（二）淀粉粒的轮纹结构

在 400～600 倍显微镜下仔细观察淀粉粒，常可以看到淀粉粒有轮纹（striation）结构，与树木的年轮相似，其中，马铃薯淀粉轮纹特别明显，其他植物淀粉粒不易见到。轮纹结构又称层状结构，各轮纹层围绕的一点叫作"粒心"，又叫"脐"（hilum）。禾谷类淀粉粒的粒心常在中央，称为"中心轮纹"；马铃薯淀粉粒的粒心常偏于一侧，称"偏心轮纹"。粒心的大小和显著程度随植物的不同而有所不同。由于粒心部分含水较多，比较柔软，所以在加热干燥时，常造成星状裂纹。根据这种裂纹的形状，可以辨别淀粉粒的来源特点，例如，玉米淀粉粒粒心呈星状裂纹，甘薯淀粉粒粒心具有星状、放射状或不规则的"十"字裂纹。

另外，不同植物的淀粉粒根据粒心及轮纹情况可分为所谓的"单粒""复粒"及"半复粒"。①单粒只有一个粒心，例如，小麦、马铃薯的淀粉粒主要是单粒。②大米、燕麦的淀粉粒以复粒为主，即在一个淀粉质体内包含同时发育生成的多个淀粉颗粒。③半复粒是由两个或更多个原系独立的团粒融合在一起，各有各的粒心和环层，但最外围的几个环轮则是共同的。有些种类，如豌豆的淀粉粒，开始生长时是单粒，在发育中产生几个大裂缝，但仍维持其整体性，这种团粒称为假复粒。在同一个细胞中，所有的淀粉粒可以全为单粒，也可以同时存在几种不同的类型。例如，燕麦淀粉粒除大多数为复粒外，也夹有单粒；小麦淀粉粒除大多数为单粒外，也有复粒；马铃薯淀粉粒除单粒外，有时也形成复粒和半复粒。形状和大小上的这些差异有助于我们识别一般食物内、工业中及商业上的淀粉。

（三）淀粉粒的晶体结构

1. 实验根据

虽然不同种类的粮食在淀粉粒的大小、形状和物理性质等方面因遗传因素及环境条件不同而呈现差异，但所有植物的淀粉粒都具有共同的性质，即具有结晶性，其根据主要有以下几点。

1）用 X 射线衍射法证明淀粉粒具有一定形态的晶体构造。

2）用 X 射线衍射法及重氢置换法，测得各种植物淀粉粒都有一定的结晶化度（表 2-3）。

表 2-3　不同植物淀粉粒的结晶化度

种类	结晶化度 /%	测定方法	种类	结晶化度 /%	测定方法
马铃薯	25	X 射线	小麦	36	X 射线
马铃薯	45	重氢置换	普通玉米	39	X 射线
木薯	37	X 射线	糯玉米	39	X 射线
大米	38	X 射线	高直链淀粉玉米	19	X 射线

3）在偏光显微镜下观察淀粉粒，其具有双折射性（birefringence）。在淀粉粒粒面上可看到以粒心为中心的黑色"十"字形，称为偏光十字（polarization cross）。这种偏光十字是球晶（spherulite）所具有的特性，因而淀粉粒也是一种球晶，但它具有一般球晶没有的弹性变形的现象。在偏光显微镜下不仅可以观察到淀粉粒的偏光十字，而且根据双折射图（birefringence map）可以分析淀粉粒内部晶体结构的方向。当淀粉粒充分膨胀、压碎或受热干燥时，晶体结构即行消失，分子排列变成无定形，这时就看不见黑色"十"字纹了。

不同种类淀粉粒的偏光十字的位置、形状和明显程度都各有差异。例如，马铃薯淀粉的偏光十字最明显，玉米、高粱和木薯淀粉明显程度稍逊，小麦淀粉则不明显。

4）用酸及酶处理淀粉粒的结果说明淀粉粒中具有耐酸和酶作用的结晶性部分，以及易被酸、酶作用的非结晶部分。

2. 晶体结构

由于淀粉粒内部分子排列整齐有序，如图 2-1 所示，存在类晶体结构，在光学显微镜下可以看到其表面的纹理和脐点，在偏振光显微镜下可以看到双折射"十"字条纹（maltese cross）（图 2-2）。其中，直链淀粉分子在颗粒内部以单螺旋存在，形成被支链淀粉所间隔的无定形区（amorphous region），其相对于支链淀粉结晶区的精确位置还不清楚。

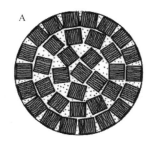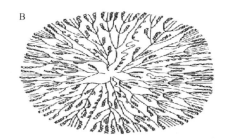

图 2-1　淀粉粒结构的两种示意图

A. 结晶区示意图，图中方块示结晶区，散点示无定形区；B. 非结晶示意图

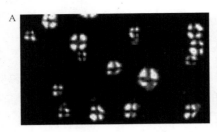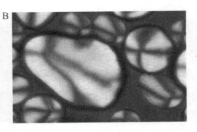

图 2-2　淀粉粒的双折射"十"字条纹

A. 小麦淀粉粒；B. 玉米淀粉粒

　　一般认为淀粉粒内淀粉链非还原性末端向外呈辐射状排列，结晶层和无定形层交替，形成 9nm 的重复排列。在层内，支链淀粉链成束排列，在束内淀粉链以双螺旋排列成整齐的结晶层，结构致密，不溶于酸。无定形层包含淀粉链分支点，排列没有结晶层致密，能被酸溶解。结晶层和无定形层交替排列，以淀粉粒为中心辐向排列，宽度 100nm 以上（图 2-3A）。半结晶区随无定形层而改变，无定形层内支链淀粉如何排列现在尚不清楚，半结晶区和无定形层重复单元称为生长环（Rahman et al.，2000）。

　　淀粉结晶区中有多种晶体形态，其中 A 型晶体是由淀粉双螺旋包装成的单斜晶系晶阵，存在于包括小麦在内的绝大多数谷物淀粉粒中；而 B 型晶体多存在于块茎淀粉和高直链淀粉的谷物淀粉粒中，是由双螺旋包装成的六边形晶阵，该型的形态开放，易与水结合（图 2-3）。

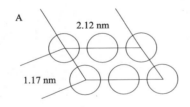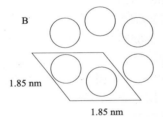

图 2-3　A 型（A）和 B 型（B）晶体中双螺旋的排列方式（引自 Parker et al.，2001）

　　直链淀粉在溶液中非常容易结晶，但在淀粉粒中不结晶。直链淀粉主要分布在淀粉粒无定形区，半结晶区也有少量直链淀粉存在。淀粉粒外围的直链淀粉排列更紧密，分子量较淀粉粒中心的小。交联作用显示马铃薯和玉米淀粉直链淀粉散布在支链淀粉之间，而不是聚集在一起。

　　尽管糯性淀粉粒中只含支链淀粉，也能形成晶体，说明结晶区内支链淀粉的侧链参与晶体形成。通过酸蚀等去掉淀粉粒的无定形区后，发现结晶区内是支链淀粉的短链，说明支链淀粉短链形成双螺旋。淀粉粒经酸和酶处理后，在电子显微镜下呈壳状结构，这些结构的重复波长为 120~400nm；也有研究者发现其表面有直径 30nm 的"小方块"，小方块可能就是支链淀粉的侧链簇。总之，淀粉粒的晶体结构和特点可以归纳为以下五点。

　　1）淀粉粒是由许多排列成放射状的微晶束构成的。

　　2）微晶束以支链淀粉分子作为骨架，以其葡聚糖链先端相互平行靠拢，并借氢键彼此结合成簇状结构。直链淀粉分子主要在淀粉粒内部，分子间有某种结合，有部分分子也伸到微晶束中去。

3）淀粉分子（包括支链及直链两种）参加到微晶束的构造中时，并不是整个分子全部参加到同一个微晶束里，而是一个直链淀粉分子的不同链段或支链淀粉分子的各个分支分簇参加到多个微晶束的组成之中；分子上也有某些部分并未参与微晶束的组成，这部分就呈无定形状态（非结晶性部分），这就是淀粉粒具有弹性及变形特点的原因。

4）淀粉粒的外层是结晶性部分，它主要由支链淀粉分子的先端构成（占90%），具有一定的抵抗酸、酶作用的能力。

5）微晶束有一定的大小和密度。

第二节　淀粉的分类及理化功能

一、淀粉及淀粉粒的分类

（一）淀粉的分类

淀粉根据葡萄糖分子间的连接方式和用途分为以下几种类型。

1）根据淀粉的分子结构通常分成两大类：直链淀粉（amylose）和支链淀粉（amylopectin）。

2）根据淀粉来源可分为谷类淀粉、薯类淀粉、豆类淀粉等，其中谷类淀粉包括玉米、大米、大麦、小麦、燕麦、荞麦、高粱和黑麦的淀粉等；薯类淀粉在我国以甘薯、马铃薯和木薯淀粉等为主，淀粉工业则主要采用木薯、马铃薯淀粉；豆类淀粉原料主要有蚕豆、绿豆、豌豆和赤豆等，这类淀粉直链淀粉含量高，一般用于制作粉丝。

3）根据淀粉性质可分为天然淀粉和变性淀粉。

4）根据与淀粉酶作用的方式可分为 α-淀粉和 β-淀粉。

5）根据淀粉在小肠中的生物可利用性可分为易消化淀粉、不易消化淀粉和抗性淀粉。①易消化淀粉即快速消化淀粉，是指那些能在小肠中被迅速消化吸收的淀粉；②不易消化淀粉即缓慢消化淀粉，指那些能在小肠中被完全消化吸收但速率较慢的淀粉，主要指一些生的、未经糊化的淀粉；③抗性淀粉指在人体小肠内无法消化吸收的淀粉。

（二）抗性淀粉的概念及分类

1. 抗性淀粉的概念

抗性淀粉是在 1982 年由 Englyst 首先发现的，他在研究中观察到有一部分淀粉不能被胰淀粉酶和普鲁兰酶等淀粉酶水解，故称之为抗酶解淀粉，简称抗性淀粉（resistant starch）。

2. 抗性淀粉的分类

（1）物理包埋淀粉　　物理包埋淀粉（RS1）指被蛋白质或植物细胞壁所包裹而不能被酶所接近的那部分淀粉，主要存在于完整的或部分研磨的谷粒、豆粒中。

（2）抗性淀粉颗粒　　抗性淀粉颗粒（RS2）指未经糊化的生淀粉粒和未成熟的淀粉粒，对 α-淀粉酶具有高度抗性，常存在于生马铃薯、生豌豆、绿香蕉中。

（3）老化淀粉　　老化淀粉（RS3）指糊化后的淀粉在冷却或储存过程中部分重结晶，由一定聚合度的直链淀粉相互形成双螺旋而组成的不能被吸收的那部分淀粉，常存在于冷米饭、冷面包、油炸土豆片中。

（4）化学改性淀粉　　化学改性淀粉（RS4）指由于化学改性使淀粉分子结构发生变化而产生抗酶性的一类抗性淀粉，如交联淀粉、接枝频率较高的接枝共聚淀粉等，可抵抗 α-淀粉酶的消化，可用作食品配料。

（三）淀粉粒的分类

植物中以颗粒状态存在的淀粉称为淀粉粒，淀粉粒是在质体中形成的，这种质体称为淀粉（质）体。淀粉粒可按以下方式分类。

1）根据淀粉粒的数量分类：小麦、玉米、黑麦、高粱和谷子，每个淀粉体中只有一粒淀粉，称为简单淀粉粒；水稻和燕麦中每个淀粉体含有许多淀粉粒，称为复合淀粉粒。

2）根据大小可分为：A 型淀粉粒（25～50μm）、B 型淀粉粒（5.3～25μm）和 C 型淀粉粒（小于 5.3μm）。

3）根据植物淀粉粒的形状可分为：圆形（或球形），如小麦、黑麦、玉米；多角形（或不规则形），如大米和燕麦；卵形（或椭圆形），如马铃薯和木薯。

二、淀粉的理化功能

（一）淀粉的糊化作用

1. 概念

淀粉乳状悬浮液加热到一定程度时，淀粉吸水膨胀，最后破裂，淀粉分子分布在溶液中形成黏度很大的糊状物——淀粉糊，这种现象叫糊化作用。

2. 糊化作用过程

糊化作用过程分为 3 个阶段。

（1）可逆吸水阶段　　水只是简单进入淀粉粒的非晶质部分，淀粉粒仍保持原有特性，冷却后性质不变。

（2）不可逆吸水阶段　　加热到一定温度时（如 65℃），大量水进入淀粉粒内部，淀粉粒突然膨胀 50～100 倍，冷却后淀粉粒外形已改变、失去双折射性。

（3）淀粉粒全部溶解阶段　　更高温度下，更多的淀粉分子溶于水中，微晶体解体，淀粉粒失去原形，只剩下最外面的一个环层，即一个不成形的空囊。

3. 糊化作用的本质

淀粉粒中有序（晶体）和无序（非晶质）状态下的淀粉分子间的氢键断裂，淀粉分子分散在水中成为亲水胶体溶液。

4. 影响糊化作用的因素

（1）晶体结构　　糊化与淀粉粒的分子间缔合程度、分子排列紧密程度、微晶束的大小及密度有关。分子间缔合程度高，分子排列紧密，拆开分子间的聚合和微晶束要消耗更多的能量，淀粉粒不易糊化，糊化温度就高；反之，分子缔合得不紧密，不需要很高能量就可以将其拆散，淀粉粒就易于糊化。小颗粒淀粉内部结构紧密，糊化温度比大颗粒高；直链淀粉分子间结合力较强，所以直链淀粉含量高的淀粉比直链淀粉含量低的淀粉难糊化。

（2）水分含量　　淀粉水分含量低于 10% 时，淀粉粒不会糊化，只是淀粉粒在无定形区的分子链的缠结有部分解开，以致少数微晶出现熔融，当加热到较高温度时，颗粒晶体结构发生相转移，聚合物变得有黏性、柔韧，呈橡胶态，这一变化被称为玻璃化相变。

（3）直链淀粉和脂质 直链淀粉与脂质形成的螺旋状复合物热稳定性好，糊化时膨胀小，糊化温度高，加热至100℃不会被破坏。例如，糯米的糊化温度为58℃，籼米为70℃。

（4）糖类 D-葡萄糖、D-果糖和蔗糖能抑制小麦淀粉粒溶胀，使糊化温度升高。糊化温度随糖浓度加大而增高。

（5）物理因素 强烈研磨、挤压蒸煮、γ射线等物理因素能使淀粉的糊化温度下降。亲水性高分子如明胶、干酪素等则使淀粉糊化温度升高。

（6）化学因素 淀粉经酯化、醚化等化学变性处理，在淀粉分子上引入亲水性基团，使淀粉糊化温度下降。淀粉经酸解及交联等处理，使淀粉糊化温度升高。

（7）生长的环境因素 生长在高温环境下的植物的淀粉糊化温度高。

（二）淀粉的凝沉作用

1. 概念

凝沉作用是糊化作用的逆过程，即将淀粉糊静止或冷却，淀粉逐渐沉淀，最后形成凝胶状结块的过程。加工部门称为淀粉的老化，也称为回生，发生凝沉作用的淀粉称为回生淀粉或老化淀粉。

2. 凝沉作用的本质

在静电作用下糊化淀粉自动排列成序，并由氢键结合成束状结构，其结构与原来的生淀粉粒相似，但不再呈放射状排列，是一种零乱的组合，即羟基间相互作用形成氢键，进而形成较大的颗粒或束状结构，当体积增大到一定程度时，就形成了沉淀。

3. 凝沉作用的影响因素

（1）分子结构 直链淀粉分子易于取向，易凝沉；支链淀粉分子呈树枝状构造，难凝沉。一般直链淀粉易凝沉，且非常稳定，就是加热加压也很难使它再溶解。如果有支链淀粉混入，则仍然有加热恢复成糊的可能，单纯的支链淀粉和糯米、玉米、高粱淀粉等都不易沉淀。

（2）分子大小 淀粉颗粒大时不容易发生凝沉，颗粒小时则容易凝沉。分子量适中的直链淀粉分子易于凝沉。支链分子较小、支链长度较均一及支化点较少等均会提高初始回生速率。

（3）直/支链淀粉分子比例 直链分子与支链分子数量的比值对回生有明显影响，支链淀粉含量高的较难凝沉。

（4）溶液浓度 溶液浓度大时分子碰撞机会多，易于凝沉。浓度为30%～60%的溶液最易发生回生作用。

（5）冷却速率 缓慢冷却时，淀粉逐渐凝沉；而速冻时，没有时间发生凝沉。

（6）温度 温度对直链淀粉的回生特征影响显著，接近0～4℃时贮存可加速淀粉的回生。淀粉溶液温度下降速率对其回生作用也有很大影响，缓慢冷却可以使淀粉分子有时间取向平行排列，故可加重回生程度。

（7）脂类 脂类可与直链淀粉分子形成螺旋配合体并产生凝聚。

（8）糖类 果糖能显著提高淀粉的硬化速率，葡萄糖可轻微提高，蔗糖作用很弱。不同糖对回生的影响取决于糖分子与水分子间的相容性，相容性好会降低回生速率。

（9）淀粉改性 化学方法可在淀粉分子上引进亲水性基因，能够减弱或阻止淀粉的回生。而酸解淀粉与交联淀粉加快了淀粉的回生凝沉速率。

此外，pH 及盐类对回生也有作用。

（三）抗性淀粉的生理功能

1）抗性淀粉的作用与膳食纤维相似。一些研究者提出应将抗性淀粉归类于膳食纤维（DF）。

2）抗性淀粉本身几乎不含热量，作为低热量添加剂可以减少人体对能量和可消化吸收糖的摄入，从而有助于体重控制和降低糖尿病患病风险。

3）和膳食纤维一样，抗性淀粉可增加粪便体积，有助于预防便秘及直肠癌。前人曾发现抗性淀粉能在肠道内被发酵，形成大量与直肠癌防治关系密切的短链脂肪酸——丁酸。

4）抗性淀粉可以减少血清中的总胆固醇和甘油三酯，通过增加粪固醇的排泄量来达到降脂目的。

5）抗性淀粉能改善肠道内的菌群，在回肠内被肠内菌发酵而降低肠道 pH，促使镁、钙变成可溶性物质，从而容易通过上皮细胞被人体吸收。

（四）淀粉糊化黏度特性分析

1. 淀粉糊化特性分析原理

一定浓度的谷物粉试样的水悬浮物，按一定升温速率加热，在内源淀粉酶的协同作用下逐渐糊化（淀粉的凝胶化），由于淀粉吸水膨胀使悬浮液逐渐变成糊状物，黏度不断增加。随着温度的升高，淀粉充分糊化，达到峰值黏度。随后在继续搅拌下淀粉糊发生切变稀释，黏度下降。当糊化物按一定速率降温时，糊化物重新胶凝，黏度值又进一步升高。

2. 淀粉黏度测定的过程

（1）保温阶段　　从淀粉放入样品杯到开始糊化，温度范围 30～50℃。

（2）糊化阶段　　从开始糊化到达到峰值黏度，温度范围 55～95℃。

（3）保持阶段　　高温下搅拌的阶段，温度保持在 95℃。

（4）冷却阶段　　以稳定速率降温至 50℃，淀粉糊逐渐冷却，发生凝沉。

3. 淀粉黏度特性主要参数

一般利用快速黏度仪进行淀粉黏度的分析（图 2-4）。

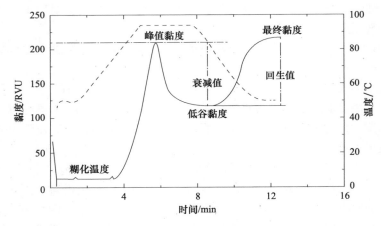

图 2-4　淀粉糊化黏度曲线

（1）糊化时间　　黏度曲线急剧上升的起点时间为糊化时间。糊化时间用以判断淀粉的质地，软质淀粉吸水较快，糊化时间短，糊化充分，面包不易老化。

（2）糊化温度　　淀粉发生糊化现象的温度称为糊化温度，又称胶化温度。同一品种的淀粉，颗粒大小不同，糊化难易程度也不相同，中大的淀粉粒容易在较低的温度下先行糊化，该温度称糊化开始温度；待所有淀粉粒全部被糊化，所需的温度称糊化完成温度，两者相差约10℃。因此，糊化温度不是指某一个确定的温度，而是指从糊化开始温度到糊化完成温度之间一定范围。

（3）峰值黏度　　峰值黏度为淀粉糊达到最大黏度时的值，发生在淀粉粒内含物逸出导致黏度增加与多聚物重排导致黏度降低之间的平衡点。

峰值黏度显示了淀粉结合水的能力和淀粉酶活性的大小，与最终产品的质量有关。峰值黏度适中，面粉可以作为面包粉或其他烘烤产品用粉；过低，说明淀粉酶高，用途受限。峰值黏度也决定了面条的弹性和韧性。

（4）峰值时间　　淀粉糊达到最大黏度时的时间为峰值时间。

（5）峰值温度　　淀粉糊达到最大黏度时的温度为峰值温度。

（6）低谷黏度　　在95℃下持续搅拌，淀粉分子间距离拉大，黏度急剧下降，当其降至最低值时的黏度称为低谷黏度。

（7）稀懈值（衰减值）　　峰值黏度和低谷黏度的差值称为稀懈值。低谷黏度和稀懈值是决定食品加工工艺的重要因素，尤其决定面条的爽滑性。

（8）最终黏度　　当温度重新降至50℃时，淀粉分子尤其是直链淀粉分子发生重排和聚合，溶液又从溶胶态变为凝胶态，黏度急剧增加，达到最大时的黏度称为最终黏度。该现象也叫淀粉的回生。

最终黏度是确定某样品的品质时最常用的参数，例如，面包在贮藏过程中的老化变硬，就是由淀粉的回生引起的，老化面包稍经加热即可变得柔软，就是解除回生作用。

（9）反弹值　　最终黏度与低谷黏度的差值称为反弹值，也称回生值。

（五）直链和支链淀粉

1. 直链淀粉

直链淀粉中葡萄糖分子都是以 α-1,4 糖苷键连接的。直链长度为 300～1000 个葡萄糖单位，由此构成的多聚物可达 15 000 个葡萄糖单位，分子量 10 000～250 000Da。直链淀粉也不是完全伸长的，由于分子内氢键多呈螺旋状态（图 2-5）。直链淀粉与碘、有机醇或酸形成复合物或螺旋化合物。直链淀粉遇碘呈深蓝色反应，是由直链淀粉螺旋中心的多碘化合物离子的形成而导致。

2. 支链淀粉

支链淀粉是由短的 α-1,4 糖苷键相连的葡聚糖链通过 α-1,6 糖苷键连接而成的高度分支的葡萄糖聚合物（图 2-6），其长度为直链淀粉的 10^2～10^3 倍，分子量较大，为 50～100 000kDa，自然界中发现的最大的支链淀粉有 598 238 个葡萄糖残基。支链淀粉是随机分支的，分子中有以下三种淀粉链。

（1）A链　　A链又称外链，由 α-1,4 糖苷键构成，本身不具分支，但通过 α-1,6 糖苷键与 B 链相连。

（2）B链　　B链由 α-1,4 糖苷键和 α-1,6 糖苷键构成，具分支，通过 α-1,6 糖苷键与 C

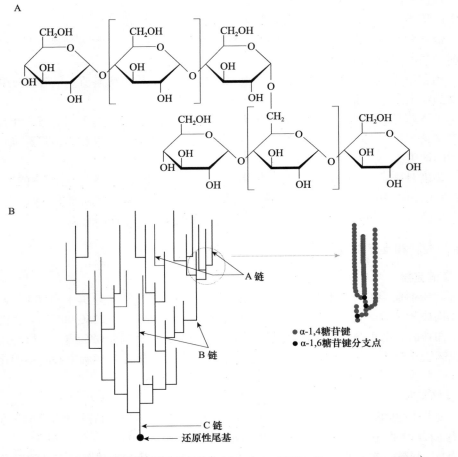

图 2-5　直链淀粉结构示意图

A. 直链淀粉分子结构示意图（引自 Shewry et al.，2020）；B. 直链淀粉分子间示意图

图 2-6　支链淀粉结构示意图（引自 Manners，1989；Shewry et al.，2020）

A. 支链淀粉葡萄糖分子连接图；B. 支链淀粉结构模式图

链相连。

（3）C链 每个支链淀粉分子只有 1 个 C 链，通过 α-1,6 糖苷键与 B 链相连，C 链的一端为非还原性原基，另一端为还原性尾基。A 链和 B 链都无还原性尾基，所以淀粉的还原性很微弱。

支链淀粉酶和异淀粉酶可水解 α-1,6 糖苷键，对 α-1,4 糖苷键无作用，所以，这两种淀粉酶都可把支链淀粉分解为直链淀粉。支链淀粉与碘反应呈红紫色。

3. 直 / 支链淀粉含量及主要性质比较

（1）含量比较 来源于不同作物的淀粉其直 / 支链淀粉的含量有所差异（表 2-4）。

表 2-4 不同来源淀粉中直 / 支链淀粉的含量 （单位：%）

淀粉种类	直链淀粉	支链淀粉	淀粉种类	直链淀粉	支链淀粉
非糯性水稻	18	82	小麦	25	75
糯性水稻	0～1	99～100	燕麦	24	76
籼米	25.4	74.6	豌豆（光滑）	29～35	65～71
普通玉米	24	76	豌豆（皱皮）	63～90	10～37
高直链淀粉玉米	75	25	马铃薯	22	78
糯玉米	0～1	99～100	木薯	17	83
未成熟玉米	5～7	93～95	甘薯	20	80
非糯高粱	25	75	蚕豆	24	76
糯高粱	1	99	豇豆	21～49	51～79

（2）直 / 支链淀粉性质比较 直链淀粉和支链淀粉的组成结构、分子量大小的差异，导致两者存在性质上的不同（表 2-5）。

表 2-5 直链淀粉分子与支链淀粉分子主要性质比较

项目	直链淀粉	支链淀粉
分子形状	基本直链形	高度分支
葡萄糖残基的结合形式	α-1,4 糖苷键	α-1,4 糖苷键和 α-1,6 糖苷键
聚合度	300～1200	1200～36 000
相对分子质量	5 万～20 万	20 万～600 万
非还原性尾基葡萄糖残基数目	每分子 1 个	每 24～30 个葡萄糖残基 1 个
碘反应	蓝色	紫色
吸附碘量（质量分数）	19%～20%	<1%
在热水中的表现	溶解，不成黏糊	不溶解，加热加压成黏糊
在极性溶液中的表现	生成结晶性复合物	生成复合物但不结晶
在纤维上的表现	全部被吸附	不被吸附
在水溶液中的稳定性	不稳定，长期静置产生沉淀	稳定
X 射线衍射分析	高度结晶形结构	无定形结构
所生成的乙酰衍生物	能制成高强度纤维和薄膜	制成的薄膜很脆弱
β-淀粉酶的作用	全部水解成麦芽糖	50%～60% 水解成麦芽糖，其余为极限糊精
磷酸含量（质量分数）	0.008 6%	0.106 0%

第三节 淀粉的生物合成代谢及主要相关基因

淀粉是小麦籽粒中最重要的碳水化合物，是决定小麦加工品质的重要指标，并广泛用于我国食品、化工、纺织等领域。近年来，随着我国在新能源及纳米复合材料等技术领域的不断革新与突破，国内市场对于小麦淀粉的产量需求日益增大，对不同用途淀粉品质的要求也不断提高。

一、小麦淀粉的形成及分布特性

淀粉粒存在 A、B、C 和 V 共 4 种结晶形态，其中，小麦淀粉粒根据其体积分布曲线可分为透镜状的 A 型淀粉粒（直径 20～25μm，12% 左右，下文简称 A 型颗粒）和 B 型淀粉粒（直径 2～10μm，88% 左右，下文简称 B 型颗粒）（Peng et al.，1999；Gaines et al.，2000；戴忠民等，2007；Jin et al.，2014）（图 2-7）。淀粉粒形成的起始过程目前还不清楚。小麦淀粉粒的起始发生于两个阶段：第一个阶段发生于授粉后 3～7d 的籽粒发育期间，此时大的 A 型颗粒开始合成，直至胚乳灌浆中期；第二个阶段发生于灌浆中期，此时淀粉粒大量起始合成，形成小的 B 型颗粒群体（Rahman et al.，2000）。C 型颗粒是介于 A 型和 B 型颗粒之间的一类淀粉粒，在小麦胚乳发育过程中也有 C 型颗粒合成的报道。

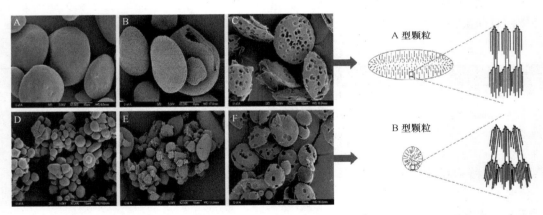

图 2-7 小麦 A 型和 B 型颗粒水解电镜图片（引自 Sabaratnam et al.，2012）

55℃下 0h（A、D）和 1h（B、E），30℃下 24 h（C、F），最右侧为模型图

淀粉粒的大小和分布在籽粒灌浆期间不断变化，淀粉粒的组成和特性也随颗粒的发育而变化。在小麦和大麦中发现，A 型颗粒和 B 型颗粒的直链淀粉和磷脂的比例在灌浆期间不断升高。直链淀粉与磷脂一定程度的混合是直链淀粉合成时的功能之一；B 型颗粒的合成晚于 A 型颗粒，因而两种颗粒的成分不同，其原因是 A 型颗粒先合成部分比 B 型颗粒含有更多不含磷脂的直链淀粉。

控制淀粉粒形状的因素还不清楚，但很明显，影响淀粉粒组成的因素会影响淀粉粒的形状（表2-6）。例如，与普通玉米淀粉粒的近球形相比，高直链淀粉含量的淀粉所形成的淀粉粒形状加长、不规则。可以推测直链淀粉含量过高会阻碍正常的淀粉粒集聚机制的有效进行。相似地是，淀粉合成酶Ⅱ基因突变的 *rug* 豌豆胚乳中的淀粉形状复杂。Yamamori 等（2000）报道缺失 SGP-1（与 SS Ⅱ相对应）的小麦淀粉粒高度扭曲，玉米淀粉突变体中发现 A 型颗粒的支链淀粉分支密度和多聚化程度高于 B 型颗粒，且 A 型颗粒结构比较致密。看来支链淀粉的含量和结构会影响淀粉粒的形状和结构。

表 2-6 几种麦类作物淀粉粒的外形和组成

作物	淀粉粒类型	淀粉粒形状	淀粉粒直径 /μm	每 100g 淀粉含磷量 /mg	蛋白质含量 /%	每 100g 淀粉脂类含量 /mg	直链淀粉含量 /%
野生大麦	A 型颗粒	/	10～25	/	0.23	587～1126	22.1
	B 型颗粒	/	5	/	0.43	587～1126	19.0
糯性大麦	A 型颗粒	/	10～25		0.06	158～460	3.6
	B 型颗粒	/	5		0.15	158～460	1.8
高直淀大麦	A 型颗粒	碟型	15～32		/	864～1360	22.6
	B 型颗粒	凸透镜型	2～3				18.2
黑麦	A 型颗粒	凸透镜型	/	24.0	0.15	0.9	/
	B 型颗粒	凸透镜型	/	38.0	0.44	1.4	/
黑小麦	A 型颗粒	碟型	22～36	/	/	/	/
	B 型颗粒	碟型	5	/	/	/	/
硬粒小麦	A 型颗粒	球型	25	/	/	/	/
	B 型颗粒	球型	<15	/	/	/	/
普通小麦	A 型颗粒	凸透镜型	10～30	/	/	/	/
	B 型颗粒	球型	2～8	/	/	/	/

研究表明，小麦籽粒发育和灌浆期间，温度是影响淀粉合成、积累、结构和淀粉粒大小分布的主要因素；在热激条件下（>35℃），A 型颗粒比例增加，B 型颗粒减少。

多数小麦的 A 型颗粒占大部分比例，B 型颗粒占的比例很小。小麦淀粉粒的大小与面包加工品质密切相关。在一定范围内，A 型颗粒越多，面粉膨胀势越高，沉淀值越大，直链淀粉含量越低，支链淀粉含量增高，面包品质越好，反之亦然。

研究发现，小麦 A 型颗粒的比例越高，糊化黏度越低，与籽粒蛋白质等之间的结合不紧密、吸水率低，这种面粉适合制作蛋糕、饼干等。B 型颗粒体积较小，其比例越高，与籽粒蛋白质等之间的接触面积越大、结合越紧密、吸水率越高，这种面粉更适合制作面条和面包。小麦籽粒 A 型和 B 型颗粒中直/支链淀粉含量与比例在意大利面条、面包等的加工品质方面具有决定性作用（Purhage et al.，2011；Ziobro et al.，2013；Zhang et al.，2013）。在酶解过程中，由于 A 型颗粒中直链淀粉和脂类物质在淀粉粒外部分布的比例较高，酶液容易进入内部分解无定形区，形成了表面多孔、中间空心的结晶同心壳，B 型颗粒各组分的分布形式致密，从表面开始酶解，酶液难以进入内部，抗酶解能力更强（Sabaratnam et al.，2012）。可见，小麦 A 型和 B 型颗粒的组分结构、体积、数目、表面积等形态分布差异，决定着淀粉的胶凝、退化、糊化和烘焙等功能特性（Escalada et al.，2013），栽培措施对小麦籽粒淀粉品质的调优正是基于对淀粉粒径的调节。

二、淀粉粒的晶体结构是决定小麦淀粉粒类型和粒度分布的基础

小麦淀粉粒结构中结晶层和无定形层的交替排列使其呈现典型的同心环结构（图2-8）。小麦晶体结构的无定形层主要由直链淀粉（聚合度100~10 000，α-1,4糖苷键，线型，六元左手双螺旋结构，约占30%）构成；结晶层主要是由支链淀粉（聚合度30~100，以α-1,4糖苷键和分支点上的α-1,6糖苷键构成双链α螺旋结构，形成9~10nm的簇晶片层交替串联排列，约占70%）构成（Kossmann and Lloyd, 2000; Deborah et al., 2010）。一般认为，原淀粉粒的相对结晶度大都在15%~45%，支链淀粉在淀粉粒的结晶和半结晶层结构中起骨架作用，直链淀粉则相对集中于淀粉粒的外围，共同形成一种网状结构（Rahman et al., 2000）。小麦淀粉粒X晶体衍射结构为单斜晶型，支链淀粉簇状支链的距离和密度决定了晶体结构的成长性和类型（Imberty et al., 1987; Blanshard, 1987; Wang et al., 2003）。同时，直/支链淀粉的含量、链长、分支密度差异决定着小麦淀粉粒的结晶成长差异，从而改变了小麦淀粉的物化性质和工业应用性质（如冷水不可溶性、酶解敏感度、糊化性质、黏度和膨胀特性等），也决定了淀粉粒度分布特征（Lu and Mai, 2005; Zhu et al., 2012）。因此，明确淀粉粒结晶区的形成、成长机理及其对栽培调优的响应机理十分必要。

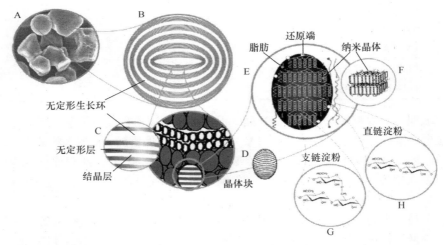

图 2-8 淀粉粒多尺度结构图（引自 Deborah et al., 2010）

A. 淀粉粒（30μm）；B. 无定形和半结晶生长环（120~500 nm）；C. 无定形层和结晶层（9 nm），以及放大的无定形和半结晶生长环；D. 止水塞结构（20~50 nm）；E. 止水塞中支链淀粉双螺旋结构形成的结晶层；F. 纳米结晶层组成；G. 组成结晶层的支链淀粉；H. 组成结晶层的直链淀粉

三、直/支链淀粉合成酶及其相关基因

高等植物的叶片等绿色器官的叶绿体通过光合作用可产生临时性的游离态淀粉，这种淀

粉常被称为"临时淀粉"，这类淀粉在夜间可分解成蔗糖输送到植物的其他组织中（如茎、鞘、果皮、种子等）。到植物生长后期，光合产物主要向籽粒、块根、块茎等贮藏器官转运，形成"贮藏淀粉"。因此，合成淀粉的原料来自叶片中合成的或淀粉降解产生的蔗糖，它通过韧皮部长距离运输至贮藏器官，然后在一系列酶促反应下合成淀粉。这些酶主要包括蔗糖合成酶（SS，图 2-9 ①）、己糖磷酸转移酶（图 2-9 ②）、葡萄糖磷酸变位酶（图 2-9 ③）、ADP-葡萄糖焦磷酸化酶（AGPase，图 2-9 ④）、颗粒结合型淀粉合成酶（GBSS Ⅰ，图 2-9 ⑤）、可溶性淀粉合成酶（SSS，图 2-9 ⑥）、淀粉分支酶（SBE，图 2-9 ⑦）和淀粉去分支酶（DBE，图 2-9 ⑧）。控制这些酶的基因的表达、活性及功能决定着淀粉晶体的成长程度。

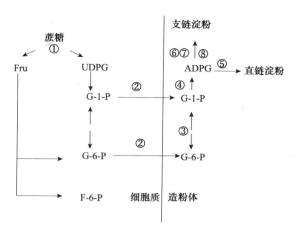

图 2-9　小麦胚乳中淀粉合成途径

Fru. 果糖；UDPG. 尿苷二磷酸葡糖；G-1-P. 葡糖-1-磷酸；G-6-P. 葡糖-6-磷酸；F-6-P. 果糖-6-磷酸；ADPG. 腺苷二磷酸葡糖

　　淀粉粒生物合成途径可分为 3 个主要相关过程（图 2-10）：①腺苷二磷酸葡糖（ADPG）的产生；②支链淀粉的合成及淀粉粒的形成；③直链淀粉的合成（Rahman et al.，2000）。上游光合产物的合成量、流向（植株体糖含量等），以及在籽粒中的分配比例等，与淀粉晶体结构形成、A 型和 B 型颗粒的差异及动态分布直接相关。籽粒中直/支链淀粉合成关键酶主要有以下几种。

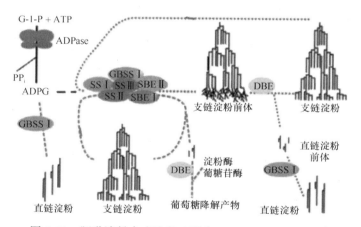

图 2-10　胚乳淀粉合成途径（引自 Rahman et al.，2000）

G-1-P. 葡糖-1-磷酸；ATP. 腺苷三磷酸；ADPase. 腺苷二磷酸酶；ADPG. 腺苷二磷酸葡糖；GBSS Ⅰ. 颗粒结合型淀粉合成酶Ⅰ；SS Ⅰ. 可溶性淀粉合成酶Ⅰ；SS Ⅱ. 可溶性淀粉合成酶Ⅱ；SS Ⅲ. 可溶性淀粉合成酶Ⅲ；SBE Ⅰ. 淀粉分支酶Ⅰ；SBE Ⅱ. 淀粉分支酶Ⅱ；DBE. 淀粉去分支酶

（一）颗粒结合型淀粉合成酶（GBSS）

　　GBSS 包括 GBSS Ⅰ和 GBSS Ⅱ两种同工酶。禾谷类作物的 GBSS Ⅰ是胚乳中负责直链淀粉合成的酶，又称 Wx 蛋白，包含 3 个亚基，分别由位于染色体臂 7AS、4AL 和 7DS

的 *Wx-A1a*、*Wx-B1a* 和 *Wx-D1a* 基因编码，*Wx*基因对贮藏器官中直链淀粉的合成起引导作用，其表达具有明显的时空特异性，一般在授粉后 13~18d 表达最多，此后几乎不再表达（Nakamura et al.，1998）。*Wx* 基因突变会导致直链淀粉含量的降低，其中 *Wx-B1* 基因突变的降低效应最大，*Wx* 基因的突变可以降低直链淀粉含量、提高膨胀体积和峰值黏度，进而影响面条的品质（Ball et al.，1998；Denyer et al.，2001；陈新民，2000）。与正常生长的淀粉粒相比，Wx 蛋白缺失会导致 A 型颗粒表面形态出现不同程度的蚀刻痕迹（Wang et al.，2014）。目前，对于栽培措施对 *Wx* 基因的调控而引起的直链淀粉的含量、比例变化已有较深入研究，但直链淀粉含量、链长变化对 A 型和 B 型颗粒的晶体结构及粒度分布的影响尚待明确。

（二）可溶性淀粉合成酶（SSS）

在甘薯中，SSS 有 SS I、SS II 和 SS III 3 种同工酶，SS I 负责支链淀粉中短侧链的形成（Jiang et al.，2003）；SS II 在支链淀粉的合成中，具有将短支链淀粉合成中等长度支链淀粉的功能；SSS III 缺失会导致马铃薯块茎中的可溶性淀粉合成酶活性下降 80%（Akihiro et al.，2005）。小麦胚乳中 SS I 是最主要的同工酶，占可溶性淀粉合成酶活性的 67%，小麦 SS II 在发育中早期的胚乳中特异表达，在后期专一地与淀粉粒结合（Peng et al.，2001）。可见，明确小麦 SSS 及其同工酶的活性和表达特异性，有助于理解支链淀粉比例、链长、支链密度与淀粉粒结晶度的关系。

（三）淀粉分支酶（SBE）

SBE 具有双重催化功能：一方面它能切开 α-1,4 糖苷键连接的葡聚糖链；另一方面它又将切下的短链通过 α-1,6 糖苷键连接到葡聚糖链上，形成分支。SBE 在淀粉粒及其周围基质均有分布，主要有 SBE I 和 SBE II 两种类型：SBE I 倾向于转移长的分支链（>14 DP），以直链淀粉为底物时活性较高，SBE I 在中等长度或更长链的合成中发挥重要作用，并且 SBE II 不能弥补 SBE I 的缺失（Nishi et al.，2001）；SBE II 优先转移较短的糖链（<14 DP），以支链淀粉为底物时活性较高，其转移分支支链淀粉的速率是转移分支直链淀粉的 6 倍。Regina 等（2005）研究发现，在小麦籽粒胚乳中存在两种 *SBE II* 等位基因：*SBE II a* 和 *SBE II b*，大部分 *SBE II a* 存在于胚乳的可溶性基质中，而 *SBE II b* 主要结合在淀粉粒上。当 *SBE II b* 的表达降低后，淀粉粒仍呈正常的圆形光滑粒状；而当 *SBE II a* 表达降低时，淀粉粒呈现不正常的镰刀形状（Martha et al.，2003）。因此，明确 *SBE* 在淀粉粒晶体结构形成中的作用，有助于解释 A 型和 B 型颗粒形态及晶体结构差异的形成原因。

（四）淀粉去分支酶（DBE）

DBE 可以剪掉位置不对的分支链，当分支链达到适当的长度时，可以再次作为 SSS 的底物（Ball et al.，1998），DBE 缺乏或活性降低时，支链淀粉前体不能结晶。因此，了解 DBE 在淀粉粒精细结构中所起的作用尤为重要。

综上，直 / 支链淀粉合成相关酶的效率决定了籽粒直 / 支链淀粉的含量及 A 型和 B 型颗粒的成长程度，栽培措施只有与其表达的时空特异性相匹配，才能实现籽粒淀粉品质的栽培调优。

四、环境因子与栽培调控对淀粉粒度分布形成的影响

研究认为，水肥运筹是提高淀粉产量和品质的主要栽培技术手段。适当增加氮肥用量有利于蔗糖合成相关酶（如旗叶中的蔗糖磷酸合成酶和 SSS）活性的增强：拔节期追施氮肥，可显著提高旗叶中蔗糖磷酸合成酶的活性及蔗糖的含量；追氮时期提前至起身期或推迟至开花期则显著影响旗叶中蔗糖的合成和籽粒中蔗糖的降解，使籽粒产量显著降低（蔡瑞国等，2007；谭秀山等，2012）。水分亏缺对小麦淀粉品质影响显著，研究表明，旱作栽培条件下，小麦籽粒淀粉合成相关酶的活性会伴随水分亏缺而有所增强，适度干旱能缩短籽粒灌浆期，增加灌浆速率，有利于调动茎鞘中的非结构碳水化合物更多地向籽粒中分配，但严重干旱则显著降低其活性。同时，在高密度条件下，ADPG 焦磷酸化酶、可溶性淀粉合成酶与总淀粉和支链淀粉积累速率呈极显著正相关（姜东等，2002；戴忠民等，2007）。研究发现，灌浆期间环境条件的作用大于基因型的作用，灌浆早期高温会降低小淀粉粒比例而提高了大淀粉粒比例，昼夜温差大对淀粉粒的分布亦有影响——AGPase、SBE 和 GBSS Ⅰ 的表达和活性增加，同时淀粉积累增加（Ohdan et al.，2005；程方民等，2003）。在小麦籽粒发育的不同阶段，淀粉粒组分结构，以及体积、数目、表面积等形态分布随着发育时期呈一定的规律性变化，栽培措施对小麦籽粒淀粉品质的调优正是基于对淀粉粒径的调节。

可以看出，虽然前人对小麦淀粉含量与 GBSS、SSS、SBE、DBE 酶活性的关系已做了大量研究，但对 GBSS、SSS、SBE、DBE 及其同工酶在小麦淀粉粒晶体结构及其粒度分布特征形成过程中的功能分工、表达的特异性，以及其对水肥运筹的响应等研究尚少。近年来，病毒介导的与作物产量、品质密切相关的基因的沉默（VIGS）等技术研究，也为探究小麦淀粉粒晶体结构及粒度分布的形成机理提供了重要工具（Scofield et al.，2005；Ding et al.，2006；Cheng et al.，2011）。

可见，淀粉晶体结构和粒度分布的形成是一个复杂、可变化的过程，与栽培措施和环境因子密切相关。小麦淀粉中 A 型和 B 型颗粒的粒度特性及超分子结构的差异决定着小麦淀粉的性能和用途，是籽粒淀粉品质形成的基础。环境变化对小麦籽粒淀粉粒度分布的影响极为显著，栽培措施通过调控 A 型和 B 型颗粒的形成及粒度分布而改变籽粒的淀粉品质。随着现代生物学技术的突飞猛进，多学科交融、多组学联合分析的方法必将为作物淀粉形成机理和调优途径的突破提供有力支持。

第四节 淀粉与加工品质的关系

淀粉是植物体内最重要的有机物质之一，对加工食品的品质影响很大。

一、淀粉品质对面条品质的影响

面条的食用品质（软度、光滑度、口感等）主要与淀粉（面粉）的品质性状（黏度特性、膨胀势等）高度相关；黏度较高的面粉膨胀势较大、具有较好的面条品质，因此，黏度性状

是面条品质早代选择的基础。前人研究发现，快速黏度仪参数中的峰值黏度、最终黏度与面条评分呈显著或极显著正相关；衰减值（稀懈值）和最终黏度与黄碱面条的硬度、弹性和表面光滑度显著相关；Wx 蛋白中，当 Wx-B1 亚基缺失时，直链淀粉含量低，膨胀势高、峰值黏度大，具有良好的面条品质。

直链淀粉含量与小麦淀粉凝胶的硬度呈正相关，与面条的食用品质呈负相关；直链淀粉含量、胶稠度、膨胀势与面条品质呈正相关；降落数值与面条品质呈负相关；通过研究直链淀粉含量、直 / 支链淀粉含量比例、支链淀粉结构、颗粒性状、膨胀特性和淀粉脂等性状对面条的影响，发现直链淀粉含量过高的小麦面粉制成的面条易断，直链淀粉含量适中或偏低的面粉制成的面条具有较好的韧性和食用品质。

二、淀粉品质对烘烤品质的影响

由于淀粉是面粉的主要组成部分，并且具有独特的物理化学性质，如淀粉的糊化特性、淀粉与蛋白质的互作、淀粉与脂类的互作等，因而淀粉在面包的烘烤中起着重要的作用。在和面过程中，当蛋白质形成的面筋在面团中形成网络结构时，淀粉即充塞于网络结构当中。当面包烘烤时，已开始糊化的淀粉粒从面团内部吸水膨胀，发生两种主要变化：一是淀粉粒体积逐渐增大，固定在面团的结构网络内；二是淀粉所需的水分从面筋所吸收的水分转移而来，面筋在逐步失水的状态下，网络结构变得更有黏性和弹性。此外，淀粉的凝沉特性影响面包的保鲜期和货架寿命。普遍认为小麦淀粉与其他来源的淀粉相比，在烘烤过程具有更独特的作用。Hoseney 通过重组技术将其他来源的淀粉代替面粉中的淀粉，发现蒸煮或烘烤过程中，淀粉的糊化直接影响面包的组织结构。直链淀粉含量低的面粉糊化温度低，并具有较高的持水能力、较低的老化速率，因此，可以增加面粉制品的保鲜能力，适宜制作冷藏及速冻食品，也可以延长面包的货架寿命。

直链淀粉含量与面包品质呈极显著负相关，支链淀粉含量和膨胀势与面包品质呈极显著正相关。研究人员利用扫描电镜观察了 10 个小麦品系的淀粉粒大小和形状，发现 A 型颗粒直径较大的品系，制成的面包品质好，反之亦然。支链淀粉含量与 Zeleny 沉淀值、面团形成时间、面团稳定时间呈极显著正相关。支链淀粉含量的提高可以提高面团的强度及筋力，进而提高面包食品的制作品质。面粉吸水膨胀作用中，直链淀粉的贡献小于支链淀粉，膨胀势能够较准确地反映直链淀粉和支链淀粉的比例。提高支链淀粉含量，同时降低直链淀粉含量，对面团强度和面包品质的改良有较好效果。

三、淀粉品质对馒头品质的影响

淀粉构成和黏度特性影响馒头的蒸煮品质，支链淀粉含量会影响馒头的食用品质，以支链淀粉含量与直链淀粉含量比值较大者为好（张春庆和李晴祺，1993）。其中，直链淀粉含量高的面粉制成的馒头体积小、弹韧性差、易黏牙，食用品质差；而直链淀粉含量偏低或中等的面粉制成的馒头体积大、弹韧性强、不黏牙，食用品质优。快速黏度仪参数中，除峰值时间以外，所有黏度参数都与馒头比容呈正相关，其中峰值黏度与馒头体积、比容、结构和评分间的相关系数达到显著或极显著的水平；面粉黏度参数与馒头品质间的相关性大于淀粉黏度参数；淀粉或面粉黏度性状与馒头品质的相关性和其与面条品质的相关性有大体一致的趋势。其他淀粉性状中，支链淀粉含量影响馒头食用品质；淀粉粒分布、淀粉损伤、麦芽糖指数和降落数值等对馒头品质均有一定影响，但这些影响多是间接的，如淀粉损伤影响面团强度和反弹性，α-淀粉酶活性（降落数值）影响黏度等，进而影响馒头品质。淀粉（或面粉）膨胀势是预测面条品质的重要指标（McCormick et al.，1991），但膨胀势与馒头品质相关不显著。

有研究者发现，α-淀粉酶活性强，转化成的葡萄糖含量高，从而酵解时生成 CO_2 气体量多，气室适度膨胀，使馒头体积增大。但 α-淀粉酶活性太强时，会糖化过量的淀粉，蒸制时 CO_2 太多，气室胀裂融合成大气室，使气体溢出，馒头体积减小，馒头芯发黏。例如，用穗发芽小麦加工的面粉中淀粉酶活性过强，蒸制的馒头黏牙。但淀粉酶活性也不能太弱，太弱会造成淀粉糊化不够，生成的淀粉胶体太干硬，限制面团的适当膨胀，再加上酵解时 CO_2 量不足，会使馒头体积小，馒头芯黏牙。Crosbie 等（1991）认为低的淀粉破损率和低的 α-淀粉酶活性是优质馒头面粉的两种要素。

思 考 题

1. 淀粉的主要化学性质有哪些？
2. 淀粉如何分类？
3. 淀粉的糊化和凝沉作用机理？
4. 抗性淀粉的主要生理功能？
5. 淀粉合成过程中涉及哪些关键的酶及基因？
6. 淀粉是如何影响加工品质的？
7. 如何改良淀粉品质？

第三章　作物蛋白质品质的生理生化

第一节　概　　述

一、蛋白质生物学意义

蛋白质（protein）是生命的物质基础，是有机大分子、构成细胞的基本有机物、生命活动的主要承担者。没有蛋白质就没有生命。氨基酸是蛋白质的基本组成单位。它是与生命及各种形式的生命活动紧密联系在一起的物质。机体中的每一个细胞和所有重要组成部分都有蛋白质参与。

蛋白质在动、植物体内的生物学功能主要有：①催化作用，蛋白质是有机体新陈代谢的催化剂——酶的主要成分，几乎所有的酶都是由蛋白质或主要由蛋白质组成（多成分酶）；②能量供给作用，供给有机体生长发育所需的能量；③运动作用，如肌纤凝蛋白的收缩作用；④结构作用，构成新生组织和修补组织；⑤调节作用，如激素的生理调节作用；⑥信息作用，接收和传递信息，调节和控制细胞生长、分化和遗传信息的表达；⑦机体的免疫作用和胶原蛋白的支架作用；⑧运输作用，如人体或动物血红蛋白的运输作用。总之，蛋白质不仅是构成各类细胞原生质的主要物质，而且蛋白质与核酸组成的核蛋白与生物的生长、繁殖、遗传和变异有密切关系，可以说，没有蛋白质就没有生命。

我国目前膳食蛋白质的供给主要来自谷类食物，占总摄入蛋白的 60% 以上，动物蛋白及大豆蛋白约占 20%，其他植物蛋白约占 13%。因此，通过遗传改良和优质栽培等途径提高谷物蛋白质含量，对满足人们的营养需求、增强体质有重要的意义。

二、主要作物蛋白质简介

（一）小麦蛋白质

在谷物粉中，只有小麦粉能形成可夹带气体从而生产出松软烘烤食品的具有黏弹性的面团，其原因是小麦具有其他谷物所不具有的特殊物质——面筋，面筋主要是由蛋白质组成，所以又称为面筋蛋白。面筋蛋白是小麦的贮藏蛋白，因为它不溶于水，故较容易分离提纯。

面筋是由两种主要蛋白质和其他微量物质组成的复合物，这两种蛋白质为麦胶蛋白（一种醇溶谷蛋白）和麦谷蛋白（一种谷蛋白）。麦胶蛋白是一类具有相似特性的蛋白质，其平均相对分子质量为 4 万，单链，水合时胶黏性极大，这类蛋白质的抗延伸性小或无，是形成面团黏合性的主要原因。麦谷蛋白是一类不同组分的蛋白质，多链，相对分子质量在十万至数百万之间，平均相对分子质量为 300 万，有弹性但无黏性，是面团具有抗延展性的主要原因。

普通小麦蛋白质含量在 13% 左右，小麦粉为 11% 左右，小麦粉蛋白质含量比籽粒平均低 2.5% 左右。美国测试的 12 613 份普通小麦蛋白质含量平均为 9.981%～14.019%，变幅为 6.91%～22.0%。我国小麦蛋白质含量变幅为 8.07%～20.42%，平均为 12.76%。生产上应用的绝大部分小麦品种的蛋白质含量为 12%～16%（占全部品种的 80%），低于 10% 和高于 16% 的品种不多。

小麦籽粒蛋白质不均匀地分布在籽粒中的不同部位，在胚和糊粉层中含量最高，胚乳中越接近种皮部位的蛋白质含量越高。胚蛋白质含量为 30%，糊粉层蛋白质含量为 20%，胚乳外层蛋白质含量为 13.7%，胚乳中层蛋白质含量为 8.8%，胚乳内层蛋白质含量为 6.2%。胚乳占小麦籽粒比例最大（约 82.5%），胚乳蛋白质含量占籽粒蛋白质含量的比例也最高，约为 70%。

（二）玉米蛋白质

玉米蛋白质以离散的蛋白质体和间质蛋白质形式存在于胚乳中，蛋白质体主要由一种被称为玉米醇溶蛋白（zein）的蛋白质组成。玉米胚乳蛋白质含有约 10% 的清蛋白和球蛋白，以及约 44% 的玉米醇溶蛋白、28% 左右的谷蛋白和 18% 左右的剩余蛋白。剩余蛋白是以二硫键连接的玉米醇溶蛋白，溶于含巯基乙醇或类似溶剂的醇中，这是进行蛋白质分类的 Landry-Moureaux 法的基础。

（三）大米蛋白质

水稻种子中蛋白质含量一般在 8%～10%，最高可达 22%。其中贮藏蛋白约占总蛋白的 90%。通常认为大米蛋白质是一种优质蛋白质——生物价高，赖氨酸、苏氨酸等必需氨基酸含量高，氨基酸配比比较合理。

一般而言，清蛋白和球蛋白多为细胞质或具有代谢活性的种子蛋白，储存在果皮、糊粉层和胚等组织中；而醇溶蛋白和谷蛋白多为贮藏蛋白，醇溶蛋白积淀在蛋白体 PB Ⅰ 内，谷蛋白储藏在蛋白体 PB Ⅱ 中。在水稻种子的出糙和精制过程中，果皮、大部分糊粉层、部分胚和少量的胚乳将被去除，这些组织中的蛋白也将一同去除。这样，精米中的蛋白主要为谷蛋白和醇溶蛋白。稻谷中的醇溶蛋白和谷蛋白组分相当低（3%～5%）。大米蛋白质含量虽然比小麦和玉米低，但却具有优良的营养品质。

（四）大麦蛋白质

大麦蛋白质各组分中，清蛋白数量最少，占总量的 3%～5%，球蛋白相对较多，占 10%～12%，主要组分是醇溶蛋白和谷蛋白，各占 35%～45%。不同溶性蛋白质的分配取决于品种，也与农艺条件有关。大麦蛋白质的醇溶蛋白中赖氨酸含量很低；而谷蛋白，特别是清蛋白和球蛋白中，赖氨酸含量较高。

（五）大豆种子蛋白质

大豆种子蛋白质的主要成分为贮藏蛋白，占总蛋白质的 95% 以上，还有多种结构蛋白、酶蛋白及其他功能性蛋白，如外源凝集素、蛋白酶抑制剂等。贮藏蛋白主要包括 90% 的盐溶性球蛋白和 10% 的水溶性清蛋白，球蛋白经密度梯度离心后可以得到沉降系数分别为 2S、7S、11S 的 3 种主要成分。

（六）燕麦蛋白质

燕麦蛋白质中氨基酸平衡非常好，其营养价值很高。醇溶蛋白占总蛋白的 10%～15%，球蛋白占 55%，谷蛋白占 20%～25%。现在国内外已开发出燕麦片等系列健康食品供应市场。

三、蛋白质与谷物加工品质

（一）蛋白质含量与谷物加工品质的关系

谷物中蛋白质的含量成为评价食品加工品质和营养价值的重要指标。蛋白质含量是加工品质的基础，若籽粒蛋白质含量低于 9%，则加工品质无法谈起。从食品科学角度看，蛋白质在决定食品的结构、形态及色、香、味等方面起着重要作用。例如，许多研究表明，小麦蛋白质的数量和质量与面包烘烤品质直接相关，是决定面包品质的主要指标。小麦品种的面包生产潜力与面粉蛋白质含量成正比。对一个给定品种来说，当蛋白质含量范围为 8%～18% 时，面包体积和蛋白质含量之间有线性关系。一般认为蛋白质含量高于 14% 时，面粉的烘烤品质较好；如果小麦籽粒蛋白质含量低于 13%，则烘烤品质不佳。面粉的吸水率、面团持气能力、耐揉性，以及面包体积、面包芯质地、表皮颜色都与小麦蛋白质密切相关，蛋白质含量较高的面粉制作的面包体积较大，面包芯蜂窝均匀、质地优良。但是，蛋白质含量并不是越高越好，蛋白质含量过高，面包体积到达一定极限后，会导致面包瓤过薄过脆，反而会使面包品质下降。制作馒头的面粉则要求中等含量的蛋白质：若蛋白质含量过高，筋力过强，馒头比容大，弹性好，但由于保气性强，导致表皮起皱，内部结构差，制作不易成型，难以揉光，不均匀，吃起来像"牛皮糖"，不爽口，不松散；若蛋白质和面筋含量低，则筋力弱，馒头弹韧性差，体积小，形状不挺，塌陷，扁平似厚饼，没有咬劲，口味差。

大米蛋白质除了是重要的营养成分以外，其含量的高低还直接影响了大米的蒸煮食用品质。蛋白质含量过高会使大米的食味值变差。如何提高大米蛋白质含量从而提高大米的营养品质，同时又兼顾产量和大米的食味，一直受到作物遗传学家和栽培学家的重视。

（二）蛋白质质量与谷物加工品质的关系

谷物营养品质和加工品质不仅与蛋白质的含量有关，而且受蛋白质质量的影响。相同蛋白质含量的同一谷物，其营养价值和加工品质可能不同，主要原因是组成蛋白质的氨基酸种类、蛋白质的组分及构成蛋白质的亚基不同。例如，大米 4 种蛋白组分中以清蛋白对大米食味品质影响最显著，醇溶蛋白和谷蛋白含量与大米食味品质及某些食味特性之间存在一定的负相关趋势，球蛋白则与大米食味品质不存在负相关关系。多数研究者认为，醇溶蛋白阻碍淀粉网眼状结构发展，消化性差，是降低食味品质的唯一因素。而谷蛋白（PBⅡ）营养价值高，容易被人体吸收与消化，因而有利于食味品质的提高。

（三）生产中测定谷物蛋白质的意义

1. 判断谷物用途的依据

加工不同的食品对谷物蛋白质含量的要求各不相同，例如，加工面包一般要求蛋白质含量在 15% 左右，日本面包粉蛋白质含量在 14.5% 左右；加工糕点要求面粉蛋白质含量应低于 10%；制作方便面、挂面的专用粉蛋白质含量在 12%～13%；适于做馒头的面粉蛋白质含量在 10%～13%。

2. 粮食收购部门定级评价的标准

美国、加拿大的小麦都是以籽粒蛋白质含量来定级。例如，美国规定硬红冬小麦蛋白质含量高于或等于 12.5% 为一等，11.5%～12.5% 为二等，低于 11.5% 为三等。我国小麦分类中也很注意蛋白质含量，例如，GB/T 17892—1999 中规定：一等强筋小麦粗蛋白含量高于或等于 15%，二等强筋小麦蛋白质含量高于或等于 14.0%。GB/T 17893—1999 中规定弱筋小麦蛋白质含量低于或等于 11.5%。籽粒粗蛋白含量是 GB/T 17892—1999 和 GB/T 17893—1999 标准中要求必须达标的指标之一。多数研究表明，蛋白质含量与精米垩白粒率和垩白度呈负相关。

3. 充分利用谷物资源

通常，蛋白质含量高的大麦适宜用于饲料业，淀粉含量高的用于啤酒业。生产中测定谷物蛋白质，既可发挥粮食资源的最大使用价值，又提高了粮食部门的经济效益。

4. 新品种选育的指标

同一种谷物不同品种间籽粒蛋白质含量差别很大，例如，小麦蛋白质含量范围为 7%～29.6%，玉米蛋白质含量范围为 7.5%～25.6%，谷子蛋白质含量范围为 6%～23.0%。这说明大多数谷物的蛋白质都有很大的改良潜力（表 3-1）。根据其改良潜力，人们可以通过各种育种和栽培措施，培育和种植高蛋白的小麦、玉米等作物品种，以满足生产和人民生活水平提高的需要。谷蛋白含量相对于醇溶蛋白含量的比值和总蛋白含量均会影响大米食味品质，但总蛋白含量对食味品质的影响因谷醇比而异，因此在水稻品质育种中，尤其在以低蛋白含量为选择指标时，可将谷醇比作为一个辅助选育指标。

表 3-1 谷类作物蛋白质的含量及其改良潜力 （单位：%）

项目	小麦	玉米	水稻	谷子	高粱	大麦	燕麦	小黑麦
平均含量	12.6	10.4	7.6	11.4	12.5	13.1	13.4	15.5
含量范围	7.0～29.6	7.5～25.6	3.5～18.8	6.0～23.0	4.7～25.0	8.5～25.4	9.0～35.0	11.1～25.2
改良潜力	135.5	146.2	147.4	101.4	100.0	93.9	160.1	61.3

四、蛋白质营养价值的评价方法

蛋白质营养价值评价对于谷物及其制品品质的鉴定、新的食品资源的研究和开发，以及人类膳食结构的研究等许多方面都有重要意义。在实际工作中，人们依据不同的目的设计了多种评价指标，但每种评价方法都有一定局限性。综合起来，营养学上主要针对蛋白质消化吸收程度和人体利用程度进行评价（田纪春等，2006）。

（一）蛋白质消化率

蛋白质消化率（digestibility）是指蛋白质受消化酶水解后吸收的程度，即吸收氮与摄入氮（食物氮）的比值。蛋白质的消化率不仅反映了蛋白质在消化道内被分解的程度，同时还反映消化后的氨基酸和肽被吸收的程度。

无论以人还是动物为实验对象，测定蛋白质消化率时都必须检查实验期内摄入的食物氮、排出体外的粪氮和代谢氮。代谢氮是指肠道内源性氮，包括脱落的肠黏膜细胞、消化酶和肠道微生物中的氮，是在实验对象完全无蛋白质摄入时粪中的含氮量，成人 24h 内的代谢氮一般为 0.9～1.2g。

（二）蛋白质利用率

衡量蛋白质利用率的指标有很多，各指标分别从不同角度反映蛋白质被利用的程度。下面介绍几种常用方法。

1. 生物价

蛋白质生物价（biological value，BV）表示生物体为维持生命和生长所储留的氮占吸收氮的比例，是反映食物蛋白质消化吸收后被机体利用程度的指标，生物价越高，表明蛋白质被机体利用程度越高，最大值为 100。计算公式如下：

$$生物价（\%）= \frac{储留氮}{吸收氮} \times 100 = \frac{食物氮-（粪氮-代谢氮）-（尿氮-内生氮）}{食物氮-（粪氮-代谢氮）} \times 100$$

2. 蛋白质净利用率

蛋白质净利用率（net protein utilization，NPU）可反映食物中蛋白质被利用的程度，它包括食物蛋白质的消化和利用两方面，因此更为全面。

$$蛋白质消化率（\%）= \frac{食物氮-（粪氮-代谢氮）}{食物氮} \times 100$$

$$蛋白质净利用率（\%）=蛋白质消化率 \times 生物价$$

3. 蛋白质功效比值

蛋白质功效比值（protein efficiency ratio，PER），是用处于生长阶段的幼年动物（一般用刚断奶的雄性大鼠）在实验期内体重增加和摄入蛋白质的量的比值来反映蛋白质营养价值的一个指标。由于所测蛋白质主要用来提供生长之需，所以该指标被广泛用作婴儿食品中蛋白质的评价。实验时，饲料中被测蛋白质是唯一蛋白质来源，占饲料的 10%，实验期为 28d。

$$蛋白质功效比值（\%）= \frac{动物体重增加（g）}{摄入的蛋白质（g）} \times 100$$

4. 氨基酸评分

食物蛋白质氨基酸模式与人体蛋白质构成模式越接近，其营养价值越高。氨基酸评分则能评价其接近程度，是一种广为采用的食物蛋白质营养价值评价方法。氨基酸评分（amino acid score，AAS）也称蛋白质化学评分（chemical score），指食物蛋白质中的必需氨基酸和理想模式或参考蛋白质中相应的必需氨基酸的比值，理想氨基酸模式采用 FAO（联合国粮食及农业组织）提出的模式。

$$氨基酸评分（\%）= \frac{被测量蛋白质每克氮（或蛋白质）中氨基酸含量（mg）}{理想模式或参考蛋白质中每克氮（或蛋白质）中氨基酸含量（mg）} \times 100$$

氨基酸评分相对较低的必需氨基酸为限制性氨基酸（limiting amino acid），如赖氨酸、苏氨酸等。氨基酸评分最低的必需氨基酸为第一限制性氨基酸。由于限制性氨基酸含量相对较低，导致其他必需氨基酸在体内不能被充分利用而浪费，因而其蛋白质营养价值低。

第二节　蛋白质的分类及理化功能

一、蛋白质的结构与分类

（一）蛋白质的化学组成

蛋白质一般都含有 C、H、O、N 元素，有些蛋白质含有 P、S 等元素，少数蛋白质还含有 Fe、Zn、Mg、Mn、Co、Cu 等。多数蛋白质的元素组成如下：C 为 50%～56%，H 为 6%～7%，O 为 20%～30%，N 为 14%～19%，S 为 0.2%～3%，P 为 0～3%。

组成蛋白质的基本单元是氨基酸，即 L-α 氨基酸，蛋白质水解后的最终产物为氨基酸。自然界氨基酸种类很多，但组成蛋白质的仅约 20 种。

（二）蛋白质的结构

蛋白质为生物大分子之一，有三维空间结构，具有复杂的生物学功能。蛋白质结构与功能之间的关系非常密切，在研究中，一般将蛋白质的结构分为一级结构与空间结构（蛋白质的二级、三级和四级结构）两类。

1. 一级结构

多肽链共价主链（covalent backbone）的氨基酸排列顺序称为蛋白质的一级结构（primary structure）。图 3-1 表示了氨基酸的种类、连接方式和排列顺序，其中 R_1、R_2、…、R_n 是不同的侧链基团，有 —NH_2 的一端为氮末端，有 —COOH 的为碳末端，—CO —NH— 为相邻两个氨基酸间形成的肽键，—NH —CH（R）—CO — 为氨基酸残基。

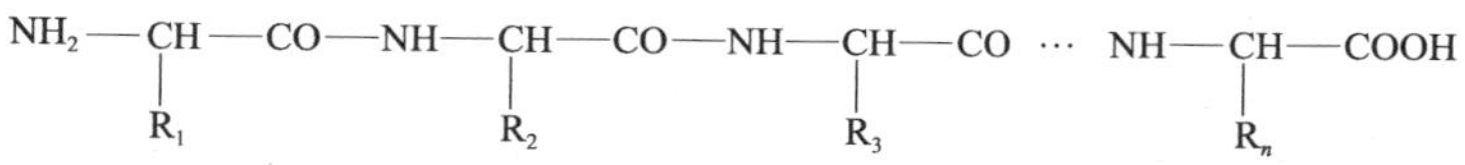

$$NH_2—CH—CO—NH—CH—CO—NH—CH—CO \cdots NH—CH—COOH$$
$$\quad\ \ |\qquad\qquad\quad |\qquad\qquad\quad |\qquad\qquad\qquad\quad |$$
$$\quad\ \ R_1\qquad\qquad\ R_2\qquad\qquad\ R_3\qquad\qquad\qquad R_n$$

图 3-1　蛋白质的一级结构

蛋白质的一级结构决定了蛋白质的二级、三级结构等高级结构，由于组成蛋白质的 20 种氨基酸各具特殊的侧链，侧链基团的理化性质和空间结构排布各不相同，当它们按照不同的序列组合时，就可以形成多种多样的空间结构和不同生物学活性的蛋白质分子。

2. 蛋白质的空间结构

蛋白质分子的多肽并非呈线性伸展，而是折叠和盘曲成特有的比较稳定的空间结构。蛋白质的生物学活性和理化性质主要取决于空间结构的完整性，因此仅仅测定蛋白质分子的氨基酸组成和它们的排列顺序并不能完全了解蛋白质分子的生物学活性和理化性质。

（1）蛋白质的二级结构和超二级结构　　蛋白质主链骨架中若干肽段各自沿着某个轴盘旋（即螺旋）或折叠，并以氢键相维持，从而形成局部的规则的立体结构，称为二级结构（secondary structure），包括 α 螺旋结构、β 片层结构和 β 转角。

超二级结构（supersecondary structure）是指在多肽链内顺序上相互临近的二级结构常常在空间折叠中靠近，彼此相互作用，形成规则的二级结构聚集体（combination）。目前发现的超二级结构有三种基本形式：α 螺旋组合（αα）、β 折叠组合（ββ）和 α 螺旋 β 折叠组合

（βαβ），其中以 α 螺旋 β 折叠组合最为常见。

（2）三级结构　　蛋白质的三级结构（tertiary structure）是在二级结构（如 α 螺旋结构）的基础上，进一步盘旋和折叠而形成的特定构象。

（3）四级结构　　含有两条或两条以上具有独立三级结构的多肽链组成的蛋白质，其多肽链间通过次级键相互组合而形成的空间结构，称为四级结构（quarternary structure）。

（三）蛋白质分类

蛋白质是一种较复杂的大分子化合物，至少含有 60～800 个氨基酸残基。近年研究表明，植物含有蛋白质多达数百种，仅谷类作物的贮藏蛋白就达 100 多种。这些植物蛋白质可以按不同分类方式，分为以下种类。

1）根据形态特征分为胚乳蛋白、糊粉层蛋白和胚蛋白。

2）根据蛋白质功能分为活性蛋白（如酶蛋白、膜蛋白、激素蛋白质、运输蛋白、运动蛋白、受体蛋白、核糖体蛋白等）和非活性蛋白（如胶原蛋白、角蛋白等）。

3）根据化学成分分为简单蛋白质和复合蛋白质两类。简单蛋白质除氨基酸外不含有其他物质；复合蛋白质是由简单蛋白质与其他物质结合而成，又称结合蛋白，具有一个或一个以上相同或不同的辅基。

4）根据三维结构分为纤维状蛋白和球状蛋白。纤维蛋白呈丝状伸长，往往具有非常大的分子量，典型的是小麦面筋中的谷蛋白和残基蛋白；球状蛋白呈扭曲状，沿多肽表现为高度有序的弯曲排列，结构较致密，近球形或椭圆形。球状蛋白较易溶于水，种类多，所有酶蛋白均为球状蛋白。

5）根据溶解性分为清蛋白、球蛋白、醇溶蛋白和谷蛋白。

以上分类方式都有一定的应用价值，比较理想的是根据生物功能进行分类，即代谢活性蛋白（细胞质蛋白）和贮藏蛋白：前者主要是清蛋白和球蛋白；后者主要是醇溶蛋白和谷蛋白。

二、蛋白质的主要理化性质

蛋白质是由氨基酸组成的大分子化合物，某些理化性质与氨基酸相似，如两性电离、等电点、呈色反应、成盐反应等，也有一些性质不同于氨基酸，如高分子量、胶体性、变性等。

（一）蛋白质的胶体性质

蛋白质相对分子质量很大，为 1 万～100 万，其分子的直径为 1～100nm。蛋白质的分子大小属于胶体质点的范围。蛋白质溶液是一种亲水胶体（hydrophilic colloid）。蛋白质分子表面上的可解离基团在适当 pH 条件下，都带有相同的净电荷，互相排斥，不易聚集沉淀。蛋白质分子由于具有水化层和相同电荷，所以作为胶体系统是相当稳定的。

（二）蛋白质的沉淀作用

蛋白质具有胶体特性，其胶体稳定的原因主要是蛋白质分子有水合膜和带有相同电荷。但当某些因素破坏了水合膜，除去了胶粒的电荷时，蛋白质就会沉淀。蛋白质分子凝聚从溶液中析出的现象称为蛋白质的沉淀。可使蛋白质沉淀的物质主要有酸、醇、中性盐、重金属盐或生物碱试剂等。

（三）蛋白质的两性电离和等电点

蛋白质分子中有自由氨基和自由羧基，故与氨基酸一样具有酸、碱两性性质。由于蛋白质的侧链上往往有未结合成肽键的羧基和氨基，此外还有羟基、胍基、巯基等，因此其两性电离要比氨基酸复杂得多，其电离方式如图 3-2 所示。

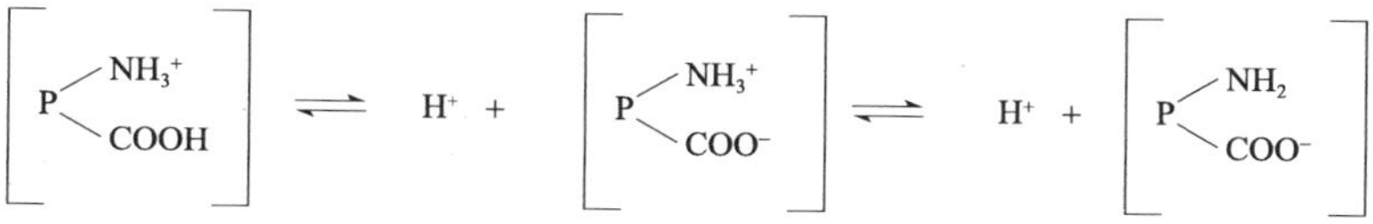

$$\left[P \begin{matrix} NH_3^+ \\ COOH \end{matrix} \right] \rightleftharpoons H^+ + \left[P \begin{matrix} NH_3^+ \\ COO^- \end{matrix} \right] \rightleftharpoons H^+ + \left[P \begin{matrix} NH_2 \\ COO^- \end{matrix} \right]$$

正离子　　　　　　　　两性离子　　　　　　　　负离子

图 3-2　蛋白质的两性电离

P. 蛋白质主链

随着介质 pH 的不同，蛋白质在溶液中可为正离子、负离子或两性离子。当 pH 升高时，上述平衡向右移动，pH 降低时向左移动，两者之间必有一 pH，在此 pH 下蛋白质分子在溶液中为两性离子，净电荷为零，此时溶液的 pH 即为蛋白质的等电点（isoelectric point）。

蛋白质的两性解离性质使其成为人体及动物体中重要的缓冲溶液，并可利用此性质在某 pH 条件下对不同蛋白质进行电泳，以达到分离纯化的目的。

（四）凝胶与膨润

蛋白质分子的表面存在很多亲水基团，溶于水可形成较稳定的亲水胶体（溶胶）。而凝胶则可看成水分散于蛋白质所形成的具有部分固体性质的胶体，如豆浆是溶胶，而豆腐则是凝胶。大多数蛋白质的凝胶形成过程：首先是蛋白质分子变性，然后变性蛋白质分子互相作用，形成蛋白质的凝固态。

凝胶中的水分蒸发干燥后即可得到具有多孔结构的干凝胶，吸水后又变为柔软而富有弹性的凝胶。干凝胶的吸水称为膨润。膨润过程受 pH 的影响，如酸碱物质对面筋的膨润能力影响很大，在等电点左右由于水化作用弱，膨润程度差，面筋变得坚硬。

（五）蛋白质的变性

天然蛋白质因受物理或化学因素的影响，其分子原有的特殊构象发生变化，致使其生理活性部分或全部丧失，这种作用称为蛋白质的变性。在这个变化中蛋白质并未分解，一级结构不变，三级结构至二级结构发生了变化。

蛋白质变性后许多原有性质发生了改变，在水中溶解度显著减小，丧失结晶性和某些生物活性（如免疫性、酶活性），黏度增大，等电点变动。另外，变性蛋白质易被酶作用，这可能是由于变性使某些活性基团裸露出来（如半胱氨酸的巯基、酪氨酸的酚基、色氨酸的吲哚基等），提高了反应活性。

（六）蛋白质的显色反应

由于蛋白质分子含有肽键和氨基酸的各种残余基团，因此它能与各种不同的试剂作用，生成有色物质，这些颜色反应广泛应用于鉴定和定量测定蛋白质。

1. 黄色反应

在蛋白质溶液中加入浓硝酸时，蛋白质先沉淀析出，加热沉淀又可溶解。这一反应为苯丙氨酸、酪氨酸、色氨酸等含苯环氨基酸所特有，硝酸与这些氨基酸中的苯环形成黄色硝基化合物。

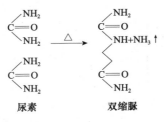

尿素　　　　　双缩脲

图3-3　双缩脲反应

2. 双缩脲反应

将固体尿素小心加热，则两分子尿素间脱去一分子氨，生成双缩脲（缩二脲），双缩脲与硫酸铜的碱溶液作用生成紫红色物质。蛋白质中有许多肽键，也能发生双缩脲反应（图3-3）。

3. 米伦反应

在蛋白质溶液中加入米伦试剂（汞溶于浓硝酸制得的硝酸汞及亚硝酸汞的混合物），蛋白质首先析出，再加热变成砖红色。

4. 茚三酮反应

与氨基酸相似，蛋白质与茚三酮共热煮沸可生成蓝红色化合物。

第三节　蛋白质的生物合成代谢及主要相关基因

一、蛋白质的合成和积累

（一）植物蛋白质合成的过程

在细胞核内，基因被转录成RNA。RNA被转录后修饰及控制，形成成熟的信使RNA（mRNA），并运往细胞核外的细胞质进行翻译（图3-4）。核糖体以mRNA作为模板，通过移动穿过mRNA的每个密码子（3个核苷酸），将其与氨酰tRNA提供的反密码子配对进行翻译。新合成的蛋白质会被再行修饰，并可以与效应分子结合，最终成为具有生物学活性的蛋白质。基因主要存在于细胞核的染色体上（细胞核基因），而合成蛋白质是在细胞质里进行的。

蛋白质的合成过程大致分为5个阶段（图3-5）：①氨基酸的激活；②肽链合成的启动；③肽链的延长；④肽链合成的终止和释放；⑤肽链的折叠和加工处理。

在蛋白质合成之前，细胞内的各种氨基酸首先在某些酶的催化作用下，与ATP结合在一起，形成带有许多能量的活化氨基酸。然后，这些被激活的氨基酸与特定的tRNA结合，被运送到核糖体上去。

（二）作物蛋白质的合成积累规律

作物开花后由营养器官运来的氨基酸逐

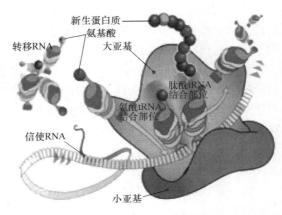

图3-4　基因控制蛋白质合成的过程和原理

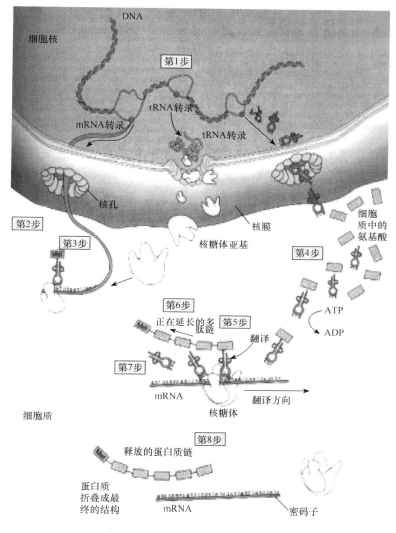

图 3-5　蛋白质合成过程简图

步合成籽粒中的蛋白质，游离氨基酸组成和含量都会影响作物蛋白质的积累。籽粒中蛋白质的积累来源于氮素同化物的供应与籽粒合成蛋白质能力之间的平衡。籽粒蛋白质积累来源主要是自开花后直接吸收同化的氮素和开花前植株贮藏氮的再运转。其中，开花后同化的氮素约占 20%，营养器官再运转的氮素约占 80%。

1. 小麦籽粒中蛋白质合成积累规律

小麦籽粒氮含量变化呈"高-低-高"的趋势，呈"V"形曲线，不同的品种间存在差异。籽粒氮含量的变化反映了籽粒中蛋白质和碳水化合物的积累动态，在籽粒灌浆初期，光合产物向籽粒的运转缓慢，碳水化合物的积累量很少，籽粒中氮含量相对较高；在灌浆盛期，光合产物运输加快，氮的吸收相对减慢，使此时氮含量相对下降；灌浆后期，干物质积累变慢，而植株营养体内的氮迅速运送到籽粒中，氮含量又升高。

籽粒蛋白质含量由蛋白质在整个籽粒形成过程中的渐进积累所决定，成熟籽粒蛋白质含量与形成各时期的蛋白质含量呈极显著正相关（张惠叶等，1995；杜金哲等，2008）。小麦开花后，营养器官中的含氮物质以氨基酸形态运送到籽粒，它直接形成蛋白质或先转化成其他氨基酸后再形成蛋白质。籽粒中游离氨基酸的含量反映了籽粒蛋白质合成底物的供应水平，小麦籽粒发育过程中游离氨基酸含量的变化对蛋白质形成起重要作用。

2. 大米蛋白质的合成积累规律

研究表明，水稻颖果中的蛋白质自花后 5d 起积累，在花后 20d 含量到达峰值，其后又稍稍减少。谷蛋白的含量自花后 5d 起急速上升，在花后 30d 达到最大值；清蛋白和球蛋白从花后 5d 起缓慢上升，同样在花后 30d 到达最大值，其后维持较高的水平。醇溶蛋白则不同，花后 5~10d 几乎不积累，自花后 10d 才开始积累，积累速率比谷蛋白慢。

水稻谷蛋白的合成和豆类种子贮藏蛋白的合成途径相似（Yamagata et al.，1982），即 60kDa 的前体多肽在粗糙内质网上合成，然后剪切去除信号肽后运送至 PB（protein body，蛋白质体）液泡，解离成 40kDa 和 20kDa 的两个亚基，并积累在 PB 内。蛋白质从粗糙内质网上运到 PB 时，需经过高尔基体进行加工、修饰。醇溶蛋白的多肽虽然和谷蛋白前体一样在内质网上合成，但合成后不是运往液泡而是留在内质网形成 PB I。因此，醇溶蛋白合成途径比存在于 PB II 中的谷蛋白的合成途径简单。

谷蛋白和球蛋白积聚在 PB II 中，而醇溶蛋白积聚在 PB I 中（Tanaka，1980）。PB I 是由粗内质网发育而来，多数呈球形，电镜下染色较浅，表面有核糖体或多聚核糖体附着。PB II 是由蛋白贮藏液泡（protein storage vacuole，PSV）中积累的蛋白质形成的，多数为不规则形，体积较大，电子密度较高（Tanaka et al.，1980；韦存虚等，2002）。

3. 玉米醇溶蛋白合成积累规律

研究表明，玉米醇溶蛋白在花粉授粉后（days after pollination，DAP）10d 左右开始合成（Wu and Messing，2012；Kodrzycki et al.，1989）。在胚乳发育过程中，蛋白质体是从外向内逐渐形成的。首先，β-和 γ-醇溶蛋白作为结构蛋白先合成并积累在蛋白质体的外围；其次，大多数的 α-和少数的 δ-醇溶蛋白积累在内部，逐渐形成直径 1~2μm 的球形蛋白质体，δ-醇溶蛋白位于蛋白质体的核心，并且 α-和 δ-醇溶蛋白必须在 β-和 δ-醇溶蛋白的存在下才能稳定积累（Coleman et al.，1996；Bagga et al.，1997）。不同类型的醇溶蛋白基因的表达存在显著差异；醇溶蛋白基因的表达还存在品种差异。

4. 大豆种子蛋白质合成积累规律

贮藏蛋白的合成从花后约 25d 开始，之后累积作用逐渐加强，直到种子成熟。大豆种子蛋白质的合成首先是氮素和碳素同化合成氨基酸。大豆有两个氮素同化系统：一个是根系吸收土壤中的氨态氮和硝态氮，吸收的硝酸盐一部分留在根中，大部分通过木质部运送到叶片后，借助硝酸还原酶（NR）和亚硝酸还原酶（NiR）将硝酸还原为氨，随后氨结合到各种氨基酸中，最后合成蛋白质；另一个是借助根瘤固氮酶的作用，将吸收固定的空气中的游离 N_2 还原为氨，然后合成酰胺、氨基酸和酸脲，再合成蛋白质。

在豆荚形成初期，氮素以酰胺的形式从叶片和根部运送到豆荚中，同时，由光合作用合成的多糖转运到种子中，并通过糖酵解和三羧酸循环途径产生合成氨基酸所需的碳链骨架 α-酮戊二酸、草酰乙酸、丙酮酸和 3-磷酸甘油酸。在各种转氨酶的作用下，酰胺的氨基转到碳链骨架的羰基上形成氨基酸，包括谷氨酸、谷氨酰胺、天冬氨酸、天冬酰胺、丙氨酸、丝氨酸 6 种，再以这些氨基酸为前体合成其余的 14 种常见氨基酸。与其他真核细胞一样，大豆种子蛋白质肽链的合成也是在核糖体上进行。

二、蛋白质生物合成代谢的主要调控基因

植物蛋白质的含量和组分是由多基因控制的数量性状，既受主效基因控制，又受微效基因影响。转录和表达水平都受多个基因形成的网络调控。

（一）尿卟啉原Ⅲ甲基化酶基因

植物碳、氮和硫代谢途径相互联系。碳代谢主要包括光合作用和呼吸作用。氮代谢包括植物从土壤中吸收 NO_3^-，然后在硝酸和亚硝酸还原酶作用下生成 NH_4^+。血红素是硝酸还原酶和亚硝酸还原酶的前提物质，并且影响硫的合成。而血红素的合成又依赖于尿卟啉原Ⅲ。尿卟啉原Ⅲ甲基化酶（UMP1）是叶绿素生物合成的第一个四吡咯中间体，该酶可以使底物尿卟啉原Ⅲ从叶绿素的合成途径转到血红素的合成途径。所以 *UMP1* 基因是影响蛋白质合成和硫代谢的重要基因。

（二）大米蛋白质调控基因

国内外关于大米蛋白质性状基因定位研究很多，于永红等（2006）检测到 5 个控制蛋白质含量的 QTLs，分别位于 3、4、5、6 和 10 号染色体上。利用 DH 群体（双单体群体）检测到 4 个控制蛋白质含量的 QTL，分别位于 1、2、6 和 11 号染色体上。Tan 等（2001）检测到两个与蛋白质含量相关的 QTL，解释 13%～17% 的表型变异。

研究人员通过图位克隆方法获得了一个控制大米蛋白质含量变异的基因 *OsAAP6*（Peng et al.，2014），该基因通过调控籽粒贮藏蛋白和淀粉的合成与积累来控制大米蛋白质含量。

通过筛选水稻种子突变体，获得贮藏蛋白突变体 *NM67*，突变性状受单显性基因控制，测定分析后发现醇溶蛋白含量提高，谷蛋白含量下降；Iida 等（1997）通过 γ 射线照射和 EMS 化学诱变，获得了谷蛋白中不同多肽突变的三类突变体，均受单个隐性基因控制，分别位于 1、2 和 10 号染色体上，这些突变体的筛选为改良大米营养品质提供了重要途径。

改良贮藏蛋白的组成和提高赖氨酸含量是改良大米营养品质的关键，具体途径有：①减少醇溶蛋白的含量，相对增加谷蛋白的合成量；②减少白蛋白和球蛋白的合成，以消除过敏原；③应用新技术培育高贮藏蛋白、高赖氨酸含量的新品种。

大米的营养品质改良方面，国内外尤其注重蛋白质组分改良和赖氨酸含量的提高。日本的研究人员利用反义 RNA 技术，分别将反义谷蛋白 *A* 和 *B* 基因导入粳稻品种 'Koshihikari' 中，发现谷蛋白含量可下降 20.40%，但种子中的总蛋白质含量却没有显著下降，主要原因是其他贮藏蛋白如醇溶蛋白等的合成增多。

（三）转录因子对玉米醇溶蛋白表达的调控

玉米醇溶蛋白基因的转录受到顺式作用元件（cis-acting element）、反式作用因子（trans-acting element）及表观遗传等多方面的调控。玉米中转录因子通过结合醇溶蛋白基因启动子上的调控元件来调控其表达。其中最主要的两类调控因子是 PBF（prolamin-box binding factor）因子和粉质突变因子。

1. PBF 因子

PBF 因子属于 DOF（DNA binding with one finger）转录因子，DOF 蛋白是植物特有的转

录因子，1993 年首先在玉米中鉴定出（江海洋等，2010）。目前在许多单子叶和双子叶植物中都有发现。在醇溶蛋白翻译起始位点上游约 −300bp 的位置有 TGTAAAG 模体，即 P-box。该模体存在于玉米、小麦、高粱等醇溶蛋白基因的启动子中。玉米中共发现 18 个 DOF 类型的基因，其中有 4 类 DOF 已经得到克隆，它们都能识别 AAAG 核心序列（Yanagisawa and Schmidt，1999）。

2. 粉质突变因子

玉米的粉质突变是指引起胚乳粉质、不透明等性状的突变，包括隐性突变 *opaque* 基因（*O1* ～ *O17*）、半显性突变 *floury*（*fl1* ～ *fl4*）和显性突变 *Mucronate*（*Mc*）、*Defectiveendosperm B30*（*De-B30*）等。在这些引起胚乳粉质表型突变的基因中，*O2* 是研究最早也是研究最清楚的一个。*O2* 基因突变能明显增加玉米籽粒中必需氨基酸的含量（Mertz et al.，1964），极大地提高玉米的营养价值。

体内外实验证实玉米 PBF 能与 bZIP 家族的转录因子 O2 相互作用，调控 α-醇溶蛋白的表达（Vicente-Carbajosa，1997；Wang and Messing，1998；Wu and Messing，2012）。玉米的 O2 和 PBF 因子能协同作用，在水稻的胚乳中提高水稻种子贮藏蛋白的表达（Hwang et al.，2004）。小麦的 WPBF（wheat prolamin-box binding factor）能与 TaQM 蛋白相互作用激活小麦 α-醇溶蛋白基因的表达（Dong et al.，2007）。在水稻中，单独将 *O2* 或 *PBF* 基因敲除，醇溶蛋白的表达量变化不大，若将两个基因同时敲除，则醇溶蛋白的表达积累明显降低（Kawakatsu et al.，2009）。

玉米的醇溶蛋白基因是由多拷贝的 α-醇溶蛋白，以及单基因或低拷贝的 β-、γ-和 δ-醇溶蛋白基因组成（Thompson and Larkins，1989）。根据序列的同源性，α-醇溶蛋白基因分为 *A、B、C* 和 *D* 4 个基因亚家族，其中 *C* 亚家族基因编码 22kDa 的蛋白质，而 *A、B* 和 *D* 亚家族基因编码的蛋白质为 19kDa（Song et al.，2001；Song and Messing，2002；Esen，1987）。醇溶蛋白有两种分子量：10kDa 和 18kDa，富含甲硫氨酸。β-醇溶蛋白是由单拷贝的 *z2β15* 基因编码的 15kDa 的蛋白，富含半胱氨酸和甲硫氨酸。而 γ-醇溶蛋白有 16kDa、17kDa 和 50kDa 三种分子量，分别由 *z2y16*、*z2y17* 和 *z2y50* 基因编码，富含半胱氨酸（Wu et al.，2012）。

（四）大豆种子蛋白质基因

与其他真核细胞一样，大豆种子蛋白质肽链的合成也是在核糖体上进行。对大豆种子贮藏蛋白基因结构和表达的研究主要集中于球蛋白基因领域。对 mRNA 及翻译产物的研究表明，酸性多肽和碱性多肽 A—B 亚基由同一 mRNA 翻译成蛋白质前体，该前体是由信号序列、酸性肽（A）、短肽接头和碱性肽（B）组成，随后经过翻译后加工切割成 A 肽和 B 肽。后来研究发现大豆球蛋白的亚基至少有 5 个同源基因编码，这些基因定名为 *Gy1* ～ *Gy5*。

我国对大豆种子贮藏蛋白基因结构和表达的研究始于 20 世纪 80 年代初。1987 年，薛中天等从大豆基因文库中分离出贮藏蛋白的两种编码序列并进行体外翻译，从野生大豆 eDNA 文库中分离出两个全长 eDNA 克隆——*pWS228* 和 *pWS242*，这两个基因均为大豆球蛋白（glycinin）基因亚家族成员。*pWS228* 编码了野生大豆球蛋白 A5A4A3 前体，属 *Gy4*。*pWS242* 编码了野生大豆球蛋白 A3B4 前体，属 *Gy5*，与栽培大豆的 A3B4 mRNA 相比，野生大豆和栽培大豆核酸序列和蛋白质一级结构的同源性分别为 98% 和 97%。*pWS228* 全长 1949bp，编码 563 个氨基酸组成的多肽，由 N 端开始分别编码信号肽 A3、A4 和 B3 多肽。

陈建南等（1985）提取了半野生大豆 7S 贮藏蛋白，并对它的某些特性进行了研究。

2000 年，有研究者从大豆（品种 'Williams'）基因组文库中筛选出 11S 球蛋白 *Gy4*（A5A483）和 *Gy5*（A384）染色体基因，对 *Gy4* 基因及其上游启动区和基因下游区域进行了测序，其全长 3680bp，由 4 个外显子和 3 个内含子组成，上游除具有 CAAT 盒和 TATA 盒外，还具有 Legumin 盒和 Glycinin 类似核苷酸序列。与 *Gy1* 和 *Gy4* 一样，*Gy5* 也是由 4 个外显子和 3 个内含子组成，3 个内含子在这 5 个基因中的相对位置也大致相同。编码 11S 大豆球蛋白的两大类群基因为 *Gy1*～*Gy3* 和 *Gy4* 与 *Gy5*，同一类群的同源性在 85%～90%，而不同类群的同源性只有 50% 左右。

第四节　蛋白质与加工品质的关系

一、蛋白质品质对面条品质的影响

蛋白质的含量与质量对面条品质都有重要影响。前人研究发现，面条的弹性、断裂强度及应力松弛随着粗蛋白含量的增加而增大；煮熟后面条的硬度取决于面条中面筋的形成程度。用软麦粉制作日本面条比用杜伦麦粉所制面条的煮制品质更好。蛋白质含量高的面条色泽较暗，这是由于高蛋白的面条质构较为紧密、反射光较少，而且质构较硬，煮熟后面条内部硬度比蛋白质含量低的面条硬。此外，蛋白质含量与通心面煮后的黏弹性有关。有研究发现干面条的断裂强度与面粉蛋白质含量呈极显著正相关，同时受面筋强度的影响。蛋白质含量过低、面团强度过弱的面条，在挂杆干燥、包装盒运输过程中容易断裂，面条耐煮性差，易混汤、短条，且食感差，韧性和弹性不足。一般认为，中国面条所需面粉的蛋白质含量为中等，即 12%～13%（田纪春，1995）。

蛋白质的质量主要体现在蛋白质的组成上，如麦谷蛋白和醇溶蛋白的比值、高/低分子量谷蛋白亚基的比值等。通心面的煮制品质与麦谷蛋白/麦醇溶蛋白的比值有关，与低/中分子量麦谷蛋白比值也呈极显著正相关。γ-醇溶蛋白 42 和 45 与通心面的硬度和弹性有关。低分子量谷蛋白亚基（LMW-GS）在热处理过程中发生强烈聚合才形成通心面的硬度和弹性。富硫醇溶蛋白（α-、β-、γ-型醇溶蛋白和 LMW-GS）也与煮后通心面的表面状况有关，通过形成氢键和二硫键对 LMW-GS 的聚合产生作用。γ-醇溶蛋白 45 与好的通心面品质有关。而高分子量麦谷蛋白的亚基构成与面条煮制品质无明显相关性，LMW-2 对通心面的优良煮制品质而言，是重要的蛋白质亚基。

二、蛋白质品质对馒头品质的影响

前人研究发现软质小麦蛋白质含量与馒头体积呈显著正相关，而硬红春小麦蛋白质含量与馒头体积呈负相关，这与馒头的加工和评价方法有关。我国主要有两种类型的馒头：北方的戗面馒头和南方的酵面馒头，戗面馒头结构紧密有弹性，而酵面馒头空隙大且质地软。蛋白质含量是决定馒头品质的重要因素，对馒头表面的色泽、光滑度、口感、体积等有显著影响（李浪等，2008）。一般制作馒头的面粉蛋白质含量宜在 10%～13%，当蛋白质含量高于 13% 时，或由强筋粉制作的馒头表面皱缩且颜色发黑；用蛋白质含量低于 10% 的软质面粉制作的馒头表面光滑，但质地与口感较差。除了蛋白质含量，蛋白质质量（包括蛋白质的化学组成、结构、二硫键数目及蛋白质的二级结构单元构成）也会影响最终的馒头品质。小麦蛋白质按照溶解性一般分为清蛋白、球蛋白、醇溶蛋白和谷蛋白，其中醇溶蛋白和谷蛋白对馒头品质的影响较大。一般认为，醇溶蛋白和馒头体积、柔软度有明显正相关，但是其含量过高时会使馒头扁平；谷蛋白含量高时，馒头形态直立度较好、弹性好，但是过高会使馒头表面皱裂，不光滑；因此，只有二者平衡搭配才能制作出理想的馒头。

三、蛋白质品质对烘烤品质的影响

面包烘烤品质的优劣受蛋白质含量和质量的共同影响。最初研究认为蛋白质含量高的面粉通常有好的面包烘烤品质，而且蛋白质含量与面包体积密切相关。但后来发现蛋白质含量相同的不同品种会出现烘烤品质的差异，也发现有的品种蛋白质含量很高但烘烤品质较差。因此，除了蛋白质含量，蛋白质质量也是影响面包烘烤品质的重要因素。

蛋白质质量主要是指蛋白质的组成和结构。有研究发现高度聚合的清蛋白含量与面包制作品质呈负相关关系；由于可溶性蛋白对极性脂有很高的亲和性，这将影响面包的体积。贮藏蛋白即醇溶蛋白和谷蛋白是影响面包加工品质的重要因素。麦谷蛋白是小麦种子中最重要的贮藏蛋白，占籽粒干重的 4.17%，占蛋白质总量的 45.7%。氨基酸中，谷氨酸（Glu）和谷氨酰胺（Gln）最丰富，占 34%～39%，其次是脯氨酸（Pro）和甘氨酸（Gly），各占 13%～17% 和 14%～20%，而赖氨酸（Lys）含量很低。每个麦谷蛋白都由几十条亚基组成。麦谷蛋白亚基又可分为高分子量麦谷蛋白亚基（HMW-GS）和低分子量麦谷蛋白亚基（LMW-GS），HMW-GS 的相对分子质量在 95 000～145 000，占籽粒谷蛋白的 10%；而 LMW-GS 的相对分子质量在 34 000～45 000，占籽粒谷蛋白的 90%。HMW-GS 是由小麦第 1 同源染色体（1A，1B，1D）长臂上的 3 个复合位点控制的，3 个位点分别命名为 *Glu-A1*、*Glu-B1* 和 *Glu-D1*。遗传变异又使每个位点上存在不同的组合形式。前人对麦谷蛋白亚基对烘烤品质的影响进行了详细的研究。亚基总量解释了面包体积和 SDS 沉淀值变异的 32%～94%，解释了品质总变异的 60% 左右。研究发现对面包制作品质影响最大的高分子量谷蛋白亚基等位基因是 *1Dx5＋1Dy10*、*1Ax2*、*1Ax1*、*1Bx7＋1By8* 和 *1Bx17＋1By18*，并提出了高分子量麦谷蛋白亚基品质的评分系统。此外，麦谷蛋白大聚合体（GMP）对烘烤品质也起着重要的作用。基因位点对聚合体形成的作用大小是 *Glu-D1*＞*Glu-B1*＞*Glu-A1* 和 *Glu-D3*＞*Glu-B3*＞*Glu-A3*。

饼干的制作品质对小麦面粉湿面筋含量和质量的要求较高，不同类型的饼干其要求不同（李浪等，2008）。例如，韧性饼干适宜选用面筋弹性中等、延伸性好、面筋含量较低的面粉，湿面筋含量 21%～26% 最好；酥性饼干宜选用延伸性大、面筋含量较低的面粉；苏打饼干宜选用湿面筋含量高或中等（在 28%～35% 为宜）、面筋弹性强或中等的面粉；而半发酵饼干则要求湿面筋含量在 24%～30% 为宜，延伸度在 25～28cm 较好。如果面筋筋力过强，则易造成饼干发硬，易变形；而面筋筋力过弱时，面团持气能力较差，则成型时易断片，产品易破碎。

实际上小麦品质的决定因素有两个：蛋白质含量和蛋白质质量。因此，优质小麦品种有两种类型：数量型和质量型。数量型受环境条件的影响很大，当环境条件有利于蛋白质积累时，其 SDS 沉淀值就高，品质就好；质量型受遗传控制，如具有 5＋10 等高分子量谷蛋白亚基的小麦品种，品质受环境条件影响较小。

思 考 题

1. 蛋白质是如何进行分类的？
2. 蛋白质的理化性质如何？
3. 不同作物蛋白质合成的积累规律如何？
4. 蛋白质合成过程中主要涉及哪些关键的调控基因？
5. 蛋白质是如何影响加工品质的？
6. 如何改良作物中蛋白质的品质？

第四章 作物油脂品质的生理生化

第一节 概 述

脂肪是食品中重要的组成成分和人类的营养成分，是热量最高的营养素。每克脂肪能提供 39.58kJ 热能和必需脂肪酸。脂肪是脂溶性维生素的载体，可提供滑润的口感、光润的外观，赋予油炸食品香酥的风味。塑性脂肪还具有造型功能；在烹调中脂肪还是一种传热介质。脂肪也是组成生物细胞不可缺少的物质，在生物体内具有能量储存、防止热量散失及润滑、保护的作用，还具有提供必需脂肪酸及作为维生素载体和生理活性物质的作用。

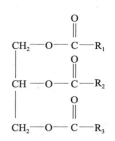

图 4-1 油脂结构示意图

如果 R₁、R₂、R₃ 相同，这样的油脂称为单甘油酯；如果 R₁、R₂、R₃ 不相同，称为混甘油酯

食用油脂是指人类可食用的动、植物油，简称油脂（oil and fat）。在食品中食用油脂是油（oil）和脂肪（fat）的总称（图 4-1）。油脂由碳（carbon）、氢（hydrogen）、氧（oxygen）三种元素构成。从化学组成来说，属于简单脂质（simple lipid），其分子结构是由一分子甘油和三分子脂肪酸结合而成。脂质除了甘油三酯（tiglyceride）外，还包括单甘油酯（monoglyceride）、甘油二酯（diglyceride）、磷脂（phosphatide）、脑苷脂（cerebroside）、固醇（sterol）、脂肪酸（fatty acid）、脂肪醇（fatty alcohol）、脂溶性维生素（fat-soluble vitamin）等。通常所说的油脂是甘油与脂肪酸所构成的脂，也称为真脂或中性脂肪（true fat），其他油脂统称为脂质（lipid）。

一、油脂的分类

油脂可根据以下方式进行分类。

1）根据利用方式：可分为可见油脂和不可见油脂。可见油脂是指经过榨取后，使油从贮藏器官中分离出来，供使用或食品加工等的油脂，如花生油、大豆油、菜籽油等；不可见油脂是指不经过榨取随食物一起食用的油脂，如米、面粉、肉、蛋等含有的油脂。

2）根据物理状态：可分为脂肪和油。室温下呈液体状态的称为油，植物油中除可可油在室温下为固体外，其余在室温下均为液体；室温下呈固态或半固态的称为脂肪，除鳕鱼外，动物脂肪多为固态。

3）根据功能：可分为结构油脂、代谢油脂、贮藏油脂和运输油脂。结构油脂是指构成生物体成分的油脂，如磷脂、糖脂、胆甾醇等；代谢油脂是指参与生物体代谢过程的油脂，如脂溶性维生素、胆甾醇等；贮藏油脂是指油质体或油囊中贮藏的油脂；运输油脂是指各种运输态的油脂，如脂蛋白等。

4）根据理化特性：可分为中性油脂和两亲性油脂。中性油脂是指与水混溶后不产生极性的油脂，如甘油三酯、胆甾醇、甾醇、聚酯的类异戊二烯化合物（脂溶性维生素）等；两亲性油脂是指与水混溶产生强烈极性的油脂，如磷脂，其磷酸盐部分有极性，而脂族部分没有极性，因此在生物膜中有很重要的作用。

5）根据化学结构：可分为单纯油脂、复合油脂和衍生油脂。单纯油脂是指由脂肪酸与醇形成的脂，包括中性甘油酯和蜡；复合油脂是指除了含有脂肪酸和醇外，还含有其他物质，如糖脂、鞘磷脂、甘油磷脂等；衍生油脂主要包括类胡萝卜素、脂溶性维生素、甾族化合物、类固醇等。

6）根据来源：可分为乳脂类、植物脂、动物脂、海产品动物油、微生物油脂等。

7）根据不饱和程度：可分为干性油（碘值大于130，如桐油、亚麻籽油、红花油等）、半干性油（碘值为100～130，如棉籽油、大豆油等）和不干性油（碘值小于100，如花生油、菜籽油、蓖麻油等）。

二、谷物油脂的理化性质

（一）谷物油脂的物理性质

油脂的物理性质与其结构有关，主要是与构成它的脂肪酸的碳链长短和不饱和程度，以及它们在甘油基上的结合位置有关。纯净的油脂是无色、无臭、无味的，但是，一般天然油脂尤其是植物油中往往因为溶有维生素、色素及非脂成分而具有颜色和气味；油脂比水轻，相对密度在0.9～0.95g/mL，与相对分子质量成反比，与不饱和度成正比；不溶于水，易溶于乙醚、石油醚、氯仿、苯和四氯化碳等有机溶剂中，可以利用这些溶剂从动植物组织中提取油脂；因为油脂大多为多种混甘油酯的混合物，所以没有固定的沸点和熔点。油脂的熔点随构成脂肪酸的碳链长度的增加而升高，随脂肪酸不饱和程度的增加而降低，不饱和脂肪酸含量越多，甘油酯的熔点就越低，如硬脂酸的熔点为70℃，油脂熔点为14℃，相应的，三硬脂酸甘油酯的熔点为60℃，而三油酸甘油酯的熔点为0℃。油脂的凝固点比其熔点稍低一些；油脂油腻性和黏度较大。油脂是脂肪酸的储备和运输形式，也是生物体内的重要溶剂，许多物质是溶于其中而被吸收和运输的，如各种脂溶性维生素（A、D、E、K）、芳香油、固醇和某些激素等。

（二）谷物油脂的化学性质

1. 水解和皂化

油脂在酸、脂酶或蒸汽作用下水解为脂肪酸及甘油。在碱性溶液中水解，则生成甘油和高级脂肪酸（肥皂），因此，油脂的碱性水解称为皂化。1g油脂完全皂化时所需氢氧化钾的毫克（mg）数称为皂化值。根据皂化值的大小，可以推算出油脂或油脂酸的平均相对分子质量。皂化值越大，脂肪酸平均相对分子质量越小。

工业上利用油脂的水解来制备高级脂肪酸和甘油，也可制作肥皂；油脂在人体中（在酶作用下）水解，生成脂肪酸和甘油而被肠壁吸收，为人体提供营养。

2. 加成反应

含有不饱和脂肪酸的油脂，在催化剂（铂、镍）的作用下可在不饱和键上加氢，这种化学反应称为油脂的氢化反应，简称油脂的氢化。氢化使不饱和脂肪酸变为饱和脂肪酸，液态的油变成固体的脂，所以常称为油脂的硬化，这种油称为氢化油或硬化油，其性质也和动物脂肪相似。加成反应被应用于把多种植物油转变成硬化油，如用植物油制肥皂、人造奶油等。

油脂的不饱和双键还可以和卤素发生加成反应，生成卤代脂肪酸，称为卤化作用。利用油脂与碘的加成反应，可判断油脂的不饱和程度。100g 油脂所能吸收的碘的克（g）数称为碘值，它可以用来判断油脂中不饱和双键的多少：碘值越大，表示油脂的不饱和程度越大；反之，表示油脂的不饱和程度越小。碘值大于 130 的为干性油，碘值小于 100 的为不干性油，碘值 100～130 的为半干性油。

3. 氧化与酸败

油脂长时间暴露于空气中，由于阳光、微生物、酶等的作用，或被空气中的氧氧化而产生异味、异臭甚至具有毒性的现象称作酸败。酸败主要是由于油脂中不饱和脂肪酸易被氧化和分解而生成具有刺激性臭味的低级醛、酮、羧酸等。中和 1g 油脂中游离脂肪酸所消耗 KOH 的毫克数称为酸值。酸值可表示酸败的程度。

酸败是含油食品变质的最大原因之一。酸败的油脂其物理化学常数都会有所改变，一般密度减小，碘值降低，酸值增高。酸败过程使油脂的营养成分遭到破坏，发生酸败的油脂丧失了营养价值，甚至变得有毒。蛋白质在其影响下发生变性，维生素也同时遭到破坏而失去生理功效，酸败产物在烹调中不会被破坏。长期食用酸败的油脂，机体会出现中毒现象，轻者会引起恶心、呕吐、腹痛、腹泻，重者则使机体内几种酶系统受到损害，罹患肝疾。有研究指出，油脂的高度氧化产物能引起癌变，因此，酸败的油脂或含油食品不宜食用。在有水、光、热及微生物的条件下，油脂容易酸败，因此应在干燥、不见光的密封容器中储存油脂。

4. 油脂的老化

由于油脂的热变性导致油脂的质量变劣的现象称为油脂的老化。老化后的油脂不仅外观质量劣化，如色泽加深、发烟点下降、出现泡沫样油泛、黏度增大、产生异味等，而且内部会产生很多有毒物质。

5. 酯交换反应

油脂的酯交换反应，是指甘油三酯上的脂肪酸残基在相同分子间及不同分子间进行交换，使甘油三酯上的脂肪酸发生重排，生成新的甘油三酯的过程。通过酯交换反应，可以改善油脂的加工工艺特性，提高其营养学价值。例如，改善后的猪脂，熔点范围扩大，改善了塑性，充气性提高，工艺性更好。

三、谷物中油脂的含量及分布

谷物中油脂含量很少，主要集中在谷物种子的糠层和胚芽中（表 4-1）。胚乳所含油脂不超过 1%，而胚芽中油脂含量可达 30% 左右。小米糠（小米壳和糠的混合物）中含油量为 13%～14%，高粱糠（麸皮）含油 7%～11%，高粱胚芽含油高达 33%～42%。因此，谷物的加工副产品如米糠、玉米胚等可用于制油。从谷类种子的糠层和胚芽中提取出来的油脂叫作谷类油脂。谷类油脂的种类很多，有米糠油、米胚芽油、玉米胚芽油、各种麦胚芽油、小米糠油、高粱糠油、高粱胚芽油等，其中米糠油、玉米胚芽油和小麦胚芽油含量较高，具有生产价值。

表 4-1　主要谷物籽粒的油脂含量（以干粒质量计）

种类	质量分数 /%	种类	质量分数 /%	种类	质量分数 /%
小麦	2.1～3.8	小米	4.0～5.5	高粱	2.1～5.3
大麦	3.3～4.6	玉米胚	23～40	玉米	3～5
黑麦	2.0～3.5	小麦胚	12～13		
大米	0.86～3.1	米糠	15～21		

　　谷类油脂中含有丰富的亚油酸、卵磷脂、植物固醇和大量维生素 E。例如，小麦胚芽油中的不饱和脂肪酸占 80% 以上，亚油酸含量达 60%；大米胚芽油中含 6%～7% 的磷脂，主要是卵磷脂和脑磷脂；玉米胚芽油中不饱和脂肪酸的含量达 85%，并含有丰富的维生素 E。不饱和脂肪酸对人体有较高的营养价值，如亚油酸。亚麻酸和花生四烯酸是人体必需的脂肪酸，因为人体自身不能合成，必须靠摄取食物来供给，因此，粮油食品是人体必需脂肪酸的主要来源。在保健食品的开发中，谷胚油常被作为营养补充剂使用，以替代膳食中富含饱和脂肪酸的动物油脂。谷胚油可明显降低血清胆固醇，有效预防动脉粥样硬化。

　　稻谷中油脂含量约占整个谷粒质量的 2%，而且分布很不均匀：胚芽中含量最高，其次是种皮和糊粉层，内胚乳中含量极少。所以精度高的大米中油脂含量较低，米糠主要由糊粉层和胚芽组成，所以含丰富的脂类物质。糙米的主要脂肪酸是油酸、亚油酸和棕榈酸。大米中的脂质主要是蜡和磷脂。蜡主要存在于皮层脂肪（米糠油）中，含量为 3%～9%。磷脂占大米全脂的 3%～12%，卵磷脂在大米胚乳中与直链淀粉相结合，是非糯性大米胚乳中的自然成分，而糯性大米胚乳中没有卵磷脂。大米中的油脂比较容易发生变化，因此对大米的加工、储藏较为重要。油脂变质可以使大米失去香味、产生异味、增加酸度等。

四、油脂的稳定性

　　油脂在食品加工、保藏过程中的变化对食品营养价值的影响日益受到人们的重视，这些变化可能有油脂的水解、氧化、分解、聚合或其他的降解作用，导致油脂的理化性质变化，在某些情况下可以降低能值，呈现一定的毒性和致癌作用。影响油脂稳定性的因素很多，主要与油脂本身所含的脂肪酸、天然抗氧化剂及储存条件、加工方法等有关。

　　植物油脂中含有丰富的维生素 E，它是天然抗氧化剂，使油脂不易氧化变质，有助于提高植物油脂的稳定性。

第二节　谷物脂肪酸的分类及理化功能

　　脂肪酸是构成油脂的主要成分。如果油脂分子中三个脂肪酸相同，则生成物为单甘油酯；如果三个脂肪酸不相同，生成的则是混甘油酯。在甘油三酯分子中，甘油基部分的相对分子质量是 41，其余部分为脂肪酸基团（RCOO—）。随油脂的种类不同，脂肪酸基团也有很大的变化，总相对分子质量为 650～970，脂肪酸约占整个甘油三酯分子量的 95%。由于在甘油三酯分子中所占的比例很大，因此，它们对甘油三酯的物理和化学性质的影响起主导作用。所以，从某种意义上讲，油脂的理化特性取决于构成油脂的脂肪酸成分的理化特性。

脂肪酸最初是由油脂水解而得到的，具有酸性，因此而得名。根据 IUPAC-IUB（国际理论和应用化学-国际生物化学联合会）在 1976 年修改后公布的命名法，脂肪酸定义为天然油脂加水分解生成的脂肪酸羧酸化合物的总称，属于脂肪族的一元羧酸（只有一个羧基和一个羟基）。天然油脂中含有 800 种以上的脂肪酸，已经鉴定的有 500 种之多。按天然脂肪酸的结构类型分类，可将其分为饱和脂肪酸和不饱和脂肪酸。

一般情况下不饱和脂肪酸多的油脂在常温下为液态，常称为油；饱和脂肪酸多的油脂呈固态，称为脂，两者并称为油脂。天然脂肪酸绝大多数为偶数碳直链结构，极少数为奇数碳链和具有支链的酸。脂肪酸碳链中不含双键的为饱和脂肪酸，含有双键的为不饱和脂肪酸。

天然脂肪酸中脂肪酸碳链上氢原子被其他原子或原子团取代的酸为取代酸，其种类不是很多，主要有甲基取代酸、环取代酸、氧化酸、炔酸等，存在于少数几种油脂中，含量也很少。

总之，各种不同类型脂肪酸的物理和化学性质不同，组成甘油三酯的性质显然也不同。因此，由各种不同类型的脂肪酸组成的油脂，其性质和用途也有较大的差别。

一、脂肪酸的分类及功能

（一）脂肪酸的分类

1. 根据碳链中双键数目分类

（1）饱和脂肪酸　　分子中不含双键，多存在于动物脂肪中，如硬脂酸、软脂酸等。碳原子数小于 10 者，常温下为固态。

（2）单不饱和脂肪酸　　分子中含 1 个双键，油酸是最常见的单不饱和脂肪酸。

（3）多不饱和脂肪酸　　分子中含 2 个或 2 个以上双键，在鱼油和植物种子中含量较多，最常见的是亚油酸。

2. 根据碳链长短分类

（1）短链脂肪酸　　$C_4 \sim C_8$，主要存在于乳脂和某些棕榈油中。

（2）中链脂肪酸　　$C_{10} \sim C_{14}$，存在于某些种子油（如椰子油）中，中链脂肪酸不经过淋巴，而经过动脉血管大量被肝截获，因而不会引起高脂血症。

（3）长链脂肪酸　　$C_{16} \sim C_{18}$，脂类中主要的脂肪酸。在人体内可抑制脂解作用，因而可以降低血浆中游离脂肪酸的含量，减少胆固醇的合成。

3. 根据营养特性分类

（1）必需脂肪酸　　必需脂肪酸指人体生命活动必需但人体不能合成、必须由食物供给的脂肪酸。过去认为，亚油酸（$C_{18:2}$）、亚麻酸（$C_{18:3}$）和花生四烯酸（$C_{20:4}$）是人体的必需脂肪酸。但是，后来发现亚麻酸虽有一定的促生长作用，却不能消除由于该酸缺乏而产生的症状，并非必需脂肪酸。花生四烯酸虽是必需脂肪酸，但在人体内可通过亚油酸加长碳链和合成新的双键得到。因此，只有亚油酸是最重要的必需脂肪酸。

必需脂肪酸是组织、细胞的组成成分，在体内参与磷脂的合成，并以磷脂的形式出现在线粒体和细胞膜中。必需脂肪酸对胆固醇的代谢很重要，胆固醇和必需脂肪酸结合时才能在体内运转，进行正常代谢。若必需脂肪酸缺乏，胆固醇将与饱和脂肪酸结合，不能在体内正常运转、代谢，并且有可能在体内沉积。人体对必需脂肪酸的需要量一般认为应占每日总热量供给量的 2%，即每日至少需要 8g 左右。婴儿对必需脂肪酸的需求较成人更为迫切，缺乏时也更敏感。

（2）非必需脂肪酸　　非必需脂肪酸是指人体能够合成或由其他物质转化生成的脂肪酸。非必需脂肪酸被认为在某些条件下对人体是不必要的，甚至可能产生某些不利影响。主要包括饱和脂肪酸和其他中链非饱和脂肪酸，也包括氧合脂肪酸、含环脂肪酸、固醇和芥酸（C_{22}）等超长链脂肪酸。

4. 根据空间结构分类

根据空间结构，脂肪酸可分为顺式脂肪酸和反式脂肪酸。顺式结构主要是指与 C=C 键结合的氢在同侧；如果结合的两个氢在两侧，则为反式结构（图 4-2）。

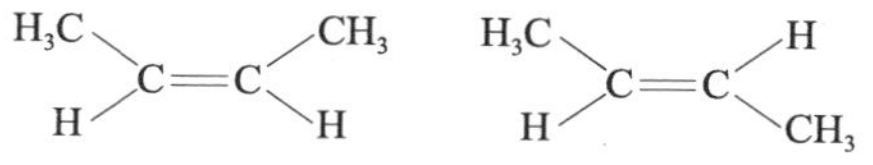

图 4-2　脂肪酸顺式（左）和反式（右）结构

5. 特殊功能性脂肪酸

近年来发现一些多不饱和脂肪酸（从甲基端数起，最后一个双链在第 3 个和第 4 个碳原子之间的脂肪酸）对人体有特殊功能。主要有 $C_{22:6}$（即 DHA）和 $C_{20:5}$（即 EPA）两种脂肪酸：DHA 有很好的健脑功能，对阿尔茨海默病、异位性皮炎和高脂血症有疗效；EPA 能降低血小板聚集、血液黏度，以及降低低密度胆固醇浓度和心肌梗死发病率，对心血管疾病有良好的预防效果。DHA 和 EPA 的最主要来源是深海鱼油。

（二）必需脂肪酸的生理功能

1. 磷脂的重要成分

磷脂是线粒体和细胞膜的重要结构成分，必需脂肪酸参与磷脂合成，并以磷脂形式出现在线粒体和细胞膜中。

2. 参与胆固醇的代谢

人体内约有 70% 的胆固醇与脂肪酸结合成脂，然后被运转和代谢，如亚油酸和胆固醇结合而成高密度脂蛋白（HDL），将胆固醇从人体各组织携带至肝分解代谢，从而具有降血脂作用。如果缺乏必需脂肪酸，胆固醇不能在体内正常运输，从而沉积在血管内壁。

3. 合成前列腺素的原料

亚油酸是合成前列腺素的前体。前列腺素（prostaglandin）存在于许多器官中，有多种生理功能，如使血管扩张和收缩、神经刺激的传导、作用于肾从而影响水的排泄等，母乳中的前列腺素可以防止婴儿消化道损伤。

必需脂肪酸缺乏，可引起人体生长迟缓、生殖障碍、皮肤损伤（出现湿疹等），以及肾、肝、神经和视觉方面的多种疾病。

（三）其他多不饱和脂肪酸的生理功能

1. 二十二碳六烯酸

二十二碳六烯酸（DHA）是视网膜感受体中最丰富的多不饱和脂肪酸，它由食物中的 α-亚麻酸衍生而来，是维持视敏度所必需的不饱和脂肪酸。胎儿、婴儿缺乏 α-亚麻酸和 DHA 将影响视功能和脑功能的发育。

2. 二十碳五烯酸

二十碳五烯酸（EPA）被誉为"血管清道夫"，是鱼油的主要成分。可以调节血脂、降低血液黏稠度，预防血栓形成，降血压，保护心脑血管健康及肾功能。

（四）必需脂肪酸的重要性

1. 组织细胞的组成成分

必需脂肪酸合成的磷脂是所有细胞的组成成分，对细胞膜和线粒体的结构特别重要。缺乏时磷脂合成受阻，会造成动物皮肤对水的通透性增加，毛细血管的脆性和通透性增加，皮肤可出现由水代谢严重紊乱引起的湿疹病变（皮炎），并可出现血尿。

2. 前列腺素的前体

可由亚油酸衍生的花生四烯酸是前列腺素的前体，体内各细胞均可合成并分布在体内各重要组织和血液中。对神经、内分泌、生殖及物质代谢都具有一定的调节功能。例如，前列腺素可控制脂肪组织中甘油三酯的水解，前列腺素合成下降时脂肪组织中脂解速率加速。

3. 与类脂代谢关系密切

必需脂肪酸对胆固醇代谢很重要，胆固醇与必需脂肪酸结合后在体内运转，进行正常代谢。

4. 维持正常视觉功能

α-亚麻酸可在体内转变成 DHA，DHA 在视网膜光受体中含量丰富，是维持视紫红质功能的必需物质。因此，必需脂肪酸对增强视力、维持视力正常有良好作用。欧洲食品安全局（EFSA）宣布自 2011 年 5 月 26 日起，同意食品厂商在产品上标注 DHA 促进婴幼儿视力发育（但不允许宣称其能优化婴幼儿及青少年大脑发育），并特别标明对于 0～12 个月的婴儿，日摄入 100mg DHA 才能发挥其促进视力发育的功效，如医用婴幼儿配方奶粉中 DHA 占脂肪酸总量不应低于 0.3% 才能获得此功效。作为一种食品营养强化剂，在我国儿童配方乳粉中，DHA 占总脂肪酸的含量必须不超过 0.5%。

5. 与动物精子形成有关

必需脂肪酸缺乏可使动物生殖力下降，出现不孕症，授乳过程易发生障碍，但成人很少发生缺乏（因为要耗费贮存在体内脂肪组织中的亚油酸，一般约需 26 个月之久）。

6. 其他

必需脂肪酸可减轻由于 X 射线、高温引起的皮肤伤害，这可能是由于新生组织生长和受伤组织的修复过程需要亚油酸。

（五）反式脂肪酸

反式脂肪酸是分子中含有一个或多个反式双键的非共轭不饱和脂肪酸。反式脂肪酸可通过正常的脂质吸收代谢途径进入人体组织。人体摄入的反式脂肪酸只有 2%～8% 来自乳制品，80%～90% 来自氢化油脂。氢化油脂中反式脂肪酸含量较高；此外，油脂在进行精炼、脱臭时，易发生异构化，使反式脂肪酸含量增加，日常食品中也存在一定的反式脂肪酸。

1. 反式脂肪酸对多不饱和脂肪酸的影响

反式脂肪酸在合成组织时优先占据细胞膜磷脂的 1 位，取代饱和脂肪酸，少数的反式脂肪酸（$C_{18:2}$）会结合在 2 位与多不饱和脂肪酸形成竞争，因此反式脂肪酸会干扰体内正常的脂质代谢。

反式脂肪酸能抑制花生四烯酸的合成，花生四烯酸和花生四烯酸生物合成的产物与主要的反式脂肪酸 9t-18：1 和 7t-18：1 含量呈负相关，二者均抑制花生四烯酸的生物合成，呈剂量依赖性。

2. 反式脂肪酸对人体健康的影响

（1）对婴儿的影响　　早产儿和不足月儿体内反式脂肪酸含量与其体重均呈负相关，这表明反式脂肪酸会影响婴儿的身体发育。反式脂肪酸影响 $\Delta 6$-脂肪酸脱氢酶活性，从而使体内多不饱和脂肪酸（PUFA）的生成受到抑制，影响婴儿的正常生长。

（2）对心血管疾病的影响　　反式脂肪酸对低密度脂蛋白和高密度脂蛋白的作用与摄入量直接相关。反式脂肪酸增加胆固醇的程度与 $C_{12:0} \sim C_{16:0}$ 相似，可能是其增加了低密度脂蛋白的产生或减缓了低密度脂蛋白的清除。反式脂肪酸可增加血清中胆固醇脂转移蛋白的活性，加速高密度脂蛋白中的胆固醇脂向低密度脂蛋白的转移。有研究证明，反式脂肪酸有明显降低血浆载脂蛋白 A2I（apoA2I）作用的功能，是动脉硬化、冠心病和血栓形成的重要因素。此外，反式脂肪酸有增加血液黏稠度和凝聚力的作用。研究发现摄食占热量 6% 反式脂肪酸的人群，比摄食占热量 2% 反式脂肪酸人群的全血凝集程度显著增加，更容易产生血栓；每增加 2% 的反式脂肪酸，冠心病发生率将增加 25%；等量反式脂肪酸对心健康的危害超过饱和脂肪酸。

（3）对其他疾病的影响　　反式脂肪酸摄入过多会增加妇女患 II 型糖尿病的风险。脂肪总量、饱和脂肪酸或单不饱和脂肪酸均和患糖尿病无关，但摄入的反式脂肪酸却能显著增加患糖尿病的风险，因为反式脂肪酸能使脂肪细胞对胰岛素的敏感性降低，从而增加机体对胰岛素的需要量，增大胰岛负荷，从而引起 II 型糖尿病。

二、脂肪酸的含量及分布

软脂酸和硬脂酸（$C_{18:0}$）是已知分布最广的两种饱和脂肪酸，存在于所有的动、植物油脂中，而正癸酸（$C_{10:0}$）以下（即 10 个碳原子以下）的脂肪酸只在少数油脂中存在。

大多数植物油脂中豆蔻酸（$C_{14:0}$）的含量少于 5%，但在肉豆蔻种子油中其含量达到 70% 以上。月桂酸（$C_{12:0}$）主要存在于椰籽油、棕榈仁油中，含量为 40%～50%，其他油中月桂酸的含量较少。

少数油脂（乳脂、椰籽油）中含中碳链脂肪酸（$C_{6:0} \sim C_{10:0}$）；二十碳以上的长链饱和脂肪酸（$C_{20:0}$、$C_{22:0}$、$C_{24:0}$）分布于常见的花生油、菜籽油中，但含量很少。天然油脂中某种脂肪酸含量超过 10% 时，即称该种脂肪酸为这种油脂的主要脂肪酸，小于 10% 的为次要脂肪酸。

天然油脂含大量的不饱和脂肪酸，具 1 个、2 个或 3 个双键的十八碳脂肪酸，主要存在于动、植物油脂中。4 个或 4 个以上双键的、二十碳或二十碳以上的不饱和脂肪酸主要存在于海洋动物油脂中。

谷物籽粒中油脂的脂肪酸成分随科属不同而异，种属相同者其脂肪酸成分往往大致相似，但也因品种和栽培条件的不同而有一些差异（表 4-2）。

表 4-2　几种谷物籽粒中油脂的脂肪酸组成　　　　　　　　（单位：%）

谷物	油脂中的脂肪酸								
	14：0	14：1	16：0	16：1	18：0	18：1	18：2	18：3	20：0
小麦	/	/	7~24	1~2	1~2	4~8	55~60	3~5	/
大麦	2	1	21~24	<1	<2	9~14	56~59	4~7	/
黑麦	/	/	18	<3	1	25	46	4	/
糙米	<1	/	15~28	<1	<3	31~47	25~47	4	2
小米	/	/	16~25	/	2~8	18~31	40~55	2~5	<1
玉米	/	/	4~7	1	<4	23~46	35~66	<3	/

三、脂肪酸的改良方向

自然界许多植物含有特种脂肪酸，但由于对生长环境要求严格、生长量小、产量低，不适合规模化栽培和商业化种植。因此，应用分子生物学和遗传工程技术对植物脂肪酸组成成分进行遗传代换和改良，培育含特种脂肪酸成分的新型、高附加值工业原料植物是植物脂肪酸改良的新热点。研究表明，通过分子遗传操作，调控去饱和酶活性，阻止双键的形成，可大幅度提高饱和脂肪酸含量。

随着现代农业技术的不断进步和市场的需求，作物育种的目标也发生了变化，不仅把提高植物油脂产量作为重要目标，同时也把改变油脂中脂肪酸成分作为关注的重点。然而，在传统育种工作中，改变油脂中脂肪酸成分具有很大的难度，主要原因在于：在缺少专业分析工具的情况下，较难把握油脂成分这一定量性状；同时，人类对油脂积累机制的认识较为缺乏。近 30 年来，通过分子生物学、基因组学、生物化学和分析化学等多学科的结合，科学界对植物种子中油脂生物合成和积累机制的了解逐渐深入。在此基础上，通过生物技术调控油脂合成通路中的重要基因，从而提高油脂在种子中的积累和改变油脂中脂肪酸成分，也有了一定的进步。

以往的研究主要集中在植物脂肪酸合成途径和甘油三酯合成途径，研究表明，增强甘油三酯合成途径中酰基转移酶的表达比增强脂肪酸合成更能有效地提高含油量，其中蕴含了"源库"和"供需"的平衡关系，通过改变这些平衡，可以增加种子的含油量。当前主要油料作物种子含油量差别很大，例如，同是来自豆科的大豆和花生含油量分别在 20% 和 50% 左右，但其脂肪合成途径却很相似。这说明在漫长的植物进化过程中，种子的脂肪合成效率发生了变化，这主要受种子发育期间基因调控的影响。近年来，对种子发育上游转录因子的研究正在揭示这些问题，这对整体提高植物中油脂的转化效率具有重要意义。随着基因组学和基因工程的发展，对不同生物脂肪酸组成和脂肪酸去饱和酶系的研究逐渐深入，通过特殊脂肪酸去饱和酶改良植物脂肪酸组成，进而提高油料作物的经济附加值成为可能，这将成为作物脂肪酸改良的重要发展方向。值得注意的是，在改良脂肪酸的同时，不能影响植物的生长和脂肪的加工储藏品质，这样才能真正在生产中得以应用。

第三节　油脂的生物合成代谢及主要相关基因

植物油脂的合成大体上可以划分为脂肪酸的合成、甘油三酯（TAG）的生成及油体的形成3个阶段。首先是脂肪酸的合成，这个阶段是在脂肪酸合酶复合体（FAS）催化下进行的（Slabas et al.，2001）。质体中形成的脂肪酸链碳原子数<16，微粒体中形成的脂肪酸链碳原子数>16（Zou et al.，1999）。脂肪酸脱饱和在内质网中进行（Salas and Ohlrogge，2002）。其次是由脂酰CoA和3-磷酸甘油生成甘油三酯，在这个过程中，TAG是在内质网中通过肯尼迪途径组装生成。最后是油体（oil body）的形成，即合成的甘油三酯与油体蛋白结合形成油体。

一、脂肪酸的合成途径

脂肪酸合成的生化反应途径基本相同，合成主要发生在质体当中，然后运输到细胞质中的内质网或其他部位，加工成三酰甘油。合成脂肪酸的主要碳源是蔗糖，通过糖酵解途径转化为己糖，进而产生丙酮酸，经脱氢酶的作用生成乙酰CoA，该物质为合成脂肪酸的前提物质（图4-3）。

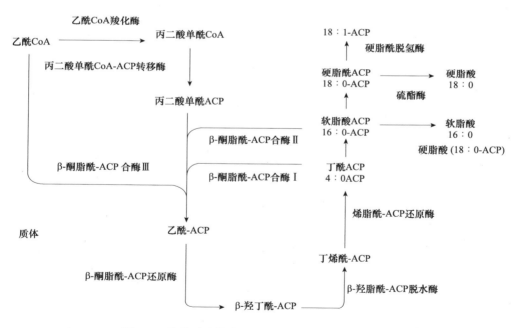

图4-3　脂肪酸生物合成的途径（引自蔡曼等，2018）

脂肪酸的合成可分为5步：①乙酰CoA经乙酰CoA羧化酶催化生成活化的二碳供体丙二酸单酰CoA；②丙二酸单酰CoA在脂肪酸合酶系统作用下生成丁酰酰基载体蛋白（ACP）；③丁酰ACP在延长酶系作用下进行聚合反应，以每次循环增加两个碳的频率合成酰基碳链，最终生成各种饱和脂肪酸；④各种饱和脂肪酸在去饱和酶的作用下生成不饱和脂肪酸；⑤经过不断的聚合反应，饱和脂肪酸及不饱和脂肪酸的合成在酰基 ACP 硫酯酶或酰基转移酶的作用下终止，生成各种脂肪酸或脂酰 ACP。总之，脂肪酸的合成包含 3 个方面：饱和脂肪酸的从头合成过程、脂肪酸碳链延长过程和不饱和脂肪酸生成过程。

二、甘油三酯的合成

甘油三酯的合成原料为脂酰辅酶 A 和 3-磷酸甘油（图 4-4），其中，脂酰辅酶 A 是不同碳链长度的酰基 ACP，在酰基合成酶作用下合成酰基辅酶 A，并从质体转运到内质网或胞质中；3-磷酸甘油则来自糖酵解中间产物或脂肪的分解过程；最后在内质网上通过磷酸甘油酰基转移酶、磷脂酸磷酸酶、二酰基甘油酰基转移酶的作用，分别在 α-磷酸甘油上附连脂肪酸以合成甘油三酯和结构磷脂。

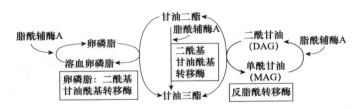

图 4-4　甘油三酯合成途径（引自陶芬芳等，2017）

三、脂肪的分解代谢

脂肪最基本的分解代谢途径如图 4-5 所示，脂肪酶是脂肪水解代谢中第一个参与反应的酶，对脂肪转化的速率起调控作用，可将脂肪分解为甘油和脂肪酸。植物中含脂肪酶较多的是油料作物种子，如油菜、花生、大豆、芝麻等。脂肪酶又称甘油三酯水解酶，结构分为亲水和疏水两部分，活性中心靠近疏水端，尽管不同来源脂肪酶的氨基酸顺序、残基数目、分子量、三维空间结构等可能有较大的差别，但却具有相似的折叠方式和活性中心。一般情况下，活性中心受 α 螺旋盖保护，当酶处于闭合状态时，该中心位点被盖子覆盖；但当构象发生变化时，盖子打开，活性中心的疏水端露出，催化脂肪水解。

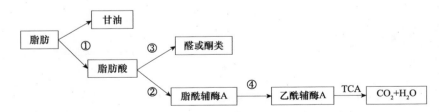

图 4-5　脂肪基本分解代谢途径（引自许光利，2011）
①脂肪酶；②脂酰辅酶 A 合成酶；③脂肪氧化酶；④ β-氧化

甘油在甘油激酶的作用下可进一步分解，而脂肪酸则在脂肪氧化酶、脂酰辅酶 A 合成酶及 β-氧化等作用下进一步水解。其中，亚油酸、亚麻酸及花生四烯酸等游离多元不饱和脂肪酸在脂肪氧化酶催化下，产生醛、酮等挥发性物质及氢过氧化物，而长链脂肪酸主要通过β-氧化方式进行分解。

四、调控脂肪酸合成的相关基因

研究表明，影响种子发育的许多转录因子并不直接对酶促反应进行调控，它们处于调控网络的上游，通过激活一个或者多个靶基因的mRNA使转录的启动增强，或者抑制一个或多个靶基因的mRNA，从而削弱靶基因的表达来影响种子中油脂和蛋白质的积累，同时也控制着植物生长发育中的多项生物过程（张志刚，2006）。脂类在积累的过程中，会有大量的生物合成途径的参与，同时也涉及许多分解代谢的途径。如图4-6所示，调控植物种子含油量是一个错综复杂的过程，许多转录因子（表4-3），如 WRI1（WRINKLED1）、ABI3（ABSCISIC ACID INSENSITIVE3）、LEC1（LEAFY COTYLEDON1）、LEC2（LEAFY COTYLEDON2）、FUS3（FUSCA3）等，能够引起代谢途径中的一系列基因超量表达，从而大幅度提高脂肪含量（Wang et al.，2007）。

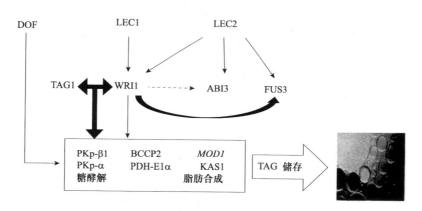

图 4-6　以 WRI1 为中心的调控网络（引自闵文莉等，2017）

LEC. 具有 B3 结构域的 DNA 结合蛋白；TAG. 甘油三酯；DOF. 一种在 N 端含有锌指结构的植物特有的转录因子；WRI1. 属于植物特有的 AP2 类转录因子；FUS3. 含有 B3 结构域，可与 RY 元件结合调控种子发育和成熟的转录因子；ABI3. 脱落酸不敏感 3；BCCP2. 生物素羧基载体蛋白 2；KAS1. β-酮脂酰-ACP 合酶 1；PDH-E1α. 丙酮酸脱氢酶亚基；PK. 丙酮酸激酶（p-β1 和 p-α 表示不同的亚基）；MOD1. 细胞死亡突变体基因

表4-3　调控脂肪酸合成和油脂积累的相关转录因子（引自闵文莉等，2017）

家族	转录因子	主要功能
AP2	WRINKLED1（WRI1）	其突变可明显降低种子含油量，增加种皮皱褶程度；调控糖和油脂代谢的相关基因，尤其是质体脂肪酸的合成
CHD3	PICKLE（PKL）	假定的染色质重塑因子，在发育中抑制主要的调节基因；与抑制性染色质标记 H3K27me3 相关联
DOF	GmDOF4，GmDOF11	转基因表达可提高种子含油量，调控油脂代谢相关基因；在种子贮藏蛋白中有一定的抑制调控作用
HAP3/CBP	LEAFY COTYLEDON 1（LEC1），LEC1-LIKE（L1L）	CCAAT 结合蛋白的亚基，可以和 CBP 单独作用；是胚发育和种子成熟过程中的主要调控子；调控糖和油脂代谢的相关基因

续表

家族	转录因子	主要功能
B3domain；AFL clade	LEAFY COTYLEDON2（LEC2），ABSCISIC ACID INSENSITIVE3（ABI3），FUSCA3（FUS3）	胚发育和种子成熟过程中的主要调控子；突变或过表达会产生多重效应，调控糖和油脂代谢，包括脂肪酸的合成和油脂的积累
B3domain；HSI2 clade	HIGH-LEVEL EXPRESSION OF SUCROSE INDUCIBLE GENE2（HSI2）NAL1，HSI2-LIKE1（HSIL1NAL2），HSIL1NAL3	在发育和幼苗期间，过多地抑制 AFL 基因及种子发育中的正调节蛋白；在染色质重塑中发挥一定的作用
HD-ZIP	GLABRA2（GL2）	油脂合成中的负调节蛋白；种子黏液缺失为脂肪酸的合成提供更多的碳原子

（一）调控脂肪酸合成的转录因子

1. WRI1 转录因子

WRI1 转录因子是在拟南芥中首次发现的，该基因突变后，种皮褶皱，种子含油量减少 80%。功能验证表明 WRI1 蛋白主要在脂肪酸的合成和糖酵解后期发挥调控作用。有研究表明，WRI1 转录因子通过直接与 AW-box 结合，调控编码质粒乙酰辅酶 A 羧化酶的基因，而乙酰辅酶 A 羧化酶的催化过程是脂肪酸合成的限速步骤。通过过表达脂肪酸合成的基因与敲除竞争途径的关键基因，可以获得高产脂肪酸的植株。例如，WRI1、二酰基甘油酰基转移酶（DGAT）和油质蛋白共同过表达，以及腺苷二磷酸葡糖焦磷酸化酶（AGPase）和过氧化物体 ABC 转运子（PXA1）的共抑制，使得油脂积累量显著提高。将 WRI1 在拟南芥或其他的植物中过表达，转基因株系种子含油量会有显著提高；而 WRI1 被 RNAi 干扰沉默后，转基因株系种子的含油量会下降。

2. DOF 转录因子

DOF 转录因子是一种在 N 端含有锌指结构的植物特有的转录因子。已有报道 DOF 转录因子参与植物的多种生理生化过程，如碳代谢、种子发育及促进种子油脂含量的增加等。DOF 蛋白在植物生长发育中起作用的关键，是该蛋白含有的两个主要结构域即 N 端保守的 DNA 结合结构域和 C 端较为多变的转录调控结构域，识别的核心序列是 AAAG。有研究发现 DOF 基因过表达的同时促进了脂肪酸合成相关酶的表达，包括 ACP 还原酶-脂肪酸合酶的一个亚单位，从而参与了脂肪酸合成过程的调控。

3. FUS3 转录因子

FUS3 转录因子含有 B3 结构域，通过与 RY 元件结合调控种子发育和成熟。有研究发现，对克隆出的 FUS3 基因的 B3 结构域下游区域进行突变，会导致甘蓝型油菜种子含油量的降低，促进脂肪酸合成的转录因子表达也减少，因此，FUS3 转录因子在脂肪酸的合成过程中起到必不可少的作用。

4. LEC1 和 LEC2 转录因子

LEC1 转录因子属于 HAP3/CBP 家族。已有研究证实 LEC1 转录因子在种子发育过程中能促进与脂肪酸合成相关基因的表达，如在油菜中过表达 LEC1 基因，种子中油脂的含量可提高 7%～16%，而下调其表达量时，油脂的含量会降低 9%～12%（但是脂肪酸的成分不变），因此，LEC1 只是引起了糖酵解、脂肪酸合成等过程中相关酶转录水平的变化，使得碳流向脂肪酸合成途径。

LEC2 与 LEC1 相似，也可以控制植物种子发育过程的多个方面。在种子脂肪酸合成过程中，提高 LEC2 活性可促进 *LEC1*、*FUS3* 和 *ABI3* 基因的表达（Wang et al.，2007）。诱导表达 *LEC2* 基因可促进叶片中储藏油的积累（Santos et al.，2005）。

（二）调控含油量的相关基因

甘油三酯形成的过程中涉及 3 个主要的组装酶：甘油-3-磷酸酰基转移酶（glycerol 3-phosphate acyltransferase，GPAT）、溶血磷脂酸酰基转移酶（lysophosphatidic acid acyltransferase，LPAAT）、二酰基甘油酰基转移酶（diacyl-glycerol acyltransferase，DGAT）。这 3 种酶作用的位置不同：分别作用在 sn-1、sn-2 和 sn-3 位置上，其中 sn-1 和 sn-3 位置通常被饱和脂肪酸占据，而 sn-2 位置则被不饱和脂肪酸占据。在合成的过程中，这 3 种酶都起着重要的作用。

编码 DGAT 类似蛋白的基因家族已发现 3 个：*DGAT1* 基因家族、*DGAT2* 基因家族和 *DGAT3* 基因家族。这 3 种基因家族均能催化甘油三酯（TAG）合成过程中的最后一步，而且 3 种独立的基因家族在植物的不同发育阶段大大提高了对 TAG 合成的调控能力。DGAT 在发育的种子和花瓣中含量和活性较高，一般认为，DGAT 在种子发育过程中影响种子含油量、TAG 含量、脂肪酸组成及种子重量等。目前已在拟南芥、烟草、油菜、大豆等植物中克隆了 *DGAT1* 的同源基因，过量表达该基因时拟南芥种子油脂积累增加、种子平均重量增加；该基因也是提高玉米含油量的重要决定因素。

LPAAT 能够催化酰基链从脂酰 CoA 转移至 LPA（溶血磷脂酸）的 sn-2 位，产生的 PA（磷脂酸）一部分用于合成 TAG，另一部分参与生物膜结构的形成。研究发现 LPAAT 催化的反应是 TAG 生物合成的一个潜在限速步骤，将 LPAAT 的活性提高，可以提高转基因植株种子的含油量。已发现 9 个 *AtLPAAT* 基因，其中 *AtLPAAT2*、*AtLPAAT3*、*AtLPAAT6* 和 *AtLPAAT7* 基因参与真核途径甘油酯类的形成，*AtLPAAT1*、*AtLPAAT5* 和 *AtLPAAT8* 基因参与原核途径质体中酯类的形成，而 *AtLPAAT4* 和 *AtLPAAT9* 基因的功能需要进一步研究。大量研究表明，LPAAT 具有很强的底物选择性，尤其是 sn-2 位置，受 LPAAT 的限制程度很高。LPAAT 在 TAG 的 sn-2 位置上不接受 C_{16} 或 C_{18} 的饱和脂肪酸及大于 C_{18} 的不饱和脂肪酸。

五、提高油脂产量的途径及改良方向

目前，油脂合成途径的转录调控研究方面已取得很大进步，一系列与油脂代谢相关的基因被鉴定，但还需要进一步研究以深化对其调节机制的理解和认识。近几年来生物燃料和化学原料的生产需求一直在不断增长，植物油除了食用之外，还可用作燃料和工业原材料，这已被认为是增加能源来源和减少资源开采的重要手段。植物油向生物燃料和化学原料的转变可能会减少供食用植物油的量，所以未来必须不断提高植物油的产量——提高种子含油量、提高可耕种土地的单位面积油产量是两大主要增产途径。因此，提高油料作物含油量、选育高油品种是油料作物品质改良的重要途径。随着基因工程的发展，对种子油尤其是脂肪酸合成途径及相关酶基因的认识，使得科学家们可以利用基因工程手段控制植物种子脂肪酸合成和代谢物流向、改变脂肪酸组成，从而提高种子油产量和质量。

第四节　谷物脂类与加工品质的关系

一、谷物储藏加工过程中脂类的变化

谷物在储藏或加工过程中，劣变速率最快的是脂类。其变化主要有两个方面：一是氧化作用。脂类被氧化产生各种游离脂肪酸和低级醛、酮类等物质，使制品具有令人不快的刺激性臭味，并带有涩味和酸味，这种现象称为酸败，如大米的陈米臭与玉米粉的哈喇味等。随着酸败的加剧，制品的脂类往往发生褐变。原粮由于种子中含有天然抗氧化剂，起了保护作用，所以在正常的条件下氧化变质的现象不明显。二是水解作用。脂类受脂肪酶水解产生甘油和脂肪酸。各国多用脂肪酸值作为粮食劣变的指标。一般低水分粮尤其是成品粮脂类的分解以氧化为主；而高水分粮脂类的变化以水解为主，含水量高更易霉变，霉菌分泌的脂肪酶有很强的催化作用；正常含水量的粮食两种脂解作用可交互或同时发生。

一般情况下，促进脂类变化的主要原因是热、光、氧气、水、酶和某些金属元素，对于干制的谷物而言，这些因素都是很难避免的。干制时，特别是空气对流干燥时，由于热的作用及物料接触大量的氧气，促使了脂类的自动氧化和热氧化，由此可见，通过降低氧气浓度、减少接触面可降低氧化程度。但为了提高干燥效率，往往要增加接触面，所以在干制过程中会不可避免地发生某些脂类的劣变，这就要求在干制过程中加以控制，尽量降低其劣变程度。为了取得高品质的干制品，人们常采用冷冻升华干燥，它能较好地保持干制品的品质。一些重金属离子是脂肪氧化的促进剂，如铜、铁离子的存在可影响氧化速率。为了防止金属离子的作用，常添加柠檬酸、磷酸、氨基酸等金属络合剂，以减弱其促进氧化的作用。对含脂类的食品，在干制前采取添加抗氧剂等抗氧化措施，也能有效地控制脂类氧化。

脂类经长时间加热，会发生聚合作用，使黏度增高，当温度高于300℃时，增稠速率极快；同时在高温下脂类分解生成酸、醛、酮等化合物，使酸价增高并产生刺激性气味等。热变性的脂类不仅味感变劣，而且丧失营养，甚至还有毒性。所以，食品工业要求控制油温在150℃左右，并且油炸油不宜长期连续使用。

酸败是含油谷物食品变质的最大原因之一。酸败的脂类其物理化学常数都会有所改变，一般密度减小，碘值降低，酸值增高，同时营养价值遭到破坏，甚至变得有毒。因此，酸败过的脂类或含油食品不宜食用。含脂类的谷类在储藏期间由于受到日光、微生物、酶等的作用，或被空气中的氧所氧化，脂类容易酸败，因此，储存脂类时应保存在干燥、不见光的密封容器中。

谷物在储藏过程中，常有变苦的现象，这与过氧化物酶和过氧化氢酶两种酶的作用及活性密切相关。过氧化氢酶主要存在于麦麸中，而氧化物酶则存在于所有粮油作物的籽粒中。谷物中的脂肪酸氧化物与过氧化物在氧化酶作用下生成不饱和脂肪酸甲酯聚合物，这是一种抗苦味物质。一般谷物中脂类含量越高，越易变苦，例如，全玉米粉、高粱粉（脂类含量在3%以上）较全麦粉（脂类含量在2%以下）易变苦；加工精度越高，如出粉率或出米率越低，则越不易变苦，高精度面粉很少有变苦现象，全麦粉则易变苦。

谷物在储藏过程中，由于温度、湿度和储藏方法不同，甘油三酯降解为脂肪酸和甘油，磷脂类的降解产生磷酸和酸性磷酸盐，少量蛋白质降解为各种氨基酸，碳水化合物氧化成有机酸及微生物在生长繁殖过程中呼吸作用的中间产物，从而使谷物酸度增加。酸度增加的程度及所形成酸性物质的性质，随储藏条件的不同而不同。例如，大米在储藏过程中发热霉变，往往酸度增高，香味散失，做成的米饭松散无味。

谷物所含脂类多由不饱和脂肪酸组成，而谷物的加工形态一般是粉末。因此，这些脂类易氧化酸败造成变味。但是，谷物中的大部分脂类在磨粉时常随胚芽被一同除去。

二、脂类对面粉主要制品品质的影响

脂类虽然在面粉中的含量很少，但也是面粉中重要的功能性成分，它对制品品质的影响不可忽视（张元培，1998）。

极性脂质与面筋蛋白结合后，面筋蛋白通过其糖基或者极性基与淀粉、戊聚糖或水等相互结合，增加面团弹性，改善面团强度，从而改变面团的加工性能。因此，极性脂质有利于面筋的形成，而非极性脂质不利于面筋的形成。

面粉中的脂类物质能够影响面粉的糊化特性。这是由于它与直链淀粉形成复合体，可抑制肿胀淀粉粒的破裂，使肿胀淀粉粒更加稳定，从而影响淀粉的糊化。脂类物质对面团的流变学特性也有影响，面粉脱脂后面团的形成时间增加，而面团的稳定时间受影响较小。在面团形成时，脂类对面筋网络结构的黏着力起重要作用；脱脂面粉制成的面条煮面时间缩短，干物质失落率增加；生产的蛋糕、面包的体积、质地均不理想。

面粉中的脂类是构成面筋的重要组成部分，如卵磷脂是良好的乳化剂，可使面包、馒头组织细腻、柔软，延缓淀粉老化。但是，面粉在不良储藏条件下，甘油三酯在裂脂酶、脂肪酶作用下水解形成脂肪酸，而不饱和脂肪酸易氧化、水解而酸败，酸败变质的面粉焙烤蒸煮品质差，面团的延伸性降低，持气性减弱，面包或馒头的体积小，易开裂，风味不佳。

（一）对面包品质的影响

蛋白质的含量与质量是决定面包烘烤品质的主要因素，但普遍认为面粉中的脂类物质对面包烘烤品质影响也很大。

研究发现脂肪通过与蛋白质和碳水化合物之间的互作来影响面包的烘烤品质。其中，前人针对脂肪和蛋白质的互作对烘烤品质的影响机理研究提出了4个假说：①蛋白质通过卵磷脂与淀粉结合（图4-7A）；②含有脂双分子层的脂蛋白膜模型（图4-7B）；③Hoseney提出的麦醇溶蛋白-糖脂-麦谷蛋白模型，其中糖脂的亲水端与麦醇溶蛋白结合，疏水端与麦谷蛋白结合（图4-7C）；④Wehrli提出的淀粉-糖脂-面筋复合体模型（图4-7D）。

在面筋中脂类物质存在两种结合力：一是极性脂质分子通过疏水键与麦谷蛋白结合；二是非极性脂质分子通过氢键与醇溶蛋白分子结合，这两种结合力都可形成发酵面制品所需的面筋网络。面筋蛋白质与脂类物质结合越多、越强，面筋网络的品质越好。有研究表明，面粉中脂类含量和类型对烘烤品质都有相当大的影响。在面包烘烤过程中，面粉的极性脂质能抵消非极性脂质的破坏作用，改进烘烤品质，特别是糖脂对于促进面团醒发和增大面包体积最为有效；在面团中，一部分糖脂结合到淀粉粒的表面，在烘焙温度下形成蛋白质-糖脂-淀粉复合物，使面包芯软化，面包质地松软，并起抗老化的作用。当蛋白质的含量和质量一定时，面包的体积与极性脂质的含量呈显著正相关；而非极性脂质则会影响其烘焙效果，使面包质量下降，非极性脂质与极性脂质的比值与面包体积呈负相关（Chung，1982；Bekers

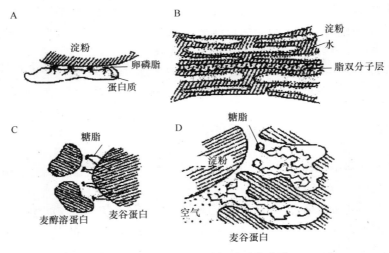

图 4-7　脂类和蛋白质互作模型（引自李浪，2008）

et al.，1986）。在面包生产中，常使用极性脂质作为改良剂来改善面包品质。糖脂和磷脂都是良好的发泡剂及面团中的气泡稳定剂，特别是有蛋白质存在时，其作用更为明显。

前人发现脂类和碳水化合物的互作可能存在两种形式：一是脂类分子与多糖分子结合，如直链淀粉-脂类复合物（图 4-8A）；二是脂类相（微束）和多糖间的互作，如纤维素衍生物-表面活性剂复合物（图 4-8B）。

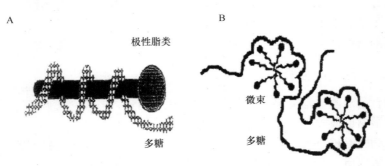

图 4-8　脂类与多糖分子结合模型（引自 Hamer and Hoseney，1998）
A. 直链淀粉-脂类复合物结合模型；B. 脂类相和多糖间的互作

脂类与淀粉互作对面包烘烤品质的影响主要表现在两个方面：一是脂类对淀粉胶凝作用的影响；二是脂类对淀粉老化的影响。烘烤阶段淀粉的胶凝作用使面包形成了纹理结构，这个过程使面包体积膨胀停止。极性脂质可使胶凝起始温度升高，使面包膨胀时间延长。支链淀粉-脂类复合物的形成可拖延淀粉的老化，使面包贮存期延长。

因此，脂类通过与蛋白质、淀粉的相互作用，影响和改善面包的烘烤品质。

（二）对馒头品质的影响

面粉中的脂类对馒头品质的影响作用主要体现在它可以和不同的蛋白质结合，从而影响面筋的网络结构。如前所述，极性脂质与面筋蛋白结合后，面团的加工性能发生改变，面团弹性增加，面团强度改善。在面团形成时，脂类对面筋网络的黏着力起着重要作用。面粉中粗脂肪含量与馒头品质呈正相关，对馒头的体积和柔软度都有积极的作用。王杭勇认为在面粉中增加 5% 的油可降低面团吸水量，延长面团形成时间，增加面团的延伸性，对馒头具有一定的抗氧化作用，从而阻止淀粉的老化，故脂类物质对馒头具有一定的抗老化作用。目前有关脂类对馒头品质的影响报道较少，有待进一步研究。

（三）对面条品质的影响

脂类对面条品质的影响与其对面包的影响略有不同。一般认为，脂类对面条品质的影响主要体现在对面条的表面黏度和蒸煮损失的影响。

脂类通过与直链淀粉结合形成复合体，减少了面条表面游离的直链淀粉的数量，这样蒸煮损失的直链淀粉量也相应减少。现在普遍认为甘油单油酸酯是面粉中最有效的直链淀粉络合剂，它不但能减少蒸煮损失，而且能够改善面条的表观状态——这已成为面条生产中使用甘油单油酸酯的理论依据。早在 1968 年，Dahle 和 Muenchow 就曾报道面粉脱脂后会增加直链淀粉的蒸煮损失并增加面条的黏性。也有人认为脂类能够增加熟面条的表面硬度（Rho et al.，1989）。张元培（1998）指出，脂类被提取后，干面条破损程度增加，煮面损失增加，煮面时间缩短，面条剪切强度和表面强度降低，重新添加游离脂肪的面粉所制面条的品质得以完全恢复。林作楫（1994）研究认为非极性脂质和极性脂质对面条品质均有正效应，脂类可显著增加挂面的断裂强度和煮面强度，并且有利于改善面条色泽。

（四）其他

对曲奇饼而言，决定其品质的主要参数不是体积和比容，而是直径与厚度的比值。虽然在曲奇饼配方中加入了较多的脂类，但仍然不能代替原有小麦脂类的作用。面粉提取游离脂肪后，会降低曲奇饼的直径和评分，影响曲奇饼内部结构。

脂类对蛋糕品质的影响比对曲奇饼要复杂得多。提取面粉游离脂肪，蛋糕体积会减少，其内部结构评分降低。用提取的游离脂肪重组面粉后，制得的蛋糕体积和外形完全恢复，但其内部结构评分只能部分恢复。

研究证实，面粉的游离脂肪含量及其组分对面包及其他面制品品质均有一定影响，因此，小麦或面粉的脂类是一项对品质评价，特别是对小麦育种计划的品质决定因素的良好补充。

三、脂类对大米品质的影响

大米中的脂类化合物含量不多，糙米中仅含 2.4%～3.9%，但它是组成生物细胞不可缺少的物质，同时也是大米重要的营养成分之一。大米中脂类化合物的组成及其变化对大米的食用品质和储藏品质有着较大的影响。

组成大米脂肪的脂肪酸主要包括亚油酸、油酸、软脂酸，还有少量的硬脂酸和亚麻酸。其中不饱和脂肪酸所占的比例较大。大米在储藏过程中，其脂类在空气中的氧及大米中相应酶的作用下极易发生氧化、水解，促使大米陈化变质，导致大米食用品质下降。

大米中脂类成分的酸败是大米储存中风味变劣的重要原因，故游离脂肪酸测定成为判断大米新陈的指标。张向民等研究表明，在稻谷储藏过程中，非淀粉脂中脂肪酸组成百分含量变化均较明显，软脂酸和亚油酸含量相对减少，油酸含量相对增加，而淀粉脂中的脂肪酸含量在储藏过程中则变化不大。有学者（Yasumatsu and Moritaka，1964）提出非淀粉脂和淀粉脂在室温下储藏 6 个月，其总的含量保持不变。然而，由于甘油三酯的水解，使得非淀粉脂中游离脂肪酸含量增加，非淀粉脂中的亚油酸和亚麻酸氧化产生醛、酮、戊烷和己烷，从而导致陈米中羰基化合物含量增加。糯米中含有较多的非淀粉脂，所以更易发生酸败。

米的胀性取决于其淀粉的吸水能力，而吸水能力与其表面积大小和内部所含脂肪酸的多少密切相关。脂肪酸值增高的大米，淀粉吸水率下降。稻谷因陈化引起工艺品质改变，如碾磨的米粒硬度和碎米率改变，蒸煮过程中体积膨胀率和吸水率增加，可溶性固形物减少，稠度降低，其部分原因是游离脂肪酸的变化。大米陈化过程中游离脂肪酸增多，米饭变硬甚至发生异味，米饭流变学特性受到损害。

淀粉糊在凝沉过程中，直链淀粉除了可与单甘油酯、游离脂肪酸形成结晶复合物外，还可与溶血磷脂酰胆碱形成复合物。米饭在冷却过程中会逐渐变硬，同时由于一些挥发性成分的散逸，会失去新煮出米饭的风味。

脂类含量对大米淀粉的最初糊化温度和黏度值影响较大。稻谷因陈化使碾制时米粒硬度及破碎率改变，蒸煮过程中体积膨胀率和吸水率增大，可溶性固体物减少，米汤黏稠度降低，最大黏度值增高，引起这些变化的部分原因是大米中游离脂肪酸与直链淀粉构成复合体。

大米在储藏过程中一直伴随着脂类的水解和氧化，脂类在糙米储藏过程中的变化会直接影响糙米的糊化特性。大米中所含的磷脂和糖脂都可与大米中的淀粉相互作用，降低淀粉的吸水性和膨胀性，提高淀粉的糊化温度。直链淀粉与脂类形成的复合物能阻碍淀粉的糊化，从而可能对蒸煮大米的质构特性产生影响。有研究用 DSC（差示扫描量热仪）研究了碾米精度和脱去米粒表面的非淀粉脂类对淀粉糊化的影响（Champagne et al., 1990），指出大米表面的脂类和非淀粉脂类对淀粉的糊化有影响。刘京生等（2003）用 DSC 研究淀粉糊化时，发现未脱脂米粉淀粉的糊化温度较脱脂米粉的低。前人在研究支链淀粉、直链淀粉和脂类对谷物淀粉膨润和糊化的影响时指出（Richard et al., 1990），淀粉膨润是支链淀粉的特性，直链淀粉只起稀释剂的作用，但天然淀粉中的直链淀粉和脂类形成复合物时就起到抑制淀粉膨润的作用。刘宜柏等（1989）对 51 个早籼稻品种进行分析，认为大米中的脂类含量越高，米饭光泽越好，米粒的延伸性较佳。伍时照等（1985）的研究表明，大米脂类含量高是一些名优水稻品种的特异品质性状，在一定范围内脂类含量越高，米饭适口性越好、香气越浓，因而提高大米脂类含量能显著改善大米的食味品质。

四、其他

脂类在膨化食品的加工过程中也有一定的作用，淀粉脂能保护谷物淀粉中的直链淀粉在加工过程中不受高温挤压的影响而发生热裂解。

磷脂与脂类共存，对于脂类的储存和加工会产生不利的影响，如增加吸湿性，促使氧化，会降低脂类的品质，影响加工品的质量，因此脂类精炼时要进行脱磷，这样既净化了脂类，又可获得有价值的磷脂。

脂类中的微量成分，如难皂化物中的阿魏酸酯、维生素、植物甾醇等对于脂类的营养、卫生价值具有重要的影响；但难皂化物中的蜡、不皂化物中的色素、结合脂质中的磷脂和挥发性成分中的有臭物质等却给脂类的精炼带来了一定的困难。

思 考 题

1. 油脂是如何进行分类的？油脂的理化性质如何？
2. 脂肪酸如何分类？反式脂肪酸的概念？
3. 脂肪酸的合成途径如何？脂肪的代谢途径如何？
4. 脂肪酸合成代谢过程中涉及哪些关键的基因？
5. 脂肪与蛋白质和淀粉的互作是如何影响加工品质的？
6. 如何改良脂肪及其脂肪酸的品质？

第五章 作物纤维素品质的生理生化

第一节 概 述

一、植物细胞壁

植物细胞壁是存在于植物细胞外围的一层厚壁，是区别于动物细胞的主要特征之一，主要成分为纤维素、半纤维素和木质素。纤维素占细胞壁组分的比例一般为40.6%～51.2%，半纤维素为28.5%～37.2%，木质素为13.6%～28.1%。细胞壁参与维持细胞的一定形态、增强细胞的机械强度，并且还与细胞的生理活动有关。细胞壁一般具有3种主要结构：初生壁、胞间层和次生壁。① 初生壁位于胞间层和次生壁之间，在初生壁中，纤维素微纤丝嵌入非纤维素多糖与少量结构蛋白形成水合基质，赋予细胞壁伸展性和坚固性。纤维素微纤丝为纳米级结晶带，其堆积方式决定了细胞壁的坚固程度（Taiz and Zeiger，2015）。②胞间层位于两个相邻细胞中间，是分裂过程中由细胞板发育而来的一层膜，主要由果胶质组成。③次生壁是植物细胞停止伸长后，其初生壁内侧继续积累的细胞壁层，位于初生壁和质膜之间，主要成分是纤维素，并有木质素存在，通常较厚（5～10μm），而且坚硬，使细胞壁具有很大的机械强度。研究表明，在初生壁中，纤维素合酶分散分布且沿共享线性轨道相反方向运动，形成的纤维素聚集程度低；次生壁中纤维素合酶密集排列成条带且沿轨道相同方向运动，形成的纤维素聚集程度高（Li et al.，2014）。

大部分具次生壁的细胞在成熟时，原生质体死亡。纤维和石细胞是典型的具次生壁的细胞。在做植物原生质体培养时，常用含有果胶酶和纤维素酶的酶混合液处理植物组织，以破坏胞间层和去掉细胞的纤维素外壁，得到游离的裸露原生质体。

二、植物纤维的作用

植物纤维并不等于纤维素，如面粉、豆类、红薯、胡萝卜、香蕉、玉米等，它们含有很高的纤维素，却看不到丝丝缕缕的植物纤维。植物纤维是纤维素与各种营养物质结合生成的丝状或絮状物，对植物起支撑、连接、包裹、填充等作用。

天然的植物纤维与人们的衣食住行息息相关，作为深加工农副产品，已用于生物、化工、食品、医药、纺织、造纸、涂料、塑料等领域。天然植物纤维已通过了美国、欧盟、日本、中国的检测鉴定，批准在食品和保健品中使用。在一些国家，纤维素是高血压、高脂血症、肥胖症、糖尿病患者的家庭必备品。此外，植物纤维特别是农作物的秸秆经过发酵可制备乙烷气体。在美国，纤维素乙醇作为生物燃料，有望替代1/3的汽车燃料，在美国未来的能源消耗结构中，纤维素乙醇有望成为交通燃料的主要来源。

第二节 纤维素的概念、分类及理化功能

一、纤维素的概念及结构

纤维素是植物细胞壁的结构骨架及重要组成部分，是地球上最丰富的有机资源。其结构基础是由葡萄糖通过 β-1,4 糖苷键形成的无分支葡聚糖链分子，以水平翻转 180° 的两个葡萄糖为单位，平行排布，即由 β-D-葡萄糖分子通过 β-1,4 糖苷键缩合而成（图 5-1）。在天然状态下，纤维素合酶（CESA）合成线性葡聚糖链的聚合度（degree of polymerization，DP，即聚合物分子链上所含重复单元的数目）的平均值可达上万，即上万个葡萄糖残基通过 β-1,4 糖苷键相连形成纤维素单链，无分支结构。因此，可将其糖链的共价连接结构与蛋白质的一级共价结构类比，该结构层次可称为纤维素的一级结构，聚合度可通过黏度法、凝胶渗透层析法或利用总糖量除以还原糖量进行估计。天然纤维素的聚合度会因物种、发育阶段及组织器官的不同而发生变化。在初生壁中，短纤维素链较多，只有 7500Å 左右，聚合度多为 2500。

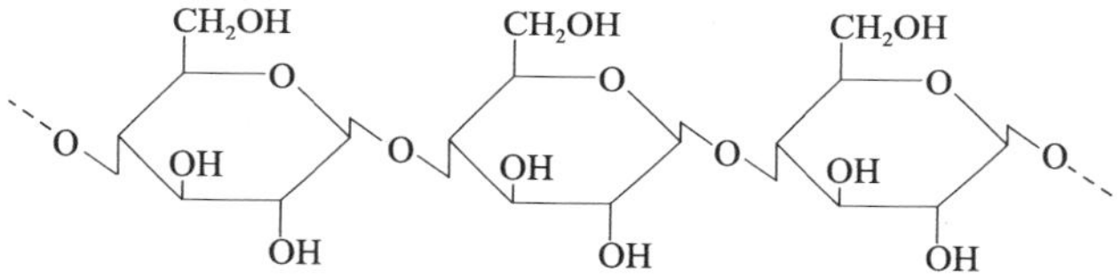

图 5-1 纤维素组成结构示意图

在纤维素中，许多单个葡聚糖主链通过范德瓦耳斯力和氢键紧密相连形成微纤丝，微纤丝内部高度有序的葡聚糖排列和相邻的葡聚糖之间大量的非共价键，使纤维素具有更高的刚性抗拉强度。由于微纤丝中葡聚糖分子的重叠和交错，所以微纤丝比单个葡聚糖分子要长。纤维素天然纤维的超分子结构是一种结晶区和无定形区交错结合的体系，葡聚糖链分子间通过氢键聚集并形成结晶区。结晶区占纤维素整体的比例称为结晶度，通常为 30%～80%。从结晶区到无定形区是逐步过渡的，无明显界限。天然纤维素分子链长约 5000nm，结晶区部分的长度为 100～200nm。纤维素结晶区的特点是分子链取向良好，密度较大，分子间结合力强，对强度的贡献大；无定形区的纤维数量少、对强度的贡献小。天然纤维素的结晶结构存在两种类型：三斜晶系 I_α 和单斜晶系 I_β。两种晶态具有相似的化学结构，仅氢键模式不同，I_α 和 I_β 在不同植物中存在的比例不同。

在细菌中，用卡尔科弗卢尔荧光染色剂染色，在葡聚糖链从细胞中出来前染色剂与单个葡聚糖链之间形成氢键，阻止葡聚糖链形成微纤丝来破坏纤维素的结晶化。阻止微纤丝的聚合可增加葡聚糖链的聚合速率，说明这两个过程是相耦合的，并且结晶化是限速步骤（Harris and Corbin，2012）。

二、纤维素的分类

纤维素是谷物中主要的结构性多糖，存在于所有的植物细胞壁中。每个纤维素分子含有

2500 个以上葡萄糖残基，相对分子质量为 30 万～50 万。纤维素常彼此靠近成束，以氢键相连，尽管氢键的键能比一般化学键的键能小得多，但因氢键数目多，故结合相当牢固。纤维素不溶于水和任何有机溶剂，在稀酸和稀碱中也相当稳定，但溶于浓盐酸和浓硫酸，与浓盐酸或浓硫酸共热时，或在一定酶的作用下，都可水解为 α-葡萄糖。

纤维素按溶解性一般可分为酸性洗涤纤维（ADF）、中性洗涤纤维（NDF）、酸性洗涤木质素（ADL）。在木材中，木质纤维素按结构成分一般可分为纤维素、半纤维素、木质素。

半纤维素是与纤维素共存于植物细胞壁中的一类多糖，大量存在于植物的木质化部分，如秸秆、种皮、坚果壳、玉米穗轴等，其含量依植物种类、老嫩程度及部位而异。半纤维素分子比纤维素小，但组分十分复杂，主要是多缩己糖或多缩戊糖，用稀酸水解一般得到己糖和戊糖。半纤维素可用 17.5% 的 NaOH 溶液从植物细胞壁提取，再酸化至 pH 4.0 时即沉淀析出。谷物和豆类中的半纤维素有阿拉伯木聚糖、木葡聚糖、半乳糖、甘露聚糖等数种，它们均不能被人体消化、利用，但可被肠道微生物分解。

木质素是使植物木质化的物质，如植物的枝、茎的支持组织，它与纤维素、半纤维素同时存在于植物细胞壁中。木质素没有生理活性，不能被人体消化、吸收。木质素由松柏醇、芥子醇和对羟基肉桂醇 3 种单体组成，在化学上它不属于多糖，而是多聚（芳香族）苯丙烷化合物，或称为苯丙烷聚合物。

三、膳食纤维的理化功能

根据医学和营养学方面的研究报道，食用适量的纤维素对人体有益，如果长期摄入纤维素量不足容易引起疾病，如便秘、结肠癌、肥胖症、冠心病等。现在人们把纤维素看作是继蛋白质、脂肪、碳水化合物、维生素、矿物质和水之后的"第七营养素"，其中起主要作用的就是膳食纤维。

（一）膳食纤维的概念

膳食纤维是指植物性食品中不能被人体内源酶消化吸收的成分，包括纤维素、半纤维素、果胶、木质素、藻胶等。膳食纤维比粗纤维的范围要广，它包括构成植物细胞壁的纤维素、半纤维素和木质素三大成分。粮谷类食品中的膳食纤维以纤维素和半纤维素为主；水果和蔬菜中以果胶为主。Trowell 等于 1976 年扩大了膳食纤维的概念范围，将那些"不能被人体消化吸收的多糖类碳水化合物和木质素"统称为膳食纤维。

（二）膳食纤维的分类

膳食纤维按其溶解性可分为不溶性和可溶性膳食纤维两大类（图 5-2）。

1）不溶性膳食纤维（IDF）是指不被人体消化道酶消化且不溶于热水的那部分膳食纤维。主要有两类：一类是构成植物细胞壁的纤维素、半纤维素、不溶性果胶和木质素；另一类是甲壳质，甲壳质是

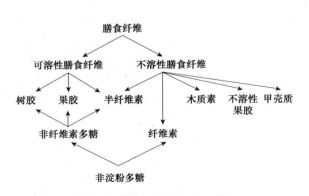

图 5-2　膳食纤维的分类示意图

虾、蟹等甲壳类动物表皮中所含的葡聚糖胺，不溶于水，但脱乙酰化后成为壳聚糖，在消化道内有凝胶化的特性。

2）可溶性膳食纤维（SDF）是指不被人体消化酶消化，但可溶于热水且其水溶液又能被4倍体积的乙醇再沉淀的那部分膳食纤维。主要包括植物细胞中的储藏物质和分泌物、化学性修饰或合成的多糖类，其组成主要是果胶、树胶和部分半纤维素。

（三）膳食纤维的理化特性

1. 吸附特性

膳食纤维分子表面带有很多活性基团，可以螯合吸附胆汁酸、胆固醇等有机分子，其中对胆汁酸的吸附能力以木质素较强，纤维素弱些。膳食纤维还能吸附肠道内的有毒物质，并促使它们排出体外。

2. 吸水膨胀和持水作用

膳食纤维分子结构中含有很多亲水基团，具有很强的吸水膨胀性质，其吸水后形成的纤维素有膨润持水的特性。

可溶性膳食纤维比不溶性膳食纤维吸水性强。一般可溶性膳食纤维吸水后，重量能增加到约自身重量的30倍，并能形成溶胶和凝胶，增加胃肠中内容物的黏度，延缓胃中食物的排空速率，推迟食糜进入十二指肠的过程，从而延缓营养物质的消化和吸收。

3. 与阳离子结合和交换的特性

由于膳食纤维分子结构含有羧基和羟基（图5-3），能够和金属阳离子进行结合和交换，从而把人体内的矿质元素带出体外，影响人体肠道内有关矿物质的代谢平衡，因此，在增加对食物纤维素摄取量的同时，应增加对钙、铁、锌和磷等元素的摄入量，以保证体内代谢的平衡。

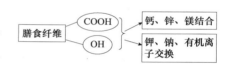

图 5-3　膳食纤维与阳离子结合及交换示意图

4. 被微生物分解，改变肠道中菌群

一般可溶性膳食纤维几乎都能被微生物分解，不溶性膳食纤维只能被部分分解。肠中膳食纤维会诱导出大量好氧菌群，这些好氧菌群很少产生致癌物，而厌氧菌群则相反。

（四）膳食纤维的作用

1. 通便导泻

膳食纤维进入人体肠道后，能吸收大量的水分，可使肠道保持一定的充盈度，使粪便软化，从而降低肠憩室病和直肠癌的发病率。并可促进肠道蠕动，利于肠道排空，保持大便畅通，防止便秘的发生。

2. 控制血糖

膳食纤维可延长食物在肠内的停留时间，延缓肠胃的排空时间，减慢人体对葡萄糖的吸收速率，使人体进餐后的血糖值不会急剧上升，而且能改善末梢神经组织对胰岛素的要求量，使胰岛素的分泌下降，从而达到调节糖尿病患者血糖水平的目的。

3.降低血压

膳食纤维化学结构中所包含的羧基、羟基和氨基等侧链基团可产生类似弱酸性阳离子交换树脂的作用，可与阳离子进行可逆交换。这种交换作用并非单纯的结合以减少机体对离子的吸收，而是稀释离子的瞬间浓度并延长其转换时间，使无机盐（特别是 Na^+ 和 K^+）在肠道中的吸收受阻，从而起到降低血压的作用。

4. 降低冠心病、动脉粥样硬化和胆结石风险

膳食纤维可以吸附胆固醇、胆汁酸等有机分子，从而抑制机体对胆固醇的吸收，可降低冠心病和动脉粥样硬化等心血管疾病的患病风险，减少胆汁酸的再吸收量，改变食物消化速率和消化分泌物的分泌量，可降低胆结石、十二指肠溃疡等疾病风险。

5. 降低肥胖度

由于人体内没有能分解 β-1,4 糖苷键的酶，所以人体不能消化利用膳食纤维。纤维素以原型通过胃和小肠，到达大肠后可被细菌部分分解，其中很少部分被人体吸收。

膳食纤维吸水后体积增大，易使人产生饱腹感，从而有利于减少食物的摄入量，并延缓人体对食物的消化吸收速率，维持稳定的血糖浓度，减少饥饿感。膳食纤维还可减少人体对食物中脂肪的吸收，因而对于控制体重很有帮助。

6. 改变消化系统中的菌群

肠中膳食纤维增多会诱导出大量好氧菌群，这些菌群很少产生致癌物，而原来肠中的厌氧菌则可产生致癌物。此外，即使肠中有致癌物产生，也易被膳食纤维吸附而很快排出体外，从而有效防止结肠癌的发生。

第三节　纤维素的生物合成代谢及主要相关基因

一、纤维素合酶基因

高等植物的纤维素合酶（CESA）由 *CESA* 基因家族编码，这是一个多基因家族，在所有陆地植物中都有发现（表 5-1）。基因组学分析显示，拟南芥中有 10 个 *CESA* 基因，其编码蛋白的平均序列相似性为 64%。玉米中至少有 12 个 *CESA* 基因，大麦中有 8 个（Appenzeller et al.，2004）。绿藻中的 *CESA* 基因与高等植物的 *CESA* 基因具有高度相似性，且内含子结构十分保守。拟南芥中的 *CESA* 基因可以分为两类：*CESA1*、*CESA2*、*CESA3*、*CESA5*、*CESA6* 和 *CESA9* 负责初生壁的形成；*CESA4*、*CESA7* 和 *CESA8* 负责次生壁的形成（Taylor et al.，1999；2000；2003）。

在拟南芥中，*AtCESA1* 和 *AtCESA6* 共表达，但不存在冗余，*AtCESA2*、*AtCESA5* 和 *AtCESA6* 存在部分功能冗余。*AtCESA3* 和 *AtCESA6* 对于初生壁的形成都是必要的。芯片分析显示，*AtCESA1*、*AtCESA3* 和 *AtCESA6* 共表达，*AtCESA4*、*AtCESA7* 和 *AtCESA8* 共表达（Perrson et al.，2005）。遗传学分析表明，在拟南芥中 *IRX1*（*AtCESA8*）、*IRX3*（*AtCESA7*）和 *IRX5*（*AtCESA4*）参与次生壁的形成，次生壁 *CESA* 突变引起木质部塌陷，纤维素含量降低。生化分析表明，次生壁复合体含有 *AtCESA4*、*AtCESA7* 和 *AtCESA8* 3 种蛋白，任何一种 CESA 蛋白缺失都会导致另外两种蛋白质无法定位于质膜。

植物中还存在与 *CESA* 基因功能相近的 *Csl* 基因家族。Csl 蛋白与 CESA 都有 DDDQxxRW 结构域，但是 Csl 蛋白却不具有锌指结构。*CslA* 基因编码的酶负责 β-1,4-D 甘露聚糖的合成；*CslF* 和 *CslH* 编码的酶负责一种混合糖苷键连接的多糖，即 β-（1,3；1,4）-D 葡萄糖的形成；*CslC* 编码的酶可能负责木葡聚糖主链上的 β-1,4-D 葡聚糖的合成；*CslD* 与细胞的延伸、扩张、扩增和分裂密切相关，同时也部分参与纤维素的合成。*Csl* 家族其他成员可能编码其他酶用来合成其他多糖主链。但是合成木聚糖链的是 GT43（糖基转移酶家族43），这些酶可以将单糖从核糖核苷酸转移到正在延伸的多糖链末端。

表 5-1　纤维素合成相关基因及突变体

基因	突变体／突变位点	表型	参考文献
CESA1	rsw1/V549A	复合体消失，无法形成结晶纤维素	Arioli et al.，1998
	any1/D604N	矮化，纤维素结晶度降低	Fujita et al.，2013
	aegeus/A903V	复合体移动速率增加，纤维素结晶度降低	Harris et al.，2012
CESA2	AtCESA2 基因敲除	下胚轴矮化，纤维素含量降低	Chu et al.，2007
CESA3	thanatos/P578S	根膨胀，矮化	Daras et al.，2009
	cev1/G617E	纤维素减少，茉莉酸甲酯和乙烯增加	Ellis et al.，2002
CESA4	irx5/无义突变	木质部塌陷，纤维素含量减少	Taylor et al.，2003
CESA5	CESA2/W977stop	结晶纤维素含量降低	Sullivan et al.，2011
CESA6	PRC1 无义突变	细胞膨胀，纤维素减少	Fagard et al.，2000
CESA7	irx3/无义突变	木质部塌陷，纤维素含量减少	Taylor et al.，1999
	fra5/P557T	纤维细胞壁变薄，纤维素减少	Zhong et al.，2003
CESA8	irx1/无义突变	木质部塌陷，纤维素含量减少	Taylor et al.，2000
	fra5/R362K	纤维细胞壁变薄，纤维素减少	Zhong et al.，2003
CESA9	CESA9/无义突变	种皮细胞扭曲，纤维素减少	Stork et al.，2010

二、纤维素合酶复合体

电子显微证据表明，纤维素由定位于质膜上的纤维素合酶复合体（CSC）合成。细菌的 CSC 至少由 BcsA、BcsB 和 BcsC 3 个亚基组成：内部的跨膜蛋白 BcsA 是具有催化活性的亚基，BcsB 是锚定在膜上的周质蛋白，BcsC 是体内合成纤维素而非体外合成纤维素所必需的（Morgan et al.，2013）。高等植物的 CSC 在冷冻蚀刻电镜下呈现六瓣玫瑰花环结构，其直径为 25～30nm，用免疫学的方法证明此蛋白就是纤维素合酶（Kimura et al.，1999）。通过对纤维素维度的精确测量，Herth 等提出纤维素合酶复合体的花环结构由 6 个 CESA 蛋白亚基组成，每个亚基可以合成 6 条 β-1,4-葡聚糖链，并进而结晶成由 36 条 β-1,4-葡聚糖链形成的微纤丝。随着技术的发展，对纤维素合酶三级结构的分析说明由 6 个 CESA 蛋白组成一个亚单位并不是唯一可能的（Sethaphong et al.，2013）。棉纤维纤维素含量高达 95% 却未在其中发现玫瑰花环结构，可能是技术原因，也可能是由于棉花中纤维素合成是通过单个 CESA 亚基。

尽管有大量的遗传及生化实验表明 CESAs 是纤维素合成过程中重要的酶，但显示纤维素体外合成的实验并不成功，可能是由于 CSC 定位于质膜上，此外还有大量种类及功能未知的互作蛋白，因此很难在体外保持其活性的稳定，同时利用膜蛋白合成纤维素时会产生大量的 β-1,4-葡萄糖和 β-1,3-葡萄糖（胼胝质），难以纯化得到有活性的 CESAs（McFarlane et al.，2014）。

通过 Co-IP 实验表明，拟南芥初生壁 CSC 复合体中 3 种 CESA 亚基（CESA1，CESA3，CESA6）的比为 1∶1∶1；在次生壁 CESA 蛋白都存在于复合体中，在复合体外的 CESA 被迅速降解的前提下，通过测量次生壁 CESA 蛋白的含量，发现次生壁纤维素合酶复合体 3 种 CESA 亚基（CESA4，CESA7，CESA8）的比也为 1∶1∶1（Taylor et al.，1999；2000；2003）。同时研究认为，纤维素原细纤维由 24 根而不是由 36 根葡聚糖链组成。

最近有关 CESA 与荧光报告蛋白融合的研究表明 CSC 通过微管（MT）引导机制在质膜上沿相对稳定的轨迹移动。但是当微管完全解聚后，CESA 在质膜上移动的速率并未改变，说明 CESA 运动的能量不是由微管马达蛋白提供的。

三、CESA 蛋白

CESA 蛋白属于糖苷转移酶 2 超家族，在拟南芥中其长度为 985～1088 个氨基酸，其中包含一些保守结构域。CESA 包含 8 个跨膜结构域，位于 CSC 蛋白的两端，其 N 端是高度保守的锌指结构，该结构域内具有非常保守的重复序列 CxxC（半胱氨酸 xx 半胱氨酸），该序列可以与 DNA 结合，对于维持纤维素合酶复合体的稳定性具有重要作用，同时与 CESA 蛋白各亚基之间的相互作用有关，使 CESA 各蛋白能够装配成复合体（Kurek et al.，2002）。

拟南芥 CESA7 锌指结构域中 3 个丝氨酸突变能在酵母双杂交系统中减少，但不能消除与 CESA4 和 CESA8 的相互作用，表明 CESA 中还有其他结构域负责 CESA 的多聚化（Timmers et al.，2009）。DDDQxxRW 结构是维持该酶活性所必需的。通过解析微生物 CESA 晶体结构，发现催化活性区域的前两个氨基酸 Asp179 和 Asp246 可能参与协调 UDP，第三个氨基酸 Asp343 可能为葡聚糖链的延伸提供催化位点，QxxRW 为糖链的终止提供结合位点（Morgan et al.，2013）。

四、纤维素的生物合成

在表达棉花的 CESA1 酵母原生质膜时，加入谷甾醇葡糖苷（SG）合成了大量的谷甾醇纤维糊精，说明 SG 是纤维素合成的引物（图 5-4）。但是在拟南芥谷甾醇葡糖苷转移酶双突变体中，谷甾醇含量减少，纤维素含量却未降低，这种体内证据并不支持将谷甾醇葡糖苷作为纤维素合成的引物（Debolt et al.，2009）。但是双突变中存在少量谷甾醇葡糖苷，所以体内证据也不能否定将谷甾醇葡糖苷作为引物。因为谷甾醇葡糖苷是可以循环使用的，纤维素合成起始并不需要大量的谷甾醇葡糖苷，因此，谷甾醇葡糖苷含量和纤维素含量不存在相关性，体内微量的谷甾醇葡糖苷作为引物足以开始纤维素的合成（Li et al.，2014）。

植物体内碳水化合物运输的主要形式是蔗糖，尿苷二磷酸葡糖（UDPG）可能是由定位于质膜的蔗糖合成酶合成的。一般认为，质膜定位的蔗糖合酶合成 UDPG 后，传递给纤维素合酶，以 SG 为引物，经催化作用，合成葡聚糖链。底物结合口袋的限制性说明葡聚糖链的延伸是一个葡萄糖分子而不是多个，葡聚糖链的延伸特点是纤维素聚合酶一次转移一个葡萄糖分子（Morgan et al.，2016）。纤维素合酶经生物合成作用合成原细纤维，原细纤维在细胞壁上排列，进而组装成纤维素微纤丝。

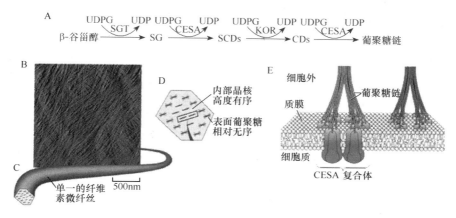

图 5-4　纤维素的合成过程及结构

A.β-谷甾醇在 SGT 作用下形成 SG，质膜定位的蔗糖合酶合成 UDPG 后，传递给 CESA，以 SG 为引物，经催化作用，合成葡聚糖链。CESA 复合体各 CESA 亚基形成的葡聚糖链结晶化，形成纤维素微纤丝。B. 洋葱表皮细胞初生壁纤维原子力显微镜图片。C. 单根微纤丝结构由 β-1,4-葡聚糖链紧密结合而成。D. 纤维素微纤丝横截面显示微纤丝内部晶核高度有序，外部葡聚糖链相对无序。E. 纤维素合酶复合体合成葡聚糖链并形成微纤丝的计算机模型图。SGT.谷甾醇糖基转移酶；CESA.纤维素合酶；KOR. 内-（1,4）-葡聚糖酶；SG.谷甾醇葡糖苷；SCDs.谷甾醇纤维糊精；CDs. 纤维糊精；UDP. 尿苷二磷酸

五、纤维素沉积

Ledbetter 等认为植物细胞皮层微管与质膜是相邻的，纤维素的沉积方向由微管和纤维素合酶之间的相互作用决定（Shaw et al.，2003；Ledbetter et al.，1963）。但是通过使用促进微管稳定性的药物安磺灵或者降低微管稳定性的药物紫杉醇对拟南芥进行短暂处理后，并未发现纤维素的沉积方向发生改变（Baskin et al.，2004）。长时间的处理能使纤维素的沉积方向发生改变，但是有可能是细胞分裂方向发生改变而导致的。

细胞中的非纤维素多糖与纤维素多糖通过共价键或非共价键相互作用，影响纤维素的沉积。有研究发现黑莓膜蛋白体外合成纤维素的结晶度要高于体内合成，体内的其他蛋白质或非纤维素多糖与纤维素结合在一起影响纤维素结晶度。植物细胞壁蛋白也与纤维素结合影响纤维素沉积，拟南芥细胞壁蛋白 POL1/CTL2 能在体外结合半纤维素和纤维素，调节纤维素沉积。CTL 突变体晶体纤维素和木糖含量降低，非晶体纤维素含量升高，CSC 在质膜上的运动速率减慢。此外，在植物组织分化过程中，纤维素结晶度也受果胶修饰酶的影响。

六、纤维素与植物抗倒伏

小麦是我国的主要粮食作物，倒伏是影响小麦产量的重要因素。倒伏的内在原因主要是茎秆抗折力弱。木质纤维素是植株茎秆木质部、维管束的主要成分，与茎秆的发育质量、机械强度、茎秆抗病虫侵害能力及茎秆抗折力之间存在密切关系。小麦茎秆发育过程中纤维素合成积累及其含量，与小麦茎秆倒伏与否及倒伏程度密切相关。然而，关于小麦茎秆纤维素合成积累与调控，以及增强茎秆抗折力的途径，迄今了解尚少。

纤维素是构成细胞壁的骨架物质，目前关于细胞壁纤维素抗倒伏有两种观点：第一种观

点认为纤维素是茎秆强度的主要来源，其含量与茎秆抗倒伏能力呈正相关。邓榆川等研究表明茎秆纤维素含量与倒伏率呈极显著负相关关系（赵英善，2015；邓榆川等，2016）。蒋明金等研究表明较短的节间长度及株高、良好的茎秆充实度、较高的木质素含量、较高的可溶性糖含量及淀粉含量有利于获得良好的抗倒伏能力（蒋明金等，2014）。小麦茎秆纤维素结晶度高，倒伏指数小，抗倒伏能力强（范文秀等，2012）。水稻脆性突变体 cef2 茎秆纤维素含量降低，茎秆变脆，植株茎秆强度降低，是一种不利于茎秆抗倒伏的性状。通过筛选水稻转座子 Ds 插入到突变体，得到一系列脆性突变体，表现为纤维素含量上升，木质素含量下降，田间种植后发现脆杆突变体比野生型具有更高的抗倒伏能力（张梅芳等，2002）。第二种观点认为虽然纤维素自然状态下具有很好的韧性，但抗折力弱，其含量与茎秆抗倒伏能力无明显相关性，纤维素与木质素的比值与抗倒伏相关。相关分析表明，水稻纤维素含量及纤维素结晶度与倒伏指数呈负相关，半纤维素与木质素含量尤其是 G 单体含量与倒伏指数呈负相关（李丰成，2015）。

第四节　纤维素和戊聚糖与面包品质的关系

一般的面粉是指小麦除掉麸皮后生产出来的白色粉状物，可应用在面包、蛋糕、饼干制品中，是烘焙食品的最基本材料。全麦面粉则是整粒小麦在磨粉时，仅仅经过碾碎，而不经过除去麸皮程序，整粒小麦（包含了麸皮与胚芽）全部磨成粉。所谓全麦面包就是用全麦面粉制作的面包，但食品加工企业在实际生产过程中，为了保持产品的货架期，通常需要把胚芽去掉，只添加麸皮。关于小麦麸皮化学组成的报道较多，主要化学成分见表 5-2。在这些成分中，对面包感官品质影响较大的主要是膳食纤维，即纤维素和戊聚糖（严晓鹏，2007）。

表 5-2　麸皮的主要组成成分

项目	蛋白质	脂肪	淀粉	膳食纤维	总碳水化合物
含量 /%	12～18	3～5	10～15	35～50	45～65

一、纤维素对面包品质的影响

普通的面粉含有的纤维成分对面团和面包体积影响不大。但麸皮的引入，带入了大量纤维素。纤维素首先在分子内和分子间形成大量氢键，进而形成刚性的不溶性微纤丝；在微纤丝形成过程中，有的区域中葡聚糖链沿分子长轴平行排列，呈现一定的规律，形成高度有序的结晶区，其间又夹杂很多无序结构，形成交织的无定形区，是一种两相共存的体系（贺连萍等，2006）。这种体系结构一方面使面包变硬，破坏了淀粉-面筋结构，并且限制、迫使气室在特定方向上膨胀，气室发生较大的变形，面团持气能力急剧下降；另一方面，纤维素吸水率高，起到了稀释面筋的作用，导致面包比体积（体积质量比）下降，面包芯结构粗糙。

二、戊聚糖对面包品质的影响

麸皮膳食纤维成分除了纤维素之外，主要含有戊聚糖，含量为麸皮干重的 20% 以上。

戊聚糖因为具有较高的吸水持水特性、高黏度特性、较好的乳化稳定性及氧化交联特性，使其对面团特性及面制品的品质有很大影响。研究发现，小麦麸皮戊聚糖具有与面粉戊聚糖相似的组成。小麦麸皮水溶戊聚糖与小麦面粉水溶戊聚糖对面团特性及面包烘烤品质的影响相似，在面包中添加适量的麸皮水溶戊聚糖可以明显改善面团特性及面包烘烤品质，表现在显著增加面团的吸水量，增加面团的稳定时间，增大面包体积，改善内部质地结构。但是过量的水溶戊聚糖由于吸收大量的水分，会使面团发黏；小麦麸皮中的水不溶戊聚糖组分则对面团特性和面包品质具有明显的副作用（郑学玲等，2005）。水不溶戊聚糖组分可以降低面包的体积，破坏面包芯的均匀性和面包的结构，因为一方面它吸收了大量的水分，使面筋和气室膜得不到充足的水分；另一方面使面团中气室穿孔合并，降低了面团的持气性，导致面包品质差（Bernger et al.，1985；刘明启等，2003；Gilkes et al.，1993）。麸皮中含有过量的水溶性戊聚糖和水不溶性戊聚糖时，会使麸皮面包品质劣化。

总之，麸皮的加入使得面包感官品质大为降低——体积小，口感硬，质构粗糙，失去原有的弹性（Taru et al.，1998），而且由于膳食纤维吸水过程缓慢，面团加工过程中发黏，所以可塑性差。但是膳食纤维吸水率和保水率强，使得麸皮面包的老化得以延缓（王宝英等，1997），另外还使面包有了一种麦香味。

思 考 题

1. 纤维素的概念是什么？如何进行分类？
2. 膳食纤维的概念是什么？如何进行分类？
3. 膳食纤维的理化特性和作用是什么？
4. 纤维素合成代谢过程中涉及的关键基因是什么？
5. 纤维素与作物抗倒伏性之间的关系如何？

第六章　作物面粉品质测试技术

第一节　蛋白质含量测试技术

一、概述

蛋白质是作物籽粒中重要的贮藏物质之一，也是衡量营养品质和食品加工品质的主要指标。蛋白质含量和质量不仅影响面包烘烤品质，而且对面条和馒头品质也有影响。有研究发现，适宜做面包的面粉，蛋白质含量一般应大于14%；优质面条所需要面粉的蛋白质含量一般应在12.5%～13.5%，蛋白质含量会影响面条的弹性、黏性和适口性；而蛋白质含量对馒头品质的影响随小麦质地的不同也有所差异，一般情况下，中国北方馒头要求的面筋强度比南方馒头要强，适宜做中国优质北方馒头的面粉蛋白含量一般在10.5%～13.0%且面筋强度中等，而中国南方馒头则要求面粉蛋白质含量为9.5%～11.0%。因此，蛋白质含量的测定对评价作物品质的用途有着十分重要的意义。

二、凯氏定氮法

谷物中含氮的化合物大多以蛋白质为主体，故检验谷物中的蛋白质时，通常是测定谷物中的总氮量后乘以蛋白质换算系数，即可得到谷物蛋白含量。因谷物中含有少量核酸、生物碱和含氮色素等非蛋白质的含氮化合物，所以通过此法测定的结果称为粗蛋白质含量。

凯氏定氮法由 Kieldahl 于 1883 年首次发明，随着技术的发展，现有常量凯氏定氮法、微量凯氏定氮法、半微量凯氏定氮法等多种，至今仍是蛋白质的标准检测方法。

（一）实验原理

将生物材料与浓硫酸共热，硫酸分解为 SO_2 和 H_2O，把有机物氧化为 CO_2 和 H_2O，而有机物中氮转化为 NH_3，并进一步生成（NH_4）$_2SO_4$。消化完成后，加入过量的浓 NaOH 溶液，将 NH_4^+ 转变成 NH_3，通过蒸馏把 NH_3 导入过量的硼酸溶液中，再用标准盐酸滴定，直到硼酸溶液恢复原来的氢离子浓度。根据滴定消耗的标准盐酸的量，通过计算即可得出总氮含量。一般将凯氏定氮法测定的含氮量乘以相关的蛋白质换算系数即为粗蛋白质含量。不同植物材料的蛋白质换算系数不同，例如，芝麻、向日葵为 5.30，花生为 5.46，小麦为 5.70，大豆及其制品为5.71，大麦、小米、燕麦、黑麦为 5.83，大米为 5.95，玉米、高粱为 6.24，一般食物为 6.25。

（二）仪器、用具及试剂

1. 仪器和用具

分析天平（感量 0.000 1g）；消化炉；消化管（250mL）；凯氏定氮仪（自动或半自动）

及相关附件、凯氏蒸馏装置等。

2. 试剂

水（GB/T 6682—2016，三级）；硼酸（化学纯）；氢氧化钠（化学纯）；硫酸（化学纯）；硫酸铵（分析纯）；蔗糖（分析纯）；五水硫酸铜（分析纯）；硫酸钾或硫酸钠（分析纯）；盐酸（分析纯）；甲基红（分析纯）；溴甲酚绿（分析纯）等。

按以下方法配制溶液。

1）混合催化剂：称取 0.4g 五水硫酸铜和 6.0g 硫酸钾或硫酸钠，研磨混匀；或购买商用凯氏定氮催化剂。

2）氢氧化钠溶液：称取 40.0g 氢氧化钠，用水溶解，待冷却至室温后，用水稀释定容至 100mL。

3）盐酸标定液：浓度为 0.1mol/L 或 0.02mol/L，按 GB/T 601 配制和标定。

4）甲基红乙醇溶液：称取 0.1g 甲基红，用乙醇溶解并稀释定容至 100mL。

5）溴甲酚绿乙醇溶液：称取 0.5g 溴甲酚绿，用乙醇溶解并稀释定容至 100mL。

6）混合指示剂溶液：将甲基红乙醇溶液和溴甲酚绿乙醇溶液等体积混合，室温避光保存，有效期 3 个月。

7）2% 硼酸吸收溶液：称取 20.0g 硼酸，用水溶解并稀释定容到 1000mL。

8）硼酸混合吸收液：1% 硼酸水溶液 1000mL，加入 0.1% 溴甲酚绿乙醇溶液 10mL，0.1% 甲基红乙醇溶液 7mL，4% 氢氧化钠水溶液 0.5mL，混匀，室温保存期为 1 个月（全自动程序用）。

（三）操作步骤

参考国标《全（半）自动凯氏定氮仪》（GB/T 33862—2017）、《饲料中粗蛋白的测定 凯氏定氮法》（GB/T 6432—2018）及《谷物品质测试理论与方法》（田纪春，2006）。

1. 样品的消煮

平行做两份实验，称取样品 0.5～2g（含氮量 5～80mg，精确至 0.000 1g），放入消煮管中，加入 6.4g 混合催化剂，12mL 浓硫酸，于 420℃消煮炉上消化 1h 后，取出，冷却至室温。

2. 氮的蒸馏

采用半自动凯氏定氮仪，将带消煮液体的消煮管插在蒸馏装置上，以 25mL 2% 硼酸溶液为吸收液，加入 2 滴混合指示剂，蒸馏装置的冷凝管末端要浸入装有吸收液的锥形瓶中，然后向消煮管中加入 50mL 氢氧化钠溶液进行蒸馏，直至流出液体的 pH 为中性。蒸馏时间以吸收液体积达 100mL 时为宜，降下锥形瓶，用水冲洗冷凝管末端，洗液均需流入锥形瓶中。

3. 滴定

用 0.1mol/L 盐酸标定液进行标定，溶液由蓝绿色变成灰红色时为终点。

4. 蒸馏步骤查验

精确称取 0.200 0g 硫酸铵（精确至 0.000 1g），代替试样，按上述 3 个步骤操作进行，测得硫酸铵含氮量应为 21.19（±0.2）%，否则应检查实验操作，如蒸馏和滴定等步骤是否正确。

5. 空白测定

精确称取 0.500 0g 蔗糖（精确至 0.000 1g），代替试样，按上述 3 个步骤操作进行，消耗 0.1mol/L 盐酸标定液的体积不得超过 0.2mL，消耗 0.02mol/L 盐酸标定液的体积不得超过 0.3mL。

（四）结果表示

按下式计算试样的粗蛋白质含量：

$$W=[(V_2-V_1)\times C\times\frac{14}{1000}\times 6.25]/(M\times\frac{V_3}{V_4})$$

式中，M 表示样品质量，单位为克（g）；V_1 表示滴定空白所消耗盐酸标定液的体积，单位为毫升（mL）；V_2 表示滴定样品所消耗盐酸标定液的体积，单位为毫升（mL）；C 表示盐酸标定液的浓度，单位为摩尔每升（mol/L）；V_3 表示蒸馏用消煮液的体积，单位为毫升（mL）；V_4 表示样品消煮液的总体积，单位为毫升（mL）；14 表示氮的摩尔质量，单位为克每摩尔（g/mol）；6.25 表示氮换算成粗蛋白质的平均系数。

计算结果精确至小数点后两位。

三、近红外测定法

（一）实验原理

近红外测定法的原理是：利用蛋白质分子中 C—H、N—H、O—H 等化学键的泛频振动或转动对近红外光的吸收特性，用化学计量学方法建立小麦近红外光谱与其粗蛋白质含量的相互关系，计算样品的粗蛋白质含量。样品既可以是籽粒，也可以是小麦粉。

（二）仪器和用具

近红外分析仪（符合 GB/T 24895 的要求；瑞士 Perten DA7200 型）；样品粉碎设备（要求：粉碎后样品的粒度分布和均匀性要符合近红外分析仪建立的定标模型，即待测样品和建标用样品使用一样的粉碎设备）等。

（三）操作步骤

具体步骤参考国标《粮油检验　小麦粗蛋白质含量测定　近红外法》（GB/T 24899—2010）。

1. 样品准备

籽粒：整样去杂。小麦粉：用符合要求的粉碎机如 Perten3100 型实验磨进行磨粉，获得小麦全麦粉。

2. 仪器准备

在使用前，仪器要先打开预热并自检测试（预热 30min）。

3. 测定

取适量的小麦籽粒或小麦粉样品进行测定，每个样品测定两次。第一次测定后的测定样品应与原待测样品混匀后，再次取样进行第二次测定。

（四）结果表示

取两次数据的平均值为测定结果，测定结果保留小数点后一位。

（五）注意事项

1）在使用状态下，每天至少用监控样品对近红外分析仪监测一次，同一监控样品的粗蛋白质含量测定结果与最初的测定结果比较，应保证当粗蛋白质含量在15%以下时，两者的绝对差不大于0.2%；当粗蛋白质含量在15%以上时，绝对差应不大于0.3%。如监控样品测定结果不符合要求，应停止使用，并通报网络管理者或仪器供应商予以调整或维修。

2）测试样品的温度应控制在定标模型验证中规定的温度范围内。

3）测定样品的蛋白质含量应在仪器使用的定标模型所覆盖的蛋白质含量范围内。

4）对于仪器报警的异常测定结果，所得数据不应作为有效测定数据。

第二节　湿面筋含量测试技术

一、概述

面筋既是营养品质性状，也是加工品质性状，是小麦国际贸易中的通用指标。一般情况下，小麦蛋白质含量高，其湿面筋含量相对也高。面筋是小麦区别于其他禾谷类作物所特有的物质，从而也赋予了面粉能够加工出丰富多样食品的特性。

面筋是决定小麦品质的重要指标，涉及两个因素：面筋数量和面筋质量，二者对面粉和面团品质的影响较大。单个因素不能完全决定面粉的品质，二者必须同时考虑。前人研究发现，决定面筋质量的主要成分是麦谷蛋白和醇溶蛋白，尤其是二者的比例与面筋的网络结构形成息息相关。面筋的吸水性、弹性、耐揉性、黏性、延展性等性状都影响着面团品质的优劣，也影响最终加工品质。只有面筋含量适宜、面筋质量较好，面团发酵时产生的气体才能蓄于面团中不逸出，从而使面包或馒头体积大、内部质构品质也较好；反之，则较差。国标（GB/T 17892—1999）规定一等强筋小麦面粉湿面筋含量为≥35.0%，二等≥32.0%；在《小麦品种品质分类》（GB/T 17320—2013）中规定，强筋小麦湿面筋含量≥30%，中强筋小麦湿面筋含量为28%～30%，中筋小麦湿面筋含量为26%～28%，弱筋小麦湿面筋含量＜26%。因此，湿面筋含量的测定对评价小麦品种品质的分类具有十分重要的意义。

湿面筋的测定方法有手洗法和机洗法（面筋指数法）两种。

二、手洗法

（一）实验原理

面粉样品先用氯化钠溶液制成面团，再用手在氯化钠溶液中反复洗涤面团，除去面团中的淀粉、糖、纤维素及可溶性蛋白等，再除去多余的洗涤液，测量排除多余水分后剩余胶状物质的质量，即可测得湿面筋的含量。该方法适用于各种面粉（商用粉或实验用粉）湿面筋含量的测定。

（二）仪器、用具及试剂

1. 仪器和用具

玻璃棒；移液管（容量为 25mL，最小刻度为 0.1mL）；烧杯（250mL 和 100mL）；挤压板（9cm×16cm，厚 3～5cm 的玻璃板或不锈钢板，周围贴 0.3～0.4mm 胶布）共两块；带下口的玻璃瓶（5L）；手套（表面光滑的薄橡胶手套）；带筛绢的筛具（30cm×40cm，底部绷紧 CQ20 号绢筛，筛框为木质或金属材质）；秒表；天平（分度值 0.01g）；毛玻璃盘（约40cm×40cm）；表面皿等。

2. 试剂

水为蒸馏水、去离子水或同等纯度的水；2% 的氯化钠（分析纯）溶液（2g/100mL）；碘化钾 / 碘溶液（将 2.54g 碘化钾溶于水，然后再加入 1.27g 碘，完全溶解后定容至 100mL）等。

（三）操作步骤

手洗法参照《小麦和小麦粉　面筋含量　第 1 部分：手洗法测定湿面筋》（GB/T 5506.1—2008）。详细操作步骤参考《谷物品质测试理论与方法》（田纪春，2006）。待测样品和氯化钠溶液应至少在测定实验室放置一夜，温度应调至 20～25℃。

1. 称样

称量待测样品 10.00g（换算成 14% 水分含量），精确至 0.01g，置于 100mL 烧杯中，记录为 m_1。

2. 面团制备和静置

1）用玻璃棒不停搅动样品的同时，用移液管一滴一滴地加入 4.6～5.2mL 氯化钠溶液。

2）搅拌混合物，使其形成球状面团，注意避免造成样品损失，黏附在器皿壁上或玻璃棒上的残余面团也应收到面团球上。

3）面团样品制备时间不能超过 3min。

3. 洗涤

1）将面团放在手掌中心，用容器中的氯化钠溶液以每分钟约 50mL 的流量洗涤 8min，同时用另一只手的拇指不停地揉搓面团。将已经形成的面筋球继续用自来水冲洗、揉捏，直至面筋中的淀粉洗净为止（洗涤需要 2min 以上，测定全麦粉面筋时应适当延长时间）。

2）当从面筋球上挤出的水无淀粉时表示洗涤完成。为了测试洗出液是否无淀粉，可以从面筋球上挤出几滴洗涤液到表面皿上，加入几滴碘化钾 / 碘溶液，若溶液颜色无变化，表明洗涤已经完成。若溶液颜色变蓝，说明仍有淀粉，应继续进行洗涤直至检测不出淀粉为止。

4. 排水

1）将面筋球用一只手的几个手指捏住并挤压 3 次，以去除其上的大部分洗涤液。

2）将面筋球放在洁净的挤压板上，用另一块挤压板压挤面筋，排出面筋中的游离水。每压一次后取下并擦干挤压板。反复压挤直到稍感面筋粘手或粘板为止（压挤约 15 次）。也可采用离心装置排水，离心机转速为 6000（±5）r/min，加速度为 20 000g，并用孔径为 500μm 的筛子进行离心。然后用手掌轻轻揉搓面筋团至稍感粘手为止。

5. 测定湿面筋的质量

排水后取出面筋，放在预先称重的表面皿或滤纸上称重，精确至 0.01g，湿面筋质量记录为 m_2。

6. 测试次数

同一个样品做两次实验。

（四）结果表示

按下式计算试样的湿面筋含量：

$$G_{wet} = \frac{m_2}{m_1} \times 100\%$$

式中，G_{wet} 表示试样的湿面筋含量（以质量分数表示）；m_1 表示测试样品质量，单位为克（g）；m_2 表示湿面筋的质量，单位为克（g）。

结果保留一位小数。双实验允许差不超过 1.0%，求其平均数，即为测定结果。

三、机洗法

（一）实验原理

面粉和水揉搓制成面团后，在水中揉洗，面团中的淀粉和麸皮微粒等固体物质以悬浮状态分离出来，其他水溶性和溶于稀盐液的可溶性物质（包括可溶性蛋白质）等被洗去，剩余的具有弹性和黏性的胶皮状物质即为面筋。

将洗面筋机制得的湿面筋放入离心机中的特制离心筛内离心，离心后仍滞留在离心筛上的湿面筋含量与湿面筋总含量的百分比为面筋指数。筋力强的面筋穿过筛板的数量少，留在筛板上的数量多；筋力弱的面筋情况相反。面筋指数越低，表明面筋质量越差；反之，面筋质量越好。将湿面筋在烤炉内烘干，即为干面筋。

（二）仪器、用具及试剂

1. 仪器和用具

面筋测定仪［由一个或两个洗涤室、混合钩及用于面筋分离的电动分离装置构成，一般使用波通仪器公司（Perten Instrument）的面筋洗涤系统（Glutomatic system），包括面筋洗涤仪（Glutomatic2200、2202）、离心机（Centrifuge 2015）和烘干炉（Glutork）三部分］，洗涤室配备有镀铬筛网架和筛孔为 88μm 的聚酯筛或筛孔为 80μm 的金属筛，以及筛孔为 840μm 的聚酰胺筛或筛孔为 800μm 的金属筛，混合钩与镀铬筛网架之间的距离为 0.7（±0.05）mm，并用筛规进行校正；塑料容器（容量为 10L，用于贮存氯化钠溶液，通过塑料管与仪器相连）；进液装置（输送氯化钠溶液的蠕动泵，使其可以 50mL/min、56mL/min 的恒定流量洗涤面筋）；可调移液器（可向试样加氯化钠溶液 3～10mL，精度为 ±0.1mL）；离心机［能够保持转速为 6000（±5）r/min，加速度为 2000g，并有孔径为 500μm 的筛盒］；天平（分度值 0.01g）；不锈钢挤压板；500mL 烧杯（用于收集洗涤液）；金属镊子等。

2. 试剂

水为蒸馏水、去离子水或同等纯度的水；2% 的氯化钠（分析纯）溶液（2g/100mL）；碘化钾/碘溶液（将 2.54g 碘化钾溶于水，然后再加入 1.27g 碘，完全溶解后定容至 100mL）等。

（三）操作步骤

具体操作步骤参考国标《小麦和小麦粉 面筋含量 第2部分：仪器法测定湿面筋》（GB/T 5506.2—2008）及《谷物品质测试理论与方法》（田纪春，2006）。

1. 称样

1）称取10.00g待测样品，精确至0.01g，选择正确的清洁筛网，并在实验前润湿。将称好的样品全部放入面筋测定仪的洗涤室中。

2）面粉和颗粒粉样品的测试应使用筛孔孔径为88μm的聚酯筛或筛孔孔径为80μm的金属筛，测试全麦粉样品时应选用底部有环圈标记的筛网架，筛孔孔径为840μm的聚酰胺筛或筛孔孔径为800μm的金属筛。测试报告中应指明筛网孔径的大小。

3）轻轻晃动洗涤室使样品分布均匀。

2. 面团制备

1）用可调移液器向待测样品中加入4.8mL氯化钠溶液。移液器流出的水流应直接对着洗涤室壁，避免其直接穿过筛网。轻轻摇动洗涤室，使溶液均匀分布在样品的表面。

2）氯化钠溶液的用量可以根据面筋含量的高低或者面筋强弱进行调整。如果混合时面团很黏（洗涤室的水溢出），应减少氧化钠溶液的用量（最低4.2mL）；若混合过程中形成了很强、坚实的面团，氯化钠溶液的加入量可增加到5.2mL。

3）仪器预设的混合时间为20s，可根据使用者的需要进行调整。

3. 面团洗涤

洗涤过程中应注意观察洗涤室中排出液的清澈度。当排出液变得清澈时可认为洗涤完成。用碘化钾溶液可检查排出液中是否还有淀粉。

1）面粉和颗粒粉的测试：仪器预设的洗涤时间为5min，在操作过程中通常需要250～280mL氯化钠洗涤液。洗涤液通过仪器以预先设置的恒定流量自动传输，根据仪器的不同，流量设置为50～56mL/min。

2）全麦粉测试：洗涤2min后停止，取下洗涤室，在水龙头下用冷水流小心地把已经部分洗涤的含有麸皮的面筋转移到另一个筛孔孔径为840μm粗筛网的酰胺洗涤室中（建议把两个洗涤室口对口且细筛网的洗涤室在上进行转移）。将盛有面筋的粗筛网洗涤室放在仪器的工作位置，继续洗涤面筋直至洗涤程序完成。

3）特殊情况：如果自动洗涤程序无法完成面团的充分洗涤，可以在洗涤过程中人工加入氯化钠洗涤液，或者调整仪器重复进行洗涤。

4. 离心和称重

1）洗涤完成以后，用金属镊子将湿面筋从洗涤室中取出，确保洗涤室中不留有任何湿面筋。将面筋分成大约相等的两份，轻轻压在离心机的筛盒上。

2）启动离心机，离心60s，用金属镊子取下湿面筋并立即称重，精确到0.01g。注意：如果离心机有衡重体，可以不必将面筋分成两份。

3）如果面筋测定仪可以同时洗涤两个样品，将会得到两块面筋，在随后的操作中应分别进行处理。

5. 测试次数

同一份样品应做两次实验。

（四）结果表示

按照下式计算样品湿面筋含量（G_{wet}）：

$$G_{wet}=m_1\times 10\%$$

式中，m_1 表示湿面筋质量，单位为克（g）。

第三节 沉淀值测试技术

一、概述

沉淀值是评价小麦蛋白质含量和质量的综合指标，与面粉的食品加工品质密切相关，国际上一直用作评价小麦品质的重要指标。沉淀值的测定有两种方法：Zeleny 沉淀值法和 SDS 沉淀值法。

Zeleny 沉淀值法是 1947 年 Zeleny 提出的沉降值试验方法，即在一定的条件下面粉悬浮于含有异丙醇的乳酸溶液中，在异丙醇的作用下，蛋白质和其他成分分离，加速蛋白质水合过程，蛋白质颗粒会极度膨胀而沉降至悬浮液的底部，下沉的量因面粉中面筋蛋白质的水合率和水合能力的大小而不同。在乳酸-异丙醇溶液中，面筋蛋白质的氢键等疏水键被打破，增强了分子的水合作用，使溶胀的面粉颗粒形成絮状物。因此面筋含量越高，质量越好、形成的絮状物越多，沉降的速率越缓慢，一定时间内沉淀的体积就越多。

SDS 沉淀值法是 1979 年 Axford 提出的 SDS 沉降试验方法，原理和测定程序同 Zeleny 沉淀值法，只是把异丙醇换成了表面活性剂十二烷基硫酸钠（SDS）。前人研究发现，SDS 沉淀值在反映面筋数量的同时，与面筋质量的关系更密切；而 Zeleny 沉淀值是反映面筋数量和质量的综合指标。因此，沉淀值在小麦新品种的选育过程中有着十分重要的地位。

沉降值的测定方法有 100 多种，每种方法各有所长。常用的 Zeleny 和 SDS 沉降值法均与粉质仪参数、拉伸仪参数等指标及面包评分呈显著或极显著相关，Zeleny 沉降值与蛋白质关系更密切，与其他品质指标间的相关系数略大于 SDS 沉降值。

二、Zeleny 沉淀值法

（一）实验原理

Zeleny 沉淀值是反映面粉中蛋白质质量和含量的综合指标。面粉在特定条件下和弱酸介质中，吸水膨胀形成絮状物并缓慢沉淀，在规定时间内的沉降体积称为沉降值。在沉降实验中，膨胀面筋的形成数量及沉降速率取决于面筋蛋白质的水合能力和水合率。Zeleny 沉淀值法主要用于测定面粉的沉淀值。

（二）仪器、用具及试剂

1. 仪器和用具

实验磨；电动粉筛（筛孔孔径为 150μm 的编织金属筛网，直径 200mm 的金属筛，通过一个偏心距为 50mm、转动频率为 200 次 /min 的自动振动装置驱动）；谷物选筛；冲孔金属筛板（缝宽为 1mm）；平底量筒（具有塑料或玻璃塞的 100mL 量筒，0～100mL 刻度之间的距离为 180～185mm）；量筒摇混仪（装有定时开关，摇动频率为 40 次 /min，摇动幅度为水平面上下各 30°）；单刻度移液管（容积 25mL 和 50mL 的单刻度移液管，或 10～15s 内排空的自动定量加液器）；秒表；天平（感量为 0.01g）等。

2. 试剂

水为蒸馏水、去离子水或同等纯度的水；乳酸、异丙醇、氢氧化钾和溴酚蓝等试剂均为分析纯。

（1）乳酸溶液　取 250mL 体积分数为 85% 的乳酸用水稀释至 1L，然后加热煮沸回流 6h。用氢氧化钾溶液（0.5mol/L）标定该乳酸溶液，标定后浓度应为 2.7～2.8mol/L（每 5mL 乳酸溶液约需 0.5mol/L 氢氧化钾溶液 28mL）。

（2）溴酚蓝溶液　将 4mg 溴酚蓝溶于 1000mL 水中。

（3）乳酸-异丙醇溶液　从上述回流的乳酸溶液中取 180mL，再加入 200mL 异丙醇溶液，充分混合，再用水稀释定容到 1000mL。

（三）操作步骤

具体操作步骤参考行业标准《小麦沉淀值测定 Zeleny 法》（NY/T 1095—2006）和《谷物品质测试理论与方法》（田纪春，2006）。

1. 称量

称取 3.20g 样品，精确到 0.05g。

2. 测定

将称好的样品放入带刻度的量筒中，在 15s 之内加入 50mL 溴酚蓝溶液，然后用塞子塞紧量筒，开始用秒表计时，手持量筒，水平方向左右摇晃，振幅 18cm，5s 内每个方向振荡 12 次，将样品和试剂充分混合。接着将量筒放在摇混仪上，打开秒表计时，开始摇混。5min 后，取下量筒，15s 之内加入 25mL 乳酸-异丙醇溶液。把量筒放回摇混仪上继续摇混。总时间 10min 后，从摇混仪上取下量筒，竖直放置，静止 5min 后，记录沉淀物的体积。

（四）结果表示

结果以 14% 含水量的湿基表示。对于直接测出的结果，可采用面粉沉降实验的结果换算公式换算为 14% 含水量的湿基的表示值。两次重复测定值的差值不超过 2mL，取两次测定结果的算术平均值作为测定结果。

$$14\% \text{ 含水量的湿基沉淀值} = \text{未校正沉淀值} \times \frac{100-14}{100-\text{面粉含水量（\%）}}$$

（五）注意事项

1）浓乳酸含有缔合分子，在稀释时，缓慢解离才能达到平衡。煮沸可加速这一过程，为了得到重现性好的沉淀值，煮沸是必不可少的。

2）如果两次测定值的差值超过 2mL，则删除这两次的测定值重新测定。结果用整数表示。

三、SDS 沉淀值法

（一）实验原理

SDS 沉降值法是将样品在规定条件下制成十二烷基硫酸钠（SDS）悬浮液，经一定时间的振摇和静置后，悬浮液中的面粉面筋与表面活性剂 SDS 结合，在酸的作用下发生膨胀，形成絮状沉积物，测定沉积物的体积，即为 SDS 沉降值。该法适用于面粉和全麦粉沉淀值的测定。

（二）仪器、用具及试剂

1. 仪器和用具

小型实验制粉机；量筒振摇器（每个振动循环冲程 60°，水平面上下 30°）；具塞量筒（100mL，0～100mL 刻度之间距离为 180～185mm，量筒总高度不低于 250mm）；秒表；天平（感量 0.01g）等。

2. 试剂

1）乳酸贮备液：取 100mL 85% 的乳酸（分析纯），加水 800mL，回流 6h 以上，充分振荡混合后待用。

2）2% SDS 溶液：称取 20g SDS（十二烷基硫酸钠，进口分装，纯度 99%），溶于蒸馏水中，定容至 1000mL。

3）SDS-乳酸溶液：取 10mL 乳酸贮备液，加入 500mL 2% SDS 溶液中。该溶液可使用 2～3d。

4）溴酚蓝水溶液：10mg 溴酚蓝溶于 1000mL 水中。

（三）操作步骤

具体操作步骤参考《谷物品质测试理论与方法》（田纪春，2006）。

1）称取 50g 籽粒样品，用旋风磨或其他类型谷物粉碎机制取全麦粉样品，或称取 50g 面粉样品。

2）用 105℃恒重法测定样品的含水量。

3）称样：试样含水量为 14% 时，全麦粉称样量为 6.00（±0.01）g，面粉称样量为 5.00（±0.01）g，分别称试样 2 份，置于 100mL 量筒中。

4）在称好样品的量筒中加入 50mL 溴酚蓝溶液，加上塞子。调好计时器开始计时，同时用手摇动（同 Zeleny 沉淀值法）量筒，使样品均匀地悬浮在溶液中。

5）置量筒于摇床上摇动 5min（包括手工摇动的时间）。

6）将量筒从摇床上取下，加入 50mLSDS-乳酸溶液，重新置于摇床上振荡 5min。

7）从摇床上取下量筒，放置 5min 后读取沉淀物体积即为 SDS 沉淀值。读数精确到 0.1mL。

（四）结果表示

结果以 14% 含水量的湿基表示。对于直接测出的结果，可采用面粉沉降实验的结果换算公式换算为 14% 含水量的湿基的表示值。两次重复测定的结果相差不得超过 2mL。

$$14\% \text{含水量的湿基沉淀值} = \text{未校正沉淀值} \times \frac{100-14}{100-\text{面粉含水量}（\%）}$$

第四节 溶剂保持力测试技术

一、概述

溶剂保持力（solvent retention capacity，SRC）一般用于评价和预测软质面粉的品质，指面粉加入一定的溶剂后，在一定离心力的作用下，面粉保持溶剂的能力。所用溶剂主要包括 4 种：去离子水、5% 碳酸钠溶液（w/w）、50% 蔗糖溶液（w/w）和 5% 乳酸溶液（w/w），因此，就形成了 4 种指标：水 SRC、碳酸钠 SRC、蔗糖 SRC 和乳酸 SRC。不同的指标反映的品质特性也有所差异：乳酸 SRC 反映的是面粉的面筋特性；碳酸钠 SRC 直接反映破损淀粉的损伤程度，间接反映籽粒硬度特性；蔗糖 SRC 反映面粉中戊聚糖的含量；而水 SRC 能反映面粉所有组分特性。

前人研究发现，上述 4 项指标与饼干品质关系较为密切，而且测试所需设备简单，测试快速，因此，已作为预测饼干品质的有效指标应用于软麦的遗传育种工作中。美国谷物化学协会制定的 AACC56-11 标准中，根据不同产品对 SRC 要求的差异，推荐曲奇类产品的水 SRC、碳酸钠 SRC、蔗糖 SRC、乳酸 SRC 分别为 ≤51%、≤64%、≤89%、≥87%，发酵面团类产品分别为 ≤57%、≤72%、≤96%、≥100%。

目前测定 SRC 的方法有两种：常量法和微量法。

二、常量法

（一）实验原理

面粉分别与去离子水、50% 蔗糖溶液、5% 碳酸钠溶液和 5% 乳酸溶液混合后充分膨胀，然后离心，测定面粉保持溶剂的量。

（二）仪器、用具及试剂

1. 仪器和用具

离心机（配 50mL 离心管）；离心管（50mL 圆底带盖塑料管）；天平（感量为 0.001g）；计时器（实验室用计时器，单位为秒）等。

2. 试剂

去离子水（符合 GB/T 6682 中三级水的要求）；蔗糖（分析纯）；碳酸钠（分析纯）；乳酸（分析纯，纯度≥88.5%）等。

按以下方法进行溶液配制。

1）50% 蔗糖溶液：500g 蔗糖加水至 1000g。

2）5% 碳酸钠溶液：50g 碳酸钠加水至 1000g，pH>11。

3）5% 乳酸溶液：56.497g 乳酸加水至 1000g。

注意：50% 蔗糖溶液应在测试的前 1d（>12h）配制，5% 碳酸钠溶液和 5% 乳酸溶液可以在测试当天配制，这 3 种溶液最多在室温放置 7d，超过 7d 应重新配制。

（三）操作步骤

常量法操作步骤参考《粮油检验　小麦粉溶剂保持力的测定》（GB/T 35866—2018）。

1. 试样制备

1）按 GB 5009.3—2016 规定的方法测定面粉的水分含量。

2）称取面粉试样 5.000（±0.050）g，置于已知质量（离心管和盖子）的 50mL 离心管中。每 10 个或 20 个试样间添加一个对照样品。在盛有面粉的离心管中，根据测定指标，加入 25.00（±0.05）g 不同的溶液（测定水溶剂保持力加入去离子水，测定蔗糖溶剂保持力加入 50% 蔗糖溶液，测定碳酸钠溶剂保持力加入 5% 碳酸钠溶液，测定乳酸溶剂保持力加入 5% 乳酸溶液），启动计时器计时。盖上离心管盖，水平方向剧烈摇动离心管至面粉与溶液充分混合均匀。

3）加液前面粉避免黏在离心管盖子上。对于蔗糖、乳酸和碳酸钠溶液，初次摇动时应彻底摇匀。置于试管架上溶胀 20min，其间分别在 5min、10min、15min、20min 快速摇动一次，每次摇动约 5s。

2. 离心

最后一次摇动后，立即在 1000g 离心力条件下离心 15min。离心结束，弃掉上清液（弃上清液时要缓慢进行，以防漂浮物被倒走），再将离心管倒置在滤纸上，持续 10min（如果管壁内仍存留少量溶液，用滤纸将其吸干）。称量离心管、盖子和面粉胶的总质量（用 m_2 表示，精确至 0.001g）。

（四）结果表示

按下式计算溶剂保持力（SRC）：

$$SRC = \left(\frac{m_2 - m_1}{m} \times \frac{100-14}{100-M_1} - 1 \right) \times 100\%$$

式中，SRC 表示面粉溶剂保持力，%；m_2 表示离心后离心管、盖子和面粉胶的总质量，单位为克（g）；m_1 表示空离心管和盖子的质量，单位为克（g）；14 表示换算系数，将样品水分换算成 14% 标准水分；m 表示试样质量，单位为克（g）；M_1 表示试样的水分含量，单位为克（g）。

计算结果精确到小数点后一位。

三、微量法

（一）实验原理

同常量法实验原理。

（二）仪器、用具及试剂

1. 仪器和用具

离心管（10mL 圆底带盖塑料管），其余与常量法相同。

2. 试剂

同常量法。

（三）操作步骤

微量法操作步骤参考《粮油检验 小麦粉溶剂保持力的测定》（GB/T 35866—2018）。除将常量法的试样制备中面粉的称样量改为 1.000（±0.010）g、4 种溶液的加样量改为 5.00（±0.01）g 之外，其余按常量法的方法执行。

（四）结果表示

同常量法。

第五节 淀粉特性相关品质测试技术

一、概述

面粉中的淀粉含量一般为 65%～70%，对面团流变学特性及加工品质会产生巨大的影响。一方面，淀粉通过直/支链淀粉的含量和比例变化影响面团特性和最终加工品质；另一方面，小麦淀粉也会通过其组分与面粉中其他成分的互作来影响面团和最终加工品质。其中淀粉的直/支链比例、糊化温度、峰值黏度、保持强度和回升值等性状，会影响面包、面条、馒头等食品的外观品质和食用品质。淀粉加水形成淀粉悬浮液，当加热到一定温度时，淀粉粒开始溶胀，淀粉粒分子均匀分散在溶液中，黏度增加，形成半透明的胶状物质，这就是淀粉的糊化作用，其本质是水分子进入淀粉粒内部，从非结晶区域开始糊化，继续吸水，晶体部分也开始糊化，从而打破了淀粉链原有的缔合状态。

通常评价淀粉品质的指标有粗淀粉含量、直/支链淀粉含量和比例、破碎淀粉、膨胀势、降落值、快速黏度仪参数（RVA 参数）等指标。例如，直/支链淀粉含量和比例与面条品质息息相关，直链淀粉含量偏低或中等的面粉制作的面条品质好，直链淀粉含量过高时面包品质显著下降；膨胀势能反映不同小麦品种在淀粉特性和面条蒸煮方面的差异，膨胀势高的面粉制作的面条，具有较好的食用品质；破损淀粉的多少直接影响面粉的食用工艺品质，对面团的吸水量、产气和持气能力、加工特性，以及面包体积、柔软性、结构、颜色均有影响；峰值黏度也与面条品质高度相关，是预测面条品质的关键指标。

二、粗淀粉含量的测定——旋光仪法

（一）实验原理

具有旋光物质的溶液能使通过它的偏振光的偏振面旋转一个角度，这个角度称为该溶液的旋光度。在一定条件下，旋光度与溶液浓度成正比。利用旋光仪测定具有旋光活性物质的溶液的旋光度即可测定溶液的浓度，这种方法称为旋光法。淀粉分子具有不对称碳原子，因而具有旋光性，可以利用旋光仪测定淀粉溶液的旋光度（α），旋光度的大小与淀粉浓度成正比，据此可以求出淀粉含量。旋光法测定总淀粉含量，操作简便、快速，但也受样品中其他具有旋光活性物质的干扰，致使结果偏高，称为"粗淀粉"含量。

（二）仪器、用具及试剂

1. 仪器和用具

分析天平（感量为 1mg）；pH 计（精确至 0.1pH 单位）；沸水浴锅（当锥形瓶浸入时，水浴能保持沸腾）；旋光仪（精确至 0.01，适合使用 200mm 长旋光管）；滴定管；回流冷凝器；100ml 容量瓶；滴定管或移液器；烧杯（100mL、150mL、200mL）；锥形瓶等。

2. 试剂

水（GB/T 6682 规定的三级水）；40% 乙醇溶液（体积分数，分析纯）；甲基红；盐酸（分析纯）；三水亚铁氰化钾（分析纯）；二水乙酸锌（分析纯）；冰乙酸（分析纯）；蔗糖（分析纯）等。按以下方法配制溶液。

1）甲基红溶液（1g/L）：甲基红 1g 溶于 96% 乙醇溶液（体积分数）。

2）盐酸溶液（0.31mol/L）：按 GB/T 601 制备，以甲基红为指示剂，用 0.10mol/L 氢氧化钠溶液滴定 7.73mol/L 的盐酸溶液。

3）Carrez 澄清溶液：0.25mol/L 亚铁氰化钾溶液，即 106g 三水亚铁氰化钾溶于水，定容至 1L；1mol/L 乙酸锌溶液，即 219.5g 二水乙酸锌和 30g 冰乙酸溶于水，然后定容至 1L。

4）蔗糖溶液：100g 蔗糖溶于水，定容至 1L。

（三）操作步骤

具体操作步骤参考《动物饲料中淀粉含量的测定　旋光法》（GB/T 20194—2018）和《谷物品质测试理论与方法》（田纪春，2006）。

1. 耗酸量测定

1）称取约 2.500g 制备好的试样（精确到 0.001g），定量转移到 50mL 锥形瓶中，加入 25mL 水，振摇至形成均匀的悬浊液。

2）将 pH 计的电极置于悬浊液中，用滴定管滴加盐酸溶液至 pH 为 3.0（±0.1），剧烈振摇悬浊液，并静置 2min，检查试样所消耗盐酸是否平衡，如果在此过程中 pH 升高超过 3.1，再用滴定管滴加盐酸溶液，必要时可多次滴加盐酸。

3）根据所用盐酸溶液体积计算出试样的耗酸量。

2. 总旋光度测定

1）称取约 2.500g 制备好的试样（精确到 0.001g），定量转移到干燥的 100mL 锥形瓶中，加 25mL 盐酸溶液，振摇至形成均匀的悬浊液，再加入 25mL 盐酸溶液。

2）加入适当浓度的盐酸，补足试样的耗酸量，使锥形瓶中内容物的体积变化不超过 1mL。

3）将锥形瓶浸入沸水浴中，在前 3min 用力振摇锥形瓶，以避免结块并使悬浊液受热均匀，振摇时锥形瓶不能离开水浴。15min（±5s）后，取出锥形瓶，立即加入温度不超过 10℃的水 30mL，摇动锥形瓶，在流水中冷却至 20℃左右。

4）在锥形瓶中加入 5mL 亚铁氰化钾溶液，振摇 1min，加入 5mL 乙酸锌溶液，振摇 1min，转移至容量瓶中，用水定容至 100mL，然后混匀、过滤，弃去初始的数毫升滤液，用剩余的滤液测定旋光度。

5）用旋光仪测定滤液的旋光度。

3. 乙醇溶解物的旋光度测定

1）称取 5.000g 制备好的试样（精确至 0.001g），定量转移到干燥的 200mL 锥形瓶中，加 40mL 乙醇溶液，振摇至形成均匀的悬浊液，然后再加 40mL 乙醇溶液。

2）加入适量浓度的盐酸以补充试样的耗酸量，使瓶中内容物的体积变化不超过 1mL，加入盐酸的量一般是总旋光度测定的 2 倍。

3）用力振摇，在室温下静置 1h，在此期间至少每隔 10min 振摇一次。将其溶液转移到 100mL 容量瓶中，然后用乙醇溶液定容至 100mL，混匀，过滤，弃去初始的数毫升滤液。

4）吸取上述滤液 50mL 于干燥的锥形瓶中，加入 2mL 盐酸溶液，用力混匀，浸入沸水浴中，15min（±5s）后，取出锥形瓶，立即加入温度不超过 10℃的水 30mL，摇动锥形瓶，在流水中冷却至 20℃左右。

5）在锥形瓶中加入 5mL 亚铁氰化钾溶液，振摇 1min，加入 5mL 乙酸锌溶液，振摇 1min，转移至容量瓶中，用水定容至 100mL，然后混匀，过滤，弃去初始的数毫升滤液，用剩余的滤液测定旋光度。

6）用旋光仪测定滤液的旋光度。

（四）结果表示

试样的淀粉含量由下式计算：

$$W = \frac{20\,000}{\alpha_D} \times \left(\frac{2.5\alpha_1}{m_1} - \frac{5\alpha_2}{m_2} \right)$$

式中，W 表示试样中淀粉含量，单位为克每千克（g/kg）；α_1 表示总旋光度值，以度（°）表示；α_2 表示乙醇溶解物的旋光度值，以度（°）表示；m_1 表示测定总旋光度时试样的质量，单位为克（g）；m_2 表示测定乙醇溶解物旋光度时试样的质量，单位为克（g）；α_D 表示在波长为 589.3nm（钠光谱 D 线）处测定纯淀粉旋光度的数值，α_D 值在不同作物中有差异，例如，大米淀粉为 185.9°，马铃薯淀粉为 185.7°，玉米淀粉为 184.6°，黑麦淀粉为 184.0°，木薯淀粉为 183.6°，小麦淀粉为 182.7°，大麦淀粉为 181.5°，燕麦淀粉为 181.3°，其他淀粉及动物饲料中的混合淀粉为 184.0°。

三、粗淀粉含量的测定——双波长法

（一）实验原理

双波长比色是根据试样溶液在两个波长 λ_1、λ_2 的吸收差值与溶液中待测物质的浓度成正比的原理，来测定直链淀粉和支链淀粉的含量。

淀粉与碘形成螺旋状结构的碘淀粉复合物，它具有特殊的颜色反应，其中直链淀粉与碘生成纯蓝色，而支链淀粉与碘依其分支程度不同而生成紫红至红棕色。因此两种淀粉与碘作用有着不同的光学特性，表现为特定的吸收谱及吸收峰。根据它们的吸收图谱选择合适的测定波长 λ_2 和参比波长 λ_1，一般来说，选择波长必须满足两个基本条件：①共存组分在这两个波长应具有相同的吸收值，即 $\Delta E_{\lambda_2 - \lambda_1} = 0$，以使其浓度变化不影响测定值；②待测组分在这两个波长的差值应足够大。选择波长最直接的办法是采用作图法来确定。对于待测组分直链淀粉，可以选择它的最大吸收波长 λ_2 作为测定波长，在这一位置上作一垂直于 x 轴的直线交于共存组分支链淀粉吸收图谱上某一点，再从这一点画一平行于 x 轴的直线，在组分支链淀粉碘吸收曲线上便有一个（或几个）交点，此交点的波长作为参比波长 λ_1，当 λ_1 有几个位置可供选择时，则应当选择最有利的，以使待测组分吸收差值尽可能大，即在波长 λ_2 及 λ_1 下，支链淀粉吸收值相等，其浓度变化不影响待测样品中直链淀粉的测定。因而待测组分直链淀粉可选择 λ_2 为测定波长，λ_1 为参比波长。对于待测组分支链淀粉，按照同样的方法作图确定其测定波长 λ_4 及参比波长 λ_3。

（二）仪器、用具及试剂

1. 仪器和用具

双波长分光光度计；电子天平（感量 0.001g）；恒温水浴锅；酸度计；容量瓶等。

2. 试剂

无水乙醇（分析纯）；氢氧化钾（分析纯）；盐酸（分析纯）；碘化钾（分析纯）；碘（分析纯）；乙醚（分析纯）；直链淀粉标准样品（纯度98%以上）；支链淀粉标准样品（纯度98%以上）等。按照以下方法配制溶液。

1）0.5mol/L 氢氧化钾溶液：称取 2.800g KOH 溶于适量蒸馏水中，定容至 100mL。

2）0.1mol/L HCl 溶液：量取 8.33mL 浓盐酸，加水稀释至 1000mL。

3）碘试剂：称取 2.0g 碘化钾，溶于少量蒸馏水，再加 0.2g 碘，待溶解后用蒸馏水稀释至 100mL。

（三）操作步骤

具体操作步骤参考《谷物品质测试理论与方法》（田纪春，2006）。

1. 双波长直链淀粉标准曲线绘制

称取 0.100g 直链淀粉纯品，放在 10mL 容量瓶中，加入 0.5mol/L KOH 溶液 10mL，在热水浴中溶解后，取出加蒸馏水定容至 100mL，混匀，即为 1mg/mL 直链淀粉标准溶液。分别取标准溶液 0.3mL、0.5mL、0.7mL、0.9mL、1.1mL、1.3mL 加到 50mL 容量瓶中，加入 20～30mL 蒸馏水，以 0.1mol/L 盐酸调至溶液 pH 为 3.5 左右，加入 0.5mL 碘试剂，并用蒸馏水定容至刻度，混匀。静置 20min，以蒸馏水为空白，用 1cm 或 2cm 比色杯在 λ_1 和 λ_2 两波长下分别测定光密度 E_{λ_1}、E_{λ_2}，即得 $\Delta E_{直}=E_{\lambda_2}-E_{\lambda_1}$。以 $\Delta E_{直}$ 为纵坐标，直链淀粉浓度为横坐标，绘制双波长直链淀粉标准曲线。

2. 双波长支链淀粉标准曲线绘制

称取 0.100g 支链淀粉纯品，按上文所述直链淀粉的方法加稀碱分散，制备 1mg/mL 支链淀粉标准溶液。分别取上述支链淀粉标准溶液 2.0mL、2.5mL、3.0mL、3.5mL、4.0mL、4.5mL、5.0mL，按上文所述直链淀粉标准曲线的方法，加蒸馏水、调 pH，加碘试剂定容至 50mL。静置 20min。以蒸馏水为空白，用 1cm 或 2cm 比色杯在 λ_3 和 λ_4 两波长下分别测定其光密度 E_{λ_3}、E_{λ_4}，即得 $\Delta E_{支}=E_{\lambda_4}-E_{\lambda_3}$。以 $\Delta E_{支}$ 为纵坐标，支链淀粉浓度为横坐标，绘制双波长支链淀粉标准曲线。

3. 样品中直链淀粉、支链淀粉及总淀粉的测定

样品粉碎过 60 目筛，用乙醚脱脂，称取脱脂样品 0.100g 左右（精确至 0.001g），加 0.5mol/L KOH 溶液 10mL，在 35℃水浴中振荡 15min 或在沸水浴中 10min，取出，用蒸馏水定容至 50mL（若有气泡则采用乙醇消除），静置。吸取样品液 2.5mL，两份，即样品测定液和样品空白液，均加入 20～30mL 蒸馏水，以 0.1mol/L 盐酸调 pH 至 3.5 左右，在样品测定液中加

碘试剂 0.5mL，将样品测定液和样品空白液定容至 50mL，混匀（若有气泡用乙醇消除）。静置 20min，以样品空白液为对照，用 1cm 或 2cm 比色杯，在 λ_2、λ_1、λ_4、λ_3 波长下，分别测定光密度 E_{λ_2}、E_{λ_1}、E_{λ_4}、E_{λ_3}，得到 $\Delta E_{直}=E_{\lambda_2}-E_{\lambda_1}$，$\Delta E_{支}=E_{\lambda_4}-E_{\lambda_3}$。分别查两种淀粉的双波长标准曲线，即可计算出脱脂样品中直链淀粉和支链淀粉的含量。直链淀粉量加支链淀粉量就等于总淀粉量。

（四）结果表示

样品中直链淀粉含量按下式计算：

$$直链淀粉含量（\%）= \frac{A}{2.5} \times 50 \times \frac{100}{W \times 1000} = \frac{2A}{W}$$

式中，A 表示查双波长直链淀粉标准曲线所得样品测定液中直链淀粉的含量（mg）；W 表示样品质量（g）。

样品中支链淀粉组分含量按下式计算：

$$支链淀粉含量（\%）= \frac{B}{2.5} \times 50 \times \frac{100}{W \times 1000} = \frac{2B}{W}$$

式中，B 表示查双波长支链淀粉标准曲线所得样品测定液中支链淀粉的含量（mg）；W 表示样品质量（g）。

$$总淀粉含量（\%）＝直链淀粉含量（\%）＋支链淀粉含量（\%）$$

（五）注意事项

因蜡质和非蜡质支链淀粉碘复合物颜色差异较大，蜡质型吸收峰为 530～540nm，非蜡质型为 590～600nm。在制备双波长支链淀粉标准曲线时，应根据测定的谷物类型选择不同的支链淀粉纯品（蜡质型或非蜡质型）。

四、破损淀粉的测定——SDmatic 破损淀粉测定仪法

（一）实验原理

小麦在研磨过程中受磨辊的机械压力，部分完整的淀粉粒被破坏而产生破损淀粉，破损淀粉会使面粉的吸水率增加，对淀粉酶的敏感性提高，具有不同于正常面粉的理化特性。因此，测定面粉中的破损淀粉含量是进一步了解面粉特性的重要指标。

肖邦公司生产的 SDmatic 破损淀粉测定仪，利用破损淀粉吸收碘的原理，采用安培法（电流法）测定面粉破损淀粉含量。将面粉加入一定浓度的碘溶液中，破损淀粉含量高的面粉吸收碘多，留在溶液中的碘浓度就低，电流值与溶液中碘含量呈正相关关系，因此通过测定溶液中的电流变化，就可以计算出破损淀粉含量，用 UCD（单位破损淀粉值）表示，UCD 是一个相对值，可用酶法进行校正。

（二）仪器、用具及试剂

1. 仪器和用具

SDmatic 破损淀粉测定仪，主要包括搅拌棒［转速 1200（±5）r/min］，振动马达［转

速 8500（±2000）r/min]，加热器电阻（直径 8mm，功率 60W），测量棒（直径 6mm，4 个铂电极），NTC（负温度系数）热敏电阻传感器（10kΩ，0～80℃，35℃时控温精度为 1%）；天平（感量分别为 0.01g、0.001g）；量筒（50mL、100mL）等。

2. 试剂

蒸馏水或去离子水；硫代硫酸钠（分析纯）；硼酸（分析纯）；碘化钾（分析纯）等。

0.1mol/L 硫代硫酸钠（$Na_2S_2O_3$）溶液：准确称取 15.82g 硫代硫酸钠放入容量瓶中，加入蒸馏水定容至 1L。

（三）操作步骤

具体操作步骤参考《粮油检验　小麦粉损伤淀粉测定　安培计法》（GB/T 31577—2015）和《谷物品质测试理论与方法》（田纪春，2006）。

1. 样品水分和蛋白质含量的测定

分别按国标 GB/T 5497 和 GB/T 5511 测定样品中水分含量和蛋白质含量（以干基计算）。

2. 反应溶液制备

分别称取 3.0（±0.2）g 硼酸和 3.0（±0.2）g 碘化钾，倒入一个干燥洁净的破损淀粉测定仪的玻璃反应杯中，加入 120（±0.1）mL 蒸馏水或去离子水，同时加入 1 滴 0.1mol/L 硫代硫酸钠溶液，待用。

3. 称样

称取 1.000（±0.100）g 面粉。

4. 测试

将玻璃反应杯放置于仪器的正确位置，放下测量棒。输入准确的样品质量（精确到 0.001g）、蛋白质含量（干基）和水分含量，将样品插入仪器的送样口，按仪器说明书要求开始进行测试。测试完毕，记录得到的碘吸收率、UCD 和 UCDc（用水分和蛋白质含量修正后的单位破损淀粉值）。

5. 清洗

测试完成后，冲洗并清洁测量棒、加热器电阻和样品搅拌器。洗净反应杯并干燥，保证无残留。

6. 实验次数

同一个样品做两次实验。

（四）结果表示

测试结果由仪器按下列公式自动计算，得到标准条件（14% 水分，12% 蛋白质）下的 UCD 值和 UCDc 值，计算公式如下：

$$B = -266.82 \times (1-A) + 36.962$$
$$C = (100 \times B)/(126 - H - P)$$

式中，B 表示标准条件下（14% 水分，12% 蛋白质）的单位破损淀粉值，以 UCD 表示；A 表示碘吸收率，%；C 表示用样品水分和蛋白质含量按特定公式修正后的单位破损淀粉值，以 UCDc 表示；H 表示样品水分含量，%；P 表示样品蛋白质干基含量，%。

测定结果保留小数点后一位数字。

五、膨胀势的测定

（一）实验原理

淀粉膨胀特性反映的是淀粉或面粉悬浮液在糊化过程中的吸水特性和在一定条件下离心后的持水能力，表示淀粉或面粉膨胀特性的参数有膨胀势和膨胀体积等。其定义为：每克淀粉悬浮液在一定数量的水中和特定的温度下糊化，在一定条件下离心后留下的沉淀物的质量（g）称为净膨胀重，净膨胀重与干淀粉质量的比值称为膨胀势（swelling power），上述沉淀物的体积称为膨胀体积（swelling volume）。有研究对 0.2g 淀粉、0.25g 面粉和 0.35g 全麦粉进行膨胀势测定，结果发现面粉和淀粉的膨胀势极为接近（McCormick，1991）。

（二）仪器、用具及试剂

1. 仪器和用具

FSV 热水浴搅拌架（试管可在热水中上下翻转）；热水浴锅（可容纳搅拌架并控制水温在 92.5℃，温度稳定性为 ±0.2℃，外部尺寸为 56cm×35cm×33cm，容积 8～22L）；离心机（可调转速至 1000g）；试管（耐高温、有可旋拧的盖子并具有良好的密封性，建议尺寸为 16mm×125mm，容积不小于 15.0mL）；旋涡混合器（可使样品混合均匀）；液体加样器（可加 6.25mL 液体，精确至 0.05mL）；冰水浴锅（能容纳试管架）；小水浴锅（能容纳试管并控制水温为 25℃）；直尺（用于测量凝胶高度，精确到 1mm）；计时器；天平（感量 0.001g）等。

2. 试剂

蒸馏水或去离子水（符合 GB/T 6682 规定的三级水要求）等。

（三）测定步骤

具体操作步骤参考《粮油检验　小麦粉膨胀势的测定》（GB/T 37510—2019）和《谷物品质测试理论与方法》（田纪春，2006）。

1. 称样、加水

用天平精确称取 0.4g 面粉至试管中，用液体加样器加蒸馏水 6.25mL，立即用旋涡混合器振荡使样品散开，再加入 6.25mL 蒸馏水，旋紧试管盖，再次振荡至样品完全悬浮；然后将试管浸入 25℃小水浴锅中 5min。

2. 糊化

取出试管并剧烈摇动使样品与水充分混合，用 FSV 热水浴搅拌架固定试管后浸入 92.5℃水浴锅中，立刻上下翻转试管架 180°，前 2min 持续翻转，在 3min、4min、5min、10min、15min、20min、25min 时各翻转两次（翻转速率应恒定，以减少水浴温度变化）。

3. 冷却、离心

糊化 30min 时将试管架移入冰水浴锅中 1min，再将试管浸入 25℃水浴锅中 5min，然后移出，放置到室温后再放入离心机中，以 1000g 离心样品 15min。

4. 测量

离心结束后将试管垂直放置在实验台上，用直尺测量试管底部至凝胶与水分界处的高度即为小麦淀粉凝胶高度。有些样品会在凝胶上层出现一个清晰的薄层，在测量凝胶高度时应

包括此薄层的厚度。如离心过程中凝胶界面发生了倾斜，高度测量应至斜面中心，旋转试管
180°后，再次测量高度值，计算两次测量的平均值作为最终结果。

（四）结果表示

按 GB 5009.3 规定的方法测定面粉的水分含量后计算样品的干物质质量。将凝胶高度换算
成凝胶体积后计算样品的膨胀势，测试结果为两次重复的平均值，以 FSV 表示，按下式计算：

$$FSV = \frac{h \times 0.149\,8 - 0.467\,2}{m}$$

式中，FSV 表示膨胀势，单位为毫升每克（mL/g）；h 表示凝胶高度，单位为毫米（mm）；
m 表示样品干物质质量，单位为克（g）；0.149 8 表示凝胶高度 / 体积换算系数；0.467 2 表示
凝胶高度 / 体积换算，试管底部校正常数。

计算结果精确至小数点后两位。

六、降落数值的测定

（一）实验原理

小麦粉或其他谷物粉的悬浮液在沸水浴中能迅速糊化，并因其中 α-淀粉酶活性的不同而
使糊化物中的淀粉被不同程度地降解，因淀粉降解程度不同，淀粉黏度有差异，因此搅拌棒
在糊化物中的下降速率也不同。降落数值测定仪是根据这一原理而设计的专门仪器。实验时
将一定量的小麦粉或其他谷物粉与水的混合物置于特定黏度管内并浸入沸水浴中，然后以一
种特定的方式搅拌混合物，使搅拌器在糊化物中从一定高度下降一段特定距离全过程所需要
的时间（s）即为降落数值。由此可知，降落数值的高低反映了相应的 α-淀粉酶活性的差异，
其值越高，表明 α-淀粉酶的活性越低；反之，表明 α-淀粉酶活性越高。

（二）仪器、用具及试剂

1. 仪器和用具

降落数值测定仪，主要包括水浴装置（由整体加热单元、冷却系统和水位指示器组成）、
电子计时器、黏度搅拌器（金属制）；橡胶塞；黏度管；自动加液器；分析天平（精确到
0.01g）；实验磨等。

2. 试剂

蒸馏水或去离子水（符合 GB/T 6682 中三级水的要求）等。

（三）操作步骤

具体操作步骤参考《谷物品质测试理论与方法》（田纪春，2006）及国家标准《小麦、黑
麦及其面粉，杜伦麦及其粗粒粉 降落数值的测定 Hagberg-Perten 法》（GB/T 10361—2008）。

1. 水分测定

按 GB/T 21305 测定样品的水分含量。

2. 称样

根据样品的水分含量称取样品，精确到 0.05g。一般 ICC（国际谷物协会）、AACC（美

国谷物化学协会）规定 14% 水分 7g 样品（即样品含水量为 14% 时，称样 7g。下文类推），国标和 ISO（国际标准化组织）规定 15% 水分 7g 样品。如样品水分低于或高于规定水分时，按表 6-1 称量。

表 6-1　样品质量修正到 14% 湿基（资料来源：ICC 107/1，1995；AACC 56-81B，1992）

水分含量 /%	样品质量 /g	水分含量 /%	样品质量 /g	水分含量 /%	样品质量 /g
8.0	6.54	11.4	6.80	14.8	7.07
8.2	6.56	11.6	6.81	15.0	7.08
8.4	6.57	11.8	6.83	15.2	7.10
8.6	6.59	12.0	6.84	15.4	7.12
8.8	6.60	12.2	6.86	15.6	7.13
9.0	6.62	12.4	6.87	15.8	7.15
9.2	6.63	12.6	6.89	16.0	7.17
9.4	6.64	12.8	6.90	16.2	7.18
9.6	6.66	13.0	6.92	16.4	7.20
9.8	6.67	13.2	6.94	16.6	7.22
10.0	6.69	13.4	6.95	16.8	7.24
10.2	6.70	13.6	6.97	17.0	7.25
10.4	6.72	13.8	6.98	17.2	7.27
10.6	6.73	14.0	7.00	17.4	7.29
10.8	6.75	14.2	7.02	17.6	7.31
11.0	6.76	14.4	7.03	17.8	7.32
11.2	6.78	14.6	7.04		

3. 降落数值测定

1）向水浴装置内加水至标定的溢出线。开启冷却系统，确保冷水流过冷却盖。打开降落数值测定仪的电源开关，加热水浴，直至水沸腾。在测定前和整个测定过程中要保证水浴剧烈沸腾。

2）将称量好的试样移入干燥、洁净的黏度管内。用自动加液器加入 25（±0.2）mL 温度为 22（±2）℃的水。

3）立即盖紧橡胶塞，上下振摇 20～30 次，得到均匀的悬浮液，确保黏度管靠近橡胶塞的地方没有干粉或粉碎的物料。如有干粉，稍微向上移动橡胶塞，重新摇动。

4）拔出橡胶塞，将残留在橡胶塞底部的所有残留物都刮入黏度管中，使用黏度搅拌器将附着在试管壁的所有残留物都刮进悬浮液中后，将黏度搅拌器放入黏度管。

5）立即把带黏度搅拌器的黏度管通过冷却盖上的孔放入沸水浴中，按照仪器说明书的要求，开启搅拌头（单头或双头），仪器将自动进行操作并完成测试。当黏度搅拌器到达凝胶悬浮液的底部时，测定全部结束。记录电子计时器上显示的时间，此时间即为降落数值（FN）。

6）转动搅拌头或按压"停止"键，缩回搅拌头，小心地将热黏度管连同搅拌器从沸水浴中取出。彻底清洗黏度管和搅拌器并使其干燥。保证橡胶塞顶部的凹窝里没有残留物质，否则会影响黏度搅拌器的下降，同时要保证黏度搅拌器在下次使用时是干燥的。

（四）结果表示

$$降落数值（FN）=黏度搅拌器到达凝胶悬浮液底部的时间（s）$$
$$液化值（LN，即理论降落数值）=6000/（FN-50）$$

式中，6000和50为常数。

七、RVA参数的测定——快速黏度仪法

（一）主要指标

快速黏度仪法测定的主要指标为峰值黏度、低谷黏度、稀懈值、糊化温度、峰值时间、最终黏度、回生值等，各指标的含义详见第二章第二节"二、淀粉的理化功能"。

（二）实验原理

一定浓度的谷物粉试样的水悬浮物，按一定升温速率加热，在内源淀粉酶的协同作用下逐渐糊化（淀粉的凝胶化），由于淀粉吸水膨胀使悬浮液逐渐变成糊状物，黏度不断增加。随温度的升高，淀粉充分糊化，达到峰值黏度。随后在继续搅拌下淀粉糊发生切变稀释，黏度下降。当糊化物按一定速率降温时，糊化物重新胶凝，黏度值又进一步升高。整个黏度的变化过程通过快速黏度仪的微处理器连续监测并记录。根据获得的黏度变化曲线图（图2-4），即可确定糊化温度、峰值黏度、峰值温度、低谷黏度、最终黏度等特征值。

（三）仪器、用具及试剂

1. 仪器和用具

快速黏度仪（配有专用样品筒、搅拌器和控制软件的计算机）；天平（感量0.01g）；25mL量筒或定量加液器（量取精度为0.1mL）；小型实验磨等。

2. 试剂

水（符合GB/T 6682中三级水的要求）等。

（四）操作步骤

具体操作步骤参考国标《小麦、黑麦及其粉类和淀粉糊化特性测定　快速黏度仪法》（GB/T 24853—2010）及《谷物品质测试理论与方法》（田纪春，2006）。

1. 仪器的准备

开启快速黏度仪电源，预热30min。开启连接的计算机电源，运行控制软件并由计算机输入或根据仪器提示载入表6-2所示的测试程序。根据仪器的提示，顺序输入试样名称、选择欲采用的分析程序和测试序号。

表 6-2　测试程序

时间（小时：分钟：秒）	类别	设定值
00：00：00	温度	50℃
00：00：00	转速	960r/min
00：00：10	转速	160r/min
00：01：00	温度	50℃
00：04：42	温度	95℃
00：07：12	温度	95℃
00：11：00	温度	95℃
00：13：00	测试结束	仪器的空载温度为 50（±1）℃；读数时间间隔 4s

2. 测定

按 GB/T 21305 测定样品的水分含量。

1）量取 25.0（±0.1）mL 水（按 14% 湿基校正，见表 6-3 和表 6-4），移入干燥洁净的样品筒中。

2）准确称取 3.00（±0.01）g 淀粉，3.50（±0.01）g 小麦粉或黑麦粉，4.00（±0.01）g 全麦粉。

3）把样品转移到样品筒的水面上，将搅拌器置于样品筒中，在 30s 内上下搅动并转动 10 次以上，直至使样品完全分散。把筒壁上的样品用搅拌器刮到水中。

4）将样品筒放到快速黏度仪上，当仪器提示允许测试时，将仪器的搅拌器电动机塔帽压下，驱动测试程序。应注意已悬浮的样品放置时间不能超过 1min。

5）测试过程由计算机程序控制，测试结束后，计算机屏幕上显示黏度变化曲线，记录糊化温度、峰值黏度、峰值时间、低谷黏度、最终黏度、稀懈值和回生值。

（五）结果表示

所得数值应以如下方式表示：糊化温度单位为℃，精确至 0.01℃；峰值时间单位为 min，精确至 0.01min；峰值黏度、低谷黏度、最终黏度、稀懈值和回生值，单位以厘泊（cP）或快速黏度仪的单位（RVU）表示，其中 1RVU＝12cP，测定结果保留整数。

以双试样测试的峰值黏度平均值报告测试结果。若试样测定值与平均值的相对偏差大于 5%，则应重新做双试样测试。样品质量和加水量也可根据下列公式进行计算。

当试样为谷物面粉时：

$$S = \frac{86 \times 3.5}{100 - M}$$

$$W = 25 + (3.50 - S)$$

当试样为谷物全粉时：

$$S = \frac{86 \times 4.0}{100 - M}$$

$$W = 25 + (4.00 - S)$$

上式中，S 表示经校正的试样质量（g）；M 表示试样的实际水分含量（%）。

表 6-3　试样质量与加水量的校正（谷物面粉）

试样水分 /%	试样质量 /g	加水量 /mL	试样水分 /%	试样质量 /g	加水量 /mL
8.0	3.27	25.2	12.2	3.43	25.1
8.2	3.28	25.2	12.4	3.44	25.1
8.4	3.29	25.2	12.6	3.44	25.1
8.6	3.29	25.2	12.8	3.45	25.0
8.8	3.30	25.2	13.0	3.46	25.0
9.0	3.31	25.2	13.2	3.47	25.0
9.2	3.31	25.2	13.4	3.48	25.0
9.4	3.32	25.2	13.6	3.48	25.0
9.6	3.33	25.2	13.8	3.49	25.0
9.8	3.34	25.2	14.0	3.50	25.0
10.0	3.34	25.2	14.2	3.51	25.0
10.2	3.35	25.1	14.4	3.52	25.0
10.4	3.36	25.1	14.6	3.52	25.0
10.6	3.37	25.1	14.8	3.53	25.0
10.8	3.37	25.1	15.0	3.54	25.0
11.0	3.38	25.1	15.2	3.55	24.9
11.2	3.39	25.1	15.4	3.56	24.9
11.4	3.40	25.1	15.6	3.57	24.9
11.6	3.40	25.1	15.8	3.58	24.9
11.8	3.41	25.1	16.0	3.58	24.9
12.0	3.42	25.1	16.2	3.59	24.9

表 6-4　试样质量与加水量的校正（谷物全粉）

试样水分 /%	试样质量 /g	加水量 /mL	试样水分 /%	试样质量 /g	加水量 /mL
8.0	3.74	25.2	10.0	3.82	25.2
8.2	3.75	25.2	10.2	3.83	25.1
8.4	3.76	25.2	10.4	3.84	25.1
8.6	3.76	25.2	10.6	3.85	25.1
8.8	3.77	25.2	10.8	3.86	25.1
9.0	3.78	25.2	11.0	3.87	25.1
9.2	3.79	25.2	11.2	3.87	25.1
9.4	3.80	25.2	11.4	3.88	25.1
9.6	3.81	25.2	11.6	3.89	25.1
9.8	3.81	25.2	11.8	3.90	25.1

续表

试样水分 /%	试样质量 /g	加水量 /mL	试样水分 /%	试样质量 /g	加水量 /mL
12.0	3.91	25.1	14.2	4.01	25.0
12.2	3.92	25.1	14.4	4.02	25.0
12.4	3.93	25.1	14.6	4.03	25.0
12.6	3.94	25.1	14.8	4.04	25.0
12.8	3.94	25.1	15.0	4.05	24.9
13.0	3.95	25.0	15.2	4.06	24.9
13.2	3.96	25.0	15.4	4.07	24.9
13.4	3.97	25.0	15.6	4.08	24.9
13.6	3.98	25.0	15.8	4.09	24.9
13.8	3.99	25.0	16.0	4.10	24.9
14.0	4.00	25.0	16.2	4.11	24.9

思 考 题

1. 评价蛋白质品质的主要参数有哪些？这些参数如何进行测定？
2. 评价淀粉品质的主要参数有哪些？这些参数如何进行测定？

第七章　作物面团品质测试技术

将面粉与水充分混合后形成面团，面团具有弹性、黏性及塑性等特性。面团的弹性指面团在外力作用下能恢复原来物质形状的物理特性，面团具有部分弹性。当面团受到强有力的作用时，会产生永久性变形，称为面团塑性。面团的黏性代表相应变形的作用力和速率的关系。通过直接测定面团特性，不仅可以测定面筋的品质，还可以评价面粉的用途。面团流变学特性是面团物理性能的表现，它与食品加工过程中面团的滚揉、发酵及机械加工直接相关，能够很好地反映面粉加工品质，特别是烘烤品质。测定面团流变学特性，可为小麦品质评价及其合理利用提供科学依据。测定面团流变学特性的仪器主要有粉质仪、拉伸仪、吹泡示功仪、揉混仪、Mixolab 混合仪等：粉质仪和揉混仪主要测定加水面粉的耐揉性、黏弹性和延伸性等流变学特性；拉伸仪和吹泡示功仪测定的是发酵面团的延伸性和抗延伸阻力等面团流变学特性；Mixolab 混合仪测定面粉的蛋白质特性和淀粉糊化特性，相当于揉混仪、粉质仪、黏度仪和糊化仪的"混合"。

第一节　粉质仪参数

面粉加水经过揉制形成面团。面团品质的优劣可通过粉质仪参数来评价。目前，在小麦新品种审定标准中，粉质仪参数（吸水量和稳定时间）已作为评价优质小麦新品种审定的重要参数。因此，粉质仪参数对小麦品质的评价具有重要的作用。

一、主要参数

（一）稠度

在粉质仪中，以规定的恒定转速搅拌面团时的阻力，称为稠度（FU）。

（二）吸水量

在规定的操作条件下，面团最大稠度达到 500FU 时所需添加水的体积称为吸水量。以每100g 水分含量为 14%（质量分数）的面粉中所需添加水的毫升数表示。

面粉的吸水量不仅影响面包质量，而且直接关系到经济效益。吸水量越高，出品率越高，可降低产品成本，有利于产品贮存和保鲜。但吸水率太高也会影响烘烤品质。吸水量与面粉蛋白质含量和破损淀粉含量有关，面粉中的蛋白质和破损淀粉含量越高，吸水量越高。

（三）形成时间

面团的形成时间是指从加水点至粉质曲线到达最大稠度后开始下降所需的时间。形成时间越长，面粉筋力越强，高筋粉的烘烤品质越好。有研究发现面团形成时间与面包体积、面包总评分呈显著正相关；与馒头体积和比容呈极显著正相关，与馒头外观呈极显著负相关，这表明面筋筋力增强有利于提高馒头体积，但对优良外观的形成不利。

（四）稳定时间

面团的稳定时间是指粉质曲线的上边缘首次与 500FU（标准稠度）标线相交至下降离开 500FU 标线两点之间的时间差值。该值代表了面团的耐搅拌特性和面筋筋力强弱。有研究发现面团稳定时间与面包体积、比容、纹理结构和总评分呈显著或极显著正相关；与面条评分呈正相关，但与面条色泽呈显著或极显著负相关。面团稳定时间与馒头体积和比容呈极显著正相关，与馒头色泽、外观呈极显著负相关。面包粉最理想的稳定时间应为 12（±1.5）min，而弱筋粉要求在 1.5～2.5min。

（五）弱化度

弱化度是指面团到达形成时间点时，曲线带宽的中间值与此点后 12min 处曲线带宽的中间值的高度差值。弱化度大，表示面团在过度搅揉后面筋变弱的程度大，面团变软发黏，不宜加工。

（六）粉质质量指数

粉质质量指数是指沿着时间轴，从加水点至粉质曲线比最大稠度中心线衰减 30FU 处的长度，以毫米表示。它是评价面粉质量的一个指标。弱力粉弱化迅速，质量指数低；强力粉软化缓慢，质量指数高。国外根据粉质质量指数（FQN）将小麦分为三类：FQN＞80 为强力麦；FQN 50～80 为中力麦；FQN 15～49 为弱力麦。

二、测试方法和步骤

（一）实验原理

粉质仪是测定加水面团流变特性变化信息的仪器。粉质仪参数的测定是面团特性的重要实验之一，其原理是在恒温条件下，通过调整加水量使面团的最大稠度达到固定值（500FU），由此获得一条面团稠度随时间变化的揉混曲线（图 7-1）。面粉加水以后在揉面钵中被揉和，面团先后经过形成、稳定和弱化三个阶段。面团这种揉和特性的变化，通过揉面钵内螺旋状叶片所受到的阻力变化反映出来，这种阻力变化由测力计检测，通过杠杆系统传递给刻度盘和记录器进行记录（机械型粉质仪），或通过计算机转化系统记录下来（电子型粉质仪），并绘制出粉质曲线。由此计算面团的形成时间、稳定时间、弱化度等特征参数，根据以上参数全面评价面团品质。

（二）仪器、用具及试剂

1. 仪器和用具

带有水浴恒温控制装置的粉质仪（符合国标 GB/T 35943—2018《粮油机械　粉质仪》的要求）；天平（感量为 0.1g）；控温装置［循环水浴温度控制在 30（±0.2）℃］；滴定管（起/止刻度线为 22.5/37.5mL，最小刻度 0.1mL，主要用于 50g 面粉的揉混器；起/止刻度线为

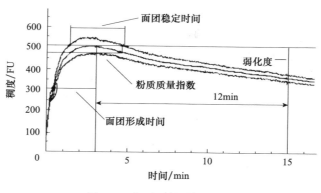

图 7-1　电子型粉质仪曲线图

135/225mL，最小刻度 0.2mL，主要用于 300g 面粉的揉混器）；刮刀（材质为软塑料）等。

2．试剂

GB/T 6682 规定的三级水等。

（三）操作步骤

具体步骤参考《粮油检验　小麦粉面团流变学特性测试　粉质仪法》（GB/T 14614—2019）。

1．面粉水分含量的测定

按 GB 5009.3 规定的方法测定面粉的水分含量。

2．准备仪器

按 GB/T 14614—2019 规定的方法进行操作。

3．称量样品

在程序软件的测试参数窗口输入样品的水分含量，程序软件自动计算并显示面粉质量。称量质量相当于 300.0g 或 50.0g 水分含量为 14%（质量分数）的面粉试验样品，精确至 0.1g。

4．测定

按 GB/T 14614—2019 规定的方法进行操作。需要注意的是：①加水操作需要在 25s 内完成；②最大稠度控制在 480～520FU；③如果需要测定弱化度参数，则需要在到达形成时间后继续进行测试至少 12min。

三、结果表示

测试结果以吸水量、形成时间、稳定时间、弱化度和粉质质量指数表示。取双实验测试结果的平均值作为实验结果，其中，吸水量精确到 0.1mL/100g，面团形成时间和稳定时间精确到 0.1min，弱化度精确到 1FU，粉质质量指数精确到 1mm。

第二节　拉伸仪参数

拉伸仪是测定醒发面团流变学特性的仪器。其原理是面粉加一定量的盐水，用粉质仪揉制成面团后，再用拉伸仪将面团揉球、搓条、恒温醒面，然后将面团放在夹具中，置于测量系统托架上，牵拉杆带动拉面钩以固定速率向下移动拉伸面团，面团受拉力作用产生形变直至拉断。通过连接转换系统（电位器），计算机软件程序自动将面团因受力产生的抗拉伸力和拉伸变化情况记录下来，并绘制拉伸曲线。根据所得拉伸曲线可评价面团的抗拉伸阻力和延伸度等性能。面团拉伸特性是评价面粉烘烤品质的重要指标，一般需与粉质仪共同使用。它主要用于综合评价面粉的韧性和延伸性之间的平衡关系，而粉质仪曲线主要用于评价面粉的韧性。

一、主要参数

（一）拉伸仪吸水量

拉伸仪吸水量指拉伸仪经过 5min 的揉混操作，制备出一个稠度达到 500FU 的面团所需要添加水的体积。按照每 100g 水分含量为 14%（质量分数）的面粉所需添加水的毫升数来表示。

（二）延伸度

从拉面钩接触面团开始至面团被拉断，拉伸曲线横坐标的距离称为延伸度（E），单位为毫米（精确至 1mm）（图 7-2），即拉伸曲线从开始上升至面团被拉断时的最长变形量。不同醒面时间的面团延伸度分别为 $E45$、$E90$、$E135$。韧性与面筋网络结构的牢固性、强度和持气能力有关；延伸性则反映了面筋网络的膨胀能力。只有韧性与延伸性的适当平衡和有机配合，才能既保证正常发酵，又能得到理想体积、形状和内质的面包产品。

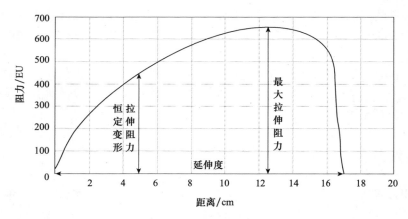

图 7-2　面团拉伸曲线

（三）恒定变形拉伸阻力

拉伸曲线开始上升后 5cm 处拉伸曲线的高度称为恒定变形拉伸阻力（R_{50}）。

（四）最大拉伸阻力

拉伸曲线最高点到曲线横坐标轴的高度即面团试样断裂时的拉伸阻力称为最大拉伸阻力（Rm）。面团 3 次最大拉伸阻力分别为 Rm45、Rm90、Rm135。Rm 越高，表示面筋力越强，弹性越好。

（五）能量

能量即拉伸曲线所包含的面积（精确至 $1cm^2$）（图 7-2），也就是拉伸测试面团时所做的功。不同醒面时间拉伸曲线面积分别为 $A45'$、$A90'$、$A135'$。面积越大，所需能量越大，面粉筋力或面团强度也越大。拉伸面积低于 $50cm^2$，表示面粉的筋力较弱，烘烤品质很差。面包粉的正常拉伸曲线面积应为 $120\sim180cm^2$。

（六）拉力比数

拉力比数即恒定变形拉伸阻力或面团最大拉伸阻力与面团延伸度的比值（R/E 值）。根据面包发酵原理，面粉筋力（韧性）不是越大越好，即面团的拉伸阻力与延伸性之间须保持适当的平衡。

面包粉适宜的面团 R/E 值为 3～5，比值过小，表明面团抗拉伸阻力过小，筋力太弱，延伸性过大，面团结构不牢固，面团软，流动性强，发酵过程中易塌陷、持气性差，整型过程中不易操作，黏度大，面包成品易变形，体积小；比值太大，则面团抗拉伸阻力过大，筋力太强，延伸性过小，面团弹性强、硬度大、易断裂，加工性能差，不易压片、滚圆、成型和其他操作，发酵时面团膨胀阻力大，发酵时间长，发酵不充分，面包体积小，组织紧密，疏松度差，表皮易断裂。

二、测试方法和步骤

（一）实验原理

拉伸仪的原理是面粉加一定量的盐水，用粉质仪揉制成面团后，再用拉伸仪将面团揉球、搓条、恒温醒面，然后将面团放在夹具中，置于测量系统托架上，牵拉杆带动拉面钩以固定速率向下移动拉伸面团，面团受拉力作用产生形变直至拉断。通过连接转换系统，计算机软件程序自动将面团因受力产生的抗拉伸力和拉伸变化情况记录下来并绘制拉伸曲线。根据所得拉伸曲线可评价面团的抗拉伸阻力和延伸性等性能。

（二）仪器、用具及试剂

1. 仪器和用具

带有水浴恒温控制装置的电子式拉伸仪［符合国标《粮油机械 面团拉伸仪》（GB/T 35994—2018）的要求］，其中揉圆器转速为 83（±3）r/min，成型器转速为 15（±1）r/min，拉伸钩速率为 1.45（±0.05）cm/s；粉质仪（符合 GB/T 35943 和 GB/T 14614—2019）；天平（感量 0.1g）；刮刀（材质为软塑料）；锥形瓶（容量 250mL）等。

2. 试剂

GB/T 6682 规定的三级水；氯化钠（分析纯）等。

（三）操作步骤

具体步骤参考国标《粮油检验　小麦粉面团流变学特性测试　拉伸仪法》（GB/T 14615—2019）。

1. 面粉含水量的测定

按照 GB 5009.3 规定的方法测定面粉含水量。

2. 样品称取

按照 GB/T 14614 的要求称取样品。

3. 面团制备

按照 GB/T 14614 的要求，利用粉质仪将面团制备好，然后从揉面钵中取出，用剪刀将面团分成 150（±0.5）g 的两个测试面团（操作时尽量避免面团变形），然后放到拉伸仪的揉团器和搓条成型器上，按照 GB/T 14615 的要求进行，把面团搓成条状，然后用醒发面团夹具把成型的面棒固定好，放入醒发箱中醒发并计时。

4. 测定

按照 GB/T 14615 的要求进行。当第一块测试面团恒温醒发到 45min 时，把带有面团的夹具从醒发箱中取出，放置到测力系统的托架上，点击"确定"开始进行测试，拉面钩以恒定速率向下移动，拉伸面棒，直至把面棒拉断，拉断后，拉面钩继续下移到底部极限位置，然后自动返回初始位置。把夹具中的面团和拉面钩上的面团取出，清洗面团夹具。将收集的面团重复进行揉圆和成型的操作，放入醒发箱进行第二次醒发 45min，然后进行拉伸操作。第二次拉伸完成后，继续将收集的面团进行揉圆和成型的操作，放入醒发箱进行第三次醒发 45min，然后拉伸操作。第二块面团的操作步骤同第一块面团。

三、结果表示

结果用能量、延伸度、恒定变形拉伸阻力、最大拉伸阻力表示。

第三节　和面仪参数

揉混仪又称和面仪、揉面仪，是用来测定和记录面团抗揉混能力的仪器，最初主要用于测定和评价小麦及面粉的品质和功能，现已广泛应用于测定不同组分对面团流变学特性的作用，以及预测对最终产品的影响。尽管评定面团及面筋的强弱还要靠最终的烘烤品质来决定，但是揉混仪相比传统的烘烤实验具有快速、低廉的优点，它只需要 35g、10g 甚至 2g 的面粉样品，得到的揉混仪曲线所反映的数据就十分精确，并且与烘烤实验的结果呈显著正相关，因此用其进行面包品质的预测极有价值。揉混仪现已被广泛用于面团揉混特性、面团流变学特性的研究，在控制面团揉制和烘烤品质、选育软／硬麦及杜伦麦等实际工作中有广泛用途。

一、主要参数

（一）中线峰值时间

中线峰值时间（MPT）即和面时间（mixing time），是揉混曲线峰值所对应的时间（图 7-3），单位为 min，它代表了面团形成所需要的搅拌时间，此时面团的流动性最小而可塑性最大。通常面团的和面时间越长耐揉性就越好，但是和面时间大于 4min 的品种，其耐揉性受和面时间影响不大。和面时间对面包体积贡献较大。

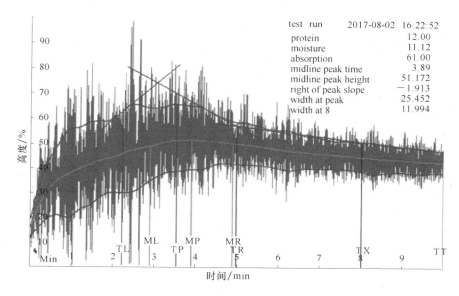

test run	2017-08-02 16:22:52
protein	12.00
moisture	11.12
absorption	61.00
midline peak time	3.89
midline peak height	51.172
right of peak slope	−1.913
width at peak	25.452
width at 8	11.994

图 7-3　计算机显示的揉混仪图

test run. 测试时间；protein. 蛋白质含量；moisture. 水分含量；absorption. 吸水率；midline peak time. 中线峰值时间；midline peak height. 中线峰值高度；right of peak slope. 右侧斜率；width at peak. 中线峰值宽度；width at 8.8 分钟带宽；Min. 分钟；TL. 外左侧斜率；ML. 中线；TP. 外线峰值高度；MP. 中线峰值高度；MR. 中线右侧斜率；TR. 外线右侧斜率；TX. 8 分钟带宽；TT. 10 分钟带宽

（二）中线峰值高度

中线峰值高度（MPH）是从揉混曲线最低点到中线最高点的距离，单位为 %。它提供了面粉强度及吸水率的信息，其值越高表示面粉对搅拌的耐受力越强。中线峰值高度与面包体积关系密切。

（三）中线峰值宽度

中线峰值宽度（MPW）表示中线峰值处的带宽，单位为 %，值越大表明面筋的弹性越大。

（四）曲线下面积

曲线下面积（MPI）指揉混曲线中线从起始点到最高点曲线下面所包围的面积，也可以用求积仪或计算机积分仪求面积，单位为 %·min，它是形成面团所需要做功的一个量度。

要求在同一天内所做的重复试样曲线下面积的误差不超过 5%，室温 25℃以上时每升高 1℃ 曲线下面积平均减少 2cm²。曲线下面积与面包体积关系密切。

（五）8 分钟带宽

8 分钟带宽越宽表明面粉对搅拌的耐受力越强，面团的弹性也越大，单位为 %。

二、测试方法和步骤

（一）实验原理

揉混仪的原理与粉质仪类似，用于测定和记录面团形成的速率，以及面团对搅拌的抵抗力和过度搅拌的耐受力。实验时按照不同蛋白质和不同水分含量条件下面粉的吸水率，或根据粉质仪测定的吸水率，将一定量面粉和水分加入揉面钵，通过搅拌针对面团的不断折叠和拉伸作用，形成面筋和面团，直至揉混曲线达到最大值，进一步搅拌则使面团筋力衰落。上述揉混搅拌过程中面团塑性、弹性及黏性的改变，通过搅拌针和扭矩力杠杆系统由计算机自动绘出揉混曲线。揉混仪的揉混曲线显示了面团的最适形成时间及稳定性，记录了面团耐过分揉混的能力，可用于面包烘焙时确定加水量及和面时间的参考。

（二）仪器和样品准备

1. 仪器

揉混仪（10g 电子型揉混仪）；电子天平（感量为 0.01g）；滴定管（带有三通活栓及自动归零装置的自动滴定管，可加 10.0mL 水，刻度为 0.1mL）；计时器（用于记录时间，美国 National 公司 Gra-Lab 型或类似的实验室用计时器）；间隙校验塞尺（用于检验机头搅拌针端部与揉混钵内底面之间的间隙标准值，厚度为 0.86mm）；搅拌针测直模块（用于检测搅拌针的垂直无弯曲状态）等。

2. 仪器准备

1）揉混仪搅拌针应始终保持垂直无弯曲的状态。

2）当搅拌机头处于操作位置时，机头搅拌针端部与揉混钵内底面的间隙应为 0.86mm（使用间隙校验塞尺校验）。

3）在通常情况下，弹簧应挂连在第 12 号槽上。

4）所有轴承应活动自由，使用 10w 油定期轻微润滑。

5）启动揉混仪电机之前，应确保放好揉混钵并完全放下搅拌头，以免弄弯搅拌针。

6）揉混钵外底部与其放置平面之间必须始终没有任何面粉或面团及其他颗粒残留，否则会使揉混钵垫升而减少揉混钵内底面与机头搅拌针之间的间隙，以致两者发生接触。

7）如果揉混仪长时间未使用，应预先测试 2 或 3 个典型的标准粉样进行比对校正。

8）应保持揉混仪测试时室内温度为 25（±1）℃的恒温状态，仪器、粉样和水应在该室温下有足够的时间进行均衡。揉混钵可以于测试期间在该室温的水中浸洗，但使用前要在该室温下擦干或晾干。

9）启动揉混仪正式测试前应空载预热运转 30min，然后预揉混一个样品，确保机头搅拌针无残留机油，保持仪器干净并使其适当预热。

3. 样品准备

1）使用 GB/T 5497 的方法测定面粉的水分含量。

2）使用 GB 5009.5 的方法测定面粉的蛋白质含量。

3）面粉在 14% 湿基下的揉混仪预估吸水率可按下式计算：

揉混仪预估吸水率（%）= 1.5× 面粉的蛋白质含量百分数（14% 湿基）＋ 43.6

合适的揉混仪预估吸水率还可按强中弱筋面粉的粉质仪吸水率的经验值来估算获取。

（三）操作步骤

具体步骤参考美国谷物化学协会（AACC）方法《面团流变学特性测试——揉混仪方法》［54-40A（1999）］和《谷物品质测试理论与方法》（田纪春，2006）。

1）按下式计算称取面粉样品的质量（精确至 0.01g）：

面粉量（g）= 10×（100－14）/（100－面粉的水分含量百分数）

2）用软毛刷把面粉样品移刷到揉混钵内。使用舌状长型木片或橡胶刮板将钵内针间粉样轻推形成一个小穴窝以备加水。如果粉样不立即测试，则需用硬质平板盖好钵口以防粉样水分变化。

3）按下式计算第一次加水量（精确至 0.1mL）：

第一次加水量（mL）= 面粉的揉混仪预估吸水率百分数 ×10/100 ＋（10－面粉克数）

4）用滴定管或移液器将去离子水（精确至 0.1mL）加入到揉混钵内粉样的穴窝中。把装有粉和水的揉混钵放入揉混仪并锁紧，确保揉混钵水平放置，放下搅拌头使之完全入位。

5）迅速启动揉混仪，同时记录揉混曲线。在揉混的前几秒钟，用毛刷将溅到钵上沿的面粉扫入。面粉与水混合并逐渐形成面团，随着面团的揉混，揉混仪记录下揉混曲线，完成一次揉混测试。

6）如果需要，可通过适量增加或减少一些加水量进行再次揉混测试，得到相应的揉混曲线，直至达到最佳揉混状态。

7）对于每次试验，使用相同的揉混时间（10min），以对揉混曲线合理评价比较。

8）每次测试结束时，升起搅拌头，清理干净机头搅拌针上及其周围附着的面团。清洗干净揉混钵并擦干，注意不要擦伤揉混钵。

三、结果表示

结果以中线峰值时间、中线峰值高度、中线峰值宽度、曲线下面积及 8 分钟带宽表示。

第四节　吹泡示功仪参数

吹泡示功仪可用来估计小麦的面团品质，也就是面包的烘焙力。做吹泡分析时，在和面机内将面粉加水揉和成面团，面团被挤压成面片，再切成圆形，在恒温室中放置 20min，将圆面片置于中间有一孔洞的金属底板上，四周用一个中空的金属环固定。从面片下面底板中间的孔中压入空气，在一定压力和流速的气流下，面片被吹成一个面泡，直至破裂为止。仪器自动记录气泡中空气压力随时间的变化，绘成吹泡示功仪曲线图。测试指标：面团的韧

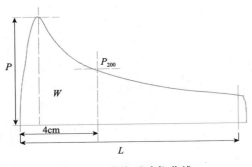

图 7-4　吹泡示功仪曲线

性、延伸性、破裂强度、P 值、L 值、W 值、弹性和烘焙能力。

一、主要参数

（一）P 值

P 值是吹泡示功仪曲线最大纵坐标的平均值，表示吹泡过程中所需的最大压力（图 7-4）。P 值代表吹泡过程中面团的最大抗张力，越大表示面粉的筋力和韧性越好。P 值随面团的稠度、弹性、抗力而变化，也就是说 P 值和面团的韧性及稠度相关。

（二）L 值

L 值指吹泡示功仪的曲线长度，即面泡膨胀破裂最大的距离，L 值越大表示面粉的延伸性越好。它体现了面团的两种能力：面团的延展能力和面筋网络的保气能力。

（三）W 值

W 值指曲线所包围的面积，表示面粉的筋力，代表在指定的方法下 1g 面团变形所用的功，又称为烘焙力，W 值与面包烘焙体积呈正比关系。面包粉 W 值大于 200。W 值为 400 的面粉最适合长时间发酵。不同类型小麦 W 值存在差异，其中饼干小麦 W 值在 150 以下，面包小麦 W 值为 150～300，硬质小麦 W 值在 300 以上。

（四）P/L 值

P/L 值指曲线的形状，表示韧性和延展性的相互关系。$P/L>1$ 表明面团的韧性过强而缺少延展性；P/L 过小，则表示延展性过强，可能会造成加工机械操作方面的问题。L 值和 P/L 值都是面团品质的重要参考值，优质酥性饼干 L 值最好能达到 100mm 左右，$P/L<0.5$。

（五）Ie 值

Ie 值是与曲线开始点相距 4cm 处的压力值，又称弹性指数。Ie 是以 mm 表示的压力比率，$\mathrm{Ie}=P_{200}/P_{\max}$，即面泡中吹入 200cm³ 空气（相应的 L 值为 40mm）时的平均压力值（P_{200}）与曲线最大压力值（$P_{\max}$）的比率。

二、测试方法和步骤

（一）实验原理

肖邦吹泡-稠度仪是法国特里百特-雷诺公司推出的一种新型检测仪器，是吹泡示功仪和稠度仪的组合机，它既可以作为稠度仪使用，也可以作为吹泡示功仪使用。

做稠度分析时，在面粉加水揉和成面团过程中，双臂搅拌刀搅推面团到压力传感器上产生一定的压力，随着面团的形成，该压力不断变化，仪器自动记录并作出面团阻力随时间变化的曲线，即为面团揉和性能曲线。根据揉合性能曲线，可以得出面团形成时间、稳定时间和跌落数值等流变学参数。同时由于面团的最大阻力和面粉的吸水率有很好的相关性，所以测定了最大阻力即可测定出面粉的吸水率。因此吹泡-稠度仪既可以在恒量加水情况下做稠度实验，测定面粉的吸水率，也可以在适量加水的情况下做稠度实验，测定面团的揉和性能。

（二）仪器及试剂

1. 仪器

肖邦电子型 NG 吹泡-稠度仪（主要包括和面机、吹泡器、数据记录和带电子触摸屏的处理系统和打印机）等。

2. 试剂

氯化钠（分析纯）；蒸馏水或与之纯度相当的水等。

（三）操作步骤

测定实验主要包括恒量加水稠度实验、适量加水稠度实验和恒量加水吹泡实验。恒量加水稠度实验和适量加水稠度实验参考《谷物品质测试理论与方法》（田纪春，2006），下文简单介绍恒量加水吹泡实验相关步骤。

1. 和面

1）称取 250（±0.5）g 已知水分含量的面粉，加入揉面钵内，根据面粉水分含量查表 7-1 得需加盐水（浓度 2.5%）量，加入到相应滴管中。

2）启动和面机，按下混合键，面刀转向为逆时针方向，并将盐水在 20s 内注入揉面钵内。

3）当和面机显示屏显示混合 1min 时，停止和面机，打开盖板，用塑料铲将搅拌刀和压力传感器等处的干面粉刮下，使之混入面团，上述操作应在 1min 内完成。

4）盖上盖板，按下绿色启动键重新启动和面机，继续和面 6min。

5）6min 后和面完成，和面机自动停止，计时器鸣叫，按停止键中止。按下计时器 1 键 2s 以上，使计数器 1 清零。

2. 切片、醒面

1）按下挤出键，和面刀转向为顺时针方向，然后按绿色启动键开始挤出面片，面团从和面机挤出，形成条状面片，迅速切下最开始挤出的 1cm 左右的面片，当面片到达挤出板缺口时，用刀切断面片，拉出挤出板，将面片滑入压片槽。重复以上操作，连续挤出 5 个面片（每次挤出板均应涂油）。按红色停止键中止。

2）将先挤出的 4 个面片按先后顺序均匀摆放在预先涂油的压片槽中，第 5 个面片留在挤出板上。

3）用预先涂油的压片辊沿压片槽轨道连续滑动 12 次（3 个快速往返，3 个慢速往返）。

4）用预先涂油的圆切刀将面片切成小圆片，去除多余的面块，将小圆片转移到涂油的醒置片上，如果面片黏在圆切刀上，应用手轻磕圆切刀外壁使面片自由落下，不要用手接触面片。如果面片黏在压片槽上，用塑料铲片将面片挑起，滑到醒置片上。

表 7-1　恒量加水吹泡 / 稠度实验加水量对应表

面粉水分含量 /%	加水量 /mL	面粉水分含量 /%	加水量 /mL	面粉水分含量 /%	加水量 /mL
8.0	156.1	12.0	138.3	16.0	120.6
8.2	155.2	12.2	137.5	16.2	119.7
8.4	154.4	12.4	136.6	16.4	118.8
8.6	153.5	12.6	135.7	16.6	117.9
8.8	152.6	12.8	134.8	16.8	117.0
9.0	151.7	13.0	133.9	17.0	116.1
9.2	150.8	13.2	133.0	17.2	115.2
9.4	149.9	13.4	132.1	17.4	114.3
9.6	149.0	13.6	131.2	17.6	113.4
9.8	148.1	13.8	130.3	17.8	112.5
10.0	147.2	14.0	129.4	18.0	111.7
10.2	146.5	14.2	128.6	18.2	110.8
10.4	145.5	14.4	127.7	18.4	109.9
10.6	144.6	14.6	126.8	18.6	109.0
10.8	143.7	14.8	125.9	18.8	108.1
11.0	142.8	15.0	125.0	19.0	107.2
11.2	141.9	15.2	124.1	19.2	106.3
11.4	141.0	15.4	123.2	19.4	105.4
11.6	140.1	15.6	122.3	19.6	104.5
11.8	139.2	15.8	121.4	19.8	103.7

　　5）立即将放有面片的醒置片放入吹泡器的恒温室（25℃）中，面片应按挤出先后顺序放置，第一个挤出的面片放在最上层，依次类推。

　　6）对第五个面片进行滚压、切片处理，将其放入恒温室的最下层。

　　7）卸下和面机的前侧壁和搅拌刀进行清洗。认真清洗挤出口处，不要残留干面团。

3. 吹泡

　　1）醒置时间结束，计时器发出警告，按下计时器 2 键 2s 以上，使计数器 2 清零。

　　2）卸下吹泡器的滚花环和盖片，将上盘旋至与 3 个圆柱相平的位置，然后将盖片翻起放在滚花环上。

　　3）向固定底盘加一滴油，抹开油滴，盖片内侧加油涂匀。

　　4）将面片滑到固定底盘的中心位置，如不在中心，用铲刀推其边缘将其移至中心。盖上盖片和滚花环将面片固定。

　　5）将上盘旋紧（应在 20s 内完成），卸下盖片和滚花环，放倒上盘的旋转手柄。

　　6）按下吹泡器上的"启动 / 停止"键启动气泵，面片会被吹起，气泡逐渐膨大直至破裂。当气泡破裂时，按"启动 / 停止"键关闭气泵。

　　7）按顺序依次测试其他 4 个面片，这样可以得到一个样品 5 个不同的吹泡曲线。系统自动对 5 条曲线取均值作为测试结果。

8）清理吹泡器中残留的面团。

三、结果表示

结果主要包括 P 值、L 值、W 值、P/L 值和 Ie 值。其中，P 和 W 的数值越大，表示面团的筋力越强。强筋粉 $W \geqslant 280$，中筋粉 W 为 $200 \sim 280$，弱力粉 $W \leqslant 200$。通过 P 与 L 的比值可以得出面筋的弹性和延伸性的相关情况（图7-5）：P/L 为 $0.15 \sim 0.7$，表示延伸性好，弹性差；P/L 为 $0.8 \sim 1.5$，延伸性好，弹性好；P/L 为 $1.5 \sim 5.0$，弹性好，延伸性差。

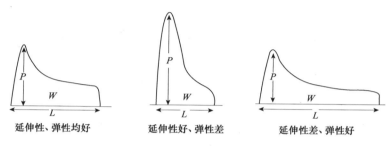

图 7-5　吹泡示功仪的不同曲线类型

第五节　Mixolab 混合实验仪参数

谷物的流变学特性是指谷物及其制品表现出的流体力学和黏弹性，是评定谷物品质的重要指标，已被广泛应用到谷物及其制品质量评价中。除蛋白质的数量和质量外，面粉的淀粉特性，尤其是淀粉糊的峰值黏度对面制品品质有重要的影响和作用。法国肖邦公司开发的Mixolab 混合实验仪，可以同时测定面粉的蛋白质特性和淀粉糊化特性，相当于揉混仪、粉质仪、黏度仪和糊化仪的"混合"，适用于谷物及其产品的品质分析，可用于研究样品的蛋白质特性、淀粉特性、酶活性和添加剂特性及影响。Mixolab 混合实验仪可用于检测小麦、大米和其他谷物的品质特性，适用于农业育种、粮食储存、粮油加工、食品厂和质检等行业。

一、主要参数

（一）吸水率

吸水率指面团达到按照一定设定程序测试得到的目标稠度 $C1$ 所需要的加水量，以占14% 湿基面粉的质量分数表示。

（二）初始最大稠度

初始最大稠度（$C1$）指混合实验仪曲线形成期间面团的初始最大稠度，即揉混面团时的扭矩顶点值（图7-6），用于确定吸水率。

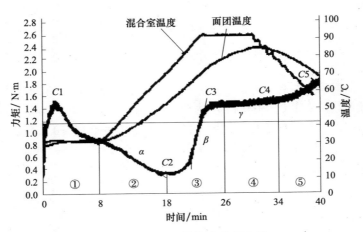

图 7-6　Mixolab 混合实验仪曲线
①面团形成阶段(恒温 30℃)；②蛋白质弱化阶段；③淀粉糊化阶段；
④淀粉酶活性（升温速率恒定）阶段；⑤淀粉回生阶段

（三）$C1$ 时间

$C1$ 时间（$T1$）指面团揉和过程中，稠度维持在 $C1-11\% \times C1$（即 89% $C1$）稠度值之上的连续时间。

（四）稳定性

稳定性指面团稠度大于 $C1-11\% \times C1$（即 89% $C1$）所持续的时间。

（五）最小稠度

最小稠度（$C2$）指混合实验仪曲线形成期间的最低稠度值，即 $C1$ 点后揉面钵温度在上升过程中曲线上的最低值（图 7-6）。依据机械工作和温度检测蛋白质弱化度。

（六）峰值黏度

峰值黏度（$C3$）指淀粉糊化作用下得到的最大黏度值，即 $C2$ 之后出现的峰值黏度（图 7-6）。$C3$ 与面团受热条件下淀粉粒的膨胀能力有关，体现的是淀粉老化特性。

（七）最低黏度

最低黏度（$C4$）指淀粉糊化后达到的最低黏度值，即 90℃搅拌阶段 $C3$ 值出现之后，黏度下降到最低点的值（图 7-6）。$C4$ 与淀粉酶活性及糊化胶的热稳定性有关。

（八）回生最终黏度

回生最终黏度（$C5$）指面团的最终黏度值，即冷却阶段完成后，测试结束时的面团黏度值（图 7-6）。

（九）α值

α值指30℃结束时与C_2间的曲线斜率，用于体现热作用下蛋白网络的弱化速率。

（十）β值

β值指C_2与C_3间的曲线斜率，体现淀粉糊化速率。

（十一）γ值

γ值指C_3与C_4间的曲线斜率，体现酶解速率。

二、测试方法和步骤

（一）实验原理

Mixolab混合实验仪由揉面钵（配有两个揉面刀）、加水系统、温控系统组成，测试完全由电脑控制，并可进行校准和数据存储。在测试开始之前，仪器进行自我校准，以保证揉面刀和温控系统在特定范围内运转。为了确保样品之间的可比性，混合实验仪在chopin＋实验协议中，加水和面后面团的质量为75g（对应面粉质量大概为50g），目标扭矩为1.1（±0.05）N·m，两个"S"形搅拌刀的转速为80r/min。混合实验仪测定在搅拌和温度双重因素下的面团流变学特性，主要是实时测量面团搅拌时两个揉面刀的扭矩变化。一旦面团揉混成型，仪器即开始检测面团在过度搅拌和温度变化双重制约因素下的流变特性变化。在实验过程的升温阶段，所获得的面团流变特性更加接近食品在烘焙及蒸煮工艺上的特性。混合实验仪标准实验的温度控制分为3个过程：①保持30℃ 8min的恒温阶段；②加温阶段，15min内以4℃/min的速率升温到90℃并保持高温7min；③降温阶段，10min内以4℃/min的速率降温到50℃并保持5min。3个过程共计45min。

混合实验仪的力矩曲线，表达了面粉从"生"到"熟"特性的大量综合信息，包括面粉的特性、面团升温时的特性、面团熟化时的特性，以及面团中酶对面团特性的影响等，反映了蛋白质、淀粉、酶对面团特性的影响，以及它们之间的相互作用。结果可表示面粉的吸水率、面筋的强度、淀粉的糊化和回生特性、酶的活性，以及面粉各组分间的相互作用等信息，即面粉的综合流变学特性。

（二）仪器及试剂

1. 仪器

Mixolab混合实验仪［法国肖邦公司，部件主要包括驱动马达、自动恒温水箱（恒温30℃）、揉面钵、储水器、注水喷嘴和操作软件］；天平（感量0.01g）等。

2. 试剂

水（符合GB/T 6682规定的三级水要求）等。

（三）操作步骤

按照国家标准《粮油检验　小麦粉面团流变学特性测试　混合试验仪法》（GB/T 37511—

2019）测定 $C1 \sim C5$ 等参数。

1. 样品水分含量测定

按照 GB 5009.3 的方法测定样品水分含量。

2. 仪器预热

打开混合实验仪电源开关，预热 30min。

3. 选择程序

打开混合实验仪程序，选择测定程序，输入样品名称、样品预估吸水率、选择吸水率的水分基准（标准测试为 14% 的水分基准）。

4. 测试

根据上述程序软件计算出的结果，称取样品，精确至 0.1g。点击程序软件图标"Start"开始测试。根据程序提示，缓缓加入样品，将注水口放到揉面钵上，待各个参数达到设定值时，仪器自动开始测试。每个样品做两次重复。

5. 清洗

测试完成后，程序自动保存实验结果；注水口喷嘴复位，然后将揉面钵取出，清洗并擦干。

三、结果表示

测定结果以吸水率（精确到 0.1%）、$C1$ 时间（$T1$，单位为 min，精确到 0.01min）、稳定性（tstab，单位为 min，精确到 0.01min）、$C2$（N·m）、$C3$（N·m）、$C4$（N·m）、$C5$（N·m）表示。

思 考 题

1. 评价面团品质的主要方法有哪些？主要指标参数包含哪些？
2. 评价面团品质的每种方法步骤如何？

第八章　最终加工品质测试分析评价

第一节　面包烘烤品质分析评价

随着我国经济的发展和人民生活水平的提高，原产于西方国家的面包在我国迅速发展起来。面包其实就是经过发酵的烘焙食品，基本原料为面粉、酵母、食盐和水，然后添加适量的糖、油脂、鸡蛋、乳品、果料、添加剂等，经过和面搅拌、发酵、整型、成型、醒发和烘烤等工序完成。一般情况下欧洲制作的面包多为硬式面包，而亚洲制作的面包多为软式面包。为了满足市场和消费者的需求，面包的种类也越来越多样化。

本节介绍的面包制作及品质评价是参考国标《粮油检验　小麦粉面包烘焙品质评价　快速烘焙法》（GB/T 35869—2018）的方法。将面粉和所需配料混合均匀制成面团，经过 20min 发酵，然后用压片机成型，放入样品模具盒，接着放入醒发箱中进行醒发，醒发 40min 后放入烘烤炉中进行烘烤（215℃烘烤 20min）。面包出炉后进行品质评价，包括外部和内部等特征参数。

一、主要参数

（一）出炉高度

面包出炉后，直接用刻度尺测量面包出炉高度（带模具盒测量）。

（二）体积

面包出炉后 5min，用体积测定仪（菜籽置换法）测定面包体积，取双实验样品的算术平均值。

（三）评分

面包评分总分为 100 分，包括面包体积、面包外观、面包芯色泽、面包芯质地、面包芯纹理结构五个部分。其中面包体积满分为 45 分：当体积<360mL 时为 0 分；大于 900mL 时为 45 分；体积为 360～900mL 时，每增加 12mL 得分增加 1 分。面包外观满分为 5 分：面包表皮色泽正常，光洁平滑无斑点，冠大，颈极明显，为 5 分；冠中等，颈短，为 4 分；冠小，颈极短，为 3 分；冠不明显，无颈，为 2 分；无冠，无颈，塌陷，为 1 分；表皮色泽不正常，或不光洁，不平滑，或有斑点，均扣 0.5 分。面包芯质地满分为 10 分：面包芯细腻平滑，柔软而富有弹性，为 10 分；面包芯粗糙坚实，弹性差，按下不复原或难复原，为最低分 2 分；介于二者之间，得分 3～9 分。面包芯纹理结构满分为 35 分：面包芯气孔细密，均匀并呈长形，孔壁薄，呈海绵状，为 35 分；面包芯气孔极不均匀，大小各异，大孔洞很多，

坚实部分连成大片，为最低分 8 分；处于二者之间的，得分为 9～34 分。面包芯色泽满分为5 分：洁白、乳白并有丝样光泽，得 5 分；洁白、乳白但无丝样光泽为 4.5 分；黑、暗灰为 1分；色泽白→黄→灰→黑的得分依次降低。

（四）质构参数

利用质构仪对切成的面包片进行面包质构参数（TPA）模式测试，可得到硬度、黏聚性、弹性、回复性、咀嚼性、胶着性等参数。

二、测试方法和步骤

（一）原料

面粉（符合 GB 1355）；即发干酵母（符合 GB/T 20886）；盐（符合 GB 2721）；糖（符合 GB 317）；起酥油（符合 LS/T 3218）；水（符合 GB/T 6682 中三级水的规定）；α-淀粉酶（符合 GB 8275）；1% 维生素 C 溶液（现用现配）；0.15% 脂肪酶溶液（现用现配）等。

（二）仪器和设备

针式搅拌机；面辊间距可调节的压片机；有盖的发酵箱；成型机（辊径 75mm，转速 70r/min 的三辊成型机）；恒温恒湿醒发箱（温度可调节）；面包听（马口铁或铝合金材料，上口内径 14.3cm×7.9cm，底部内径 12.9cm×6.4cm，听深 5.7cm）；菜籽置换型的面包体积测定仪（范围 400～1050mL，最小刻度单位为 5mL）；质构仪；天平（感量为 0.1g 和0.001g）；量筒（50mL、100mL，分度值为 1mL）；移液枪（1mL）；温度计（0～100℃）；刻度尺（量程≥15cm，分度值 0.1cm）；秒表；刮板等。

（三）测定步骤

1. 称样

称取 100.0g（14% 湿基）面粉，糖 6.0g，起酥油 3.0g，即发干酵母 2.7g，盐 1.5g，α-淀粉酶约 0.2g（添加量根据酶的活性而定，其活性以调节面粉的降落数值为 225～300s 为宜），维生素 C 1.0mL，脂肪酶 1.0mL，水（加水量参照面团粉质吸水率，根据面团软硬进行调整，以面团尽可能柔软而不粘手为宜）。

2. 和面

将上述准备好的原料放入揉面钵中，按 GB/T 14614 的方法加入适量的水，启动搅拌机，搅拌至面筋充分扩展状态为止（一般和面时间为 1～5min）。此时的面团应该是表面光洁，无断裂痕迹，手感柔和，一般可拉成均匀的薄膜，面团温度应为 30（±1）℃。

3. 发酵

将制备好的面团取出，如是 200g 面粉则分成两等份，用压片机进行压片，面辊间距为0.8cm，由上至下辊压面团两次，排除面团中的气泡。辊压后将面片折成三层放在稍涂有油的发酵钵中，置醒发箱中发酵 20min，醒发箱中温度为 38（±1）℃，相对湿度为 80%～90%。

4. 揉压成型

取出发酵好的面团，以压片机面辊（间距分别为 0.7cm 和 0.5cm）由上至下辊压一次并成型，放到事先涂过油的面包听中。

5. 醒发

将面包听放入醒发箱中醒发 40min。醒发箱中温度为 38（±1）℃，相对湿度为 80%～90%。

6. 烘烤

醒发结束后，利用刻度尺测量样品醒发高度（带听测量）后立刻放入烤炉中进行烘烤，温度为 215℃，烘烤时间为 20min。为了调整炉内的湿度，可在炉内放一杯清水。

7. 面包评价

面包出炉后，先用刻度尺测量面包出炉高度；5min 之后，用体积测定仪测定面包体积。面包评分按照 GB/T 35869—2018 的标准评价方法进行。

8. 质构参数评价

（1）TPA 测试　　用切片机把面包从中间切成 25mm 厚的片状，然后用 TA.XT.plus 型质构仪进行测定，探头为柱形 P/36R，采用 TPA 模式进行测试。TPA 质构测试又称为 2 次咀嚼测试，主要是通过模拟人的口腔咀嚼运动，对固体和半固体样品进行 2 次压缩和测试，从中可以分析质构特性参数，并根据样品的种类和研究者的目的重点分析其中的几个指标。具体设置参数如表 8-1 所示。TPA 测试的质地特征曲线如图 8-1 所示。

表 8-1　质构仪测试设定模式与参数

模式	测试前速率 /（mm/s）	测试速率 /（mm/s）	测试后速率 /（mm/s）	测试距离 /%	时间间隔 /s	感应力 /g	取点数 （PPS）
压缩模式	1.0	0.5	0.5	75	1	5	200

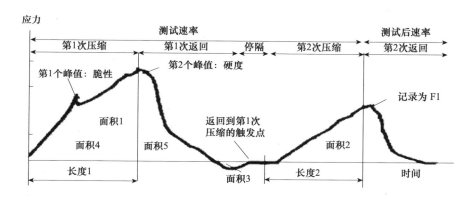

图 8-1　TPA 测试的质地特征曲线

1）硬度：第一次压缩时的曲线最大峰值。

2）黏性：第一次压缩曲线达到零点到第二次压缩曲线开始之间曲线的负面积（图 8-1 中的面积 3）。

3）弹性：变形样品在去除压力后恢复到变形前的高度比率，用第二次压缩与第一次压缩的高度比值表示，即长度 2/ 长度 1。

4）黏聚性：表示测试样品经过第一次压缩变形后所表现出来的对第二次压缩的相对抵抗能力，在曲线上表现为两次压缩所做正功之比（面积 2/ 面积 1）。

5）胶着性：只用于描述半固态测试样品的黏性特性，数值上用硬度和黏聚性的乘积表示。

6）咀嚼性：只用于描述固态测试样品，数值上用胶着性和弹性的乘积表示。测试样品不可能既是固态又是半固态，所以不能同时用咀嚼性和胶着性来描述某一样品的质构特性。

7）恢复性：表示样品在第一次压缩过程中回弹的能力，是第一次压缩循环过程中返回样品所释放的弹性能与压缩时探头的耗能之比，在曲线上用面积 5/面积 4 的比值来表示。

（2）面包坚实度　采用质构仪测定面包坚实度，测试模式与参数如表 8-2 所示，面包坚实度曲线如图 8-2 所示，曲线的最高点为面包坚实度。

表 8-2　质构仪测试设定模式与参数

模式	测试前速率 /（mm/s）	测试速率 /（mm/s）	测试后速率 /（mm/s）	测试距离 /%	测试时间 /s	感应力 /g	取点数 （PPS）
压缩模式	1.0	1.7	10.0	25	60	5	200

（3）面包韧性　选择 A/MHTR 附件（具有一定倾斜角的金属平板底座）和 HDP/90 承重平台，将样品切成一定厚度的薄片（去掉周边的面包皮），夹在有一定倾角的两块金属板之间，用带有一根金属丝的切割框垂直向下切割样品，力量感应元感受到力后，传感器开始记录数据并传至计算机，根据金属丝所受到力的大小对时间作图，可判断样品坚实度（用力表征）和韧性（用曲线和 x 轴之间的面积表征）（图 8-3）。

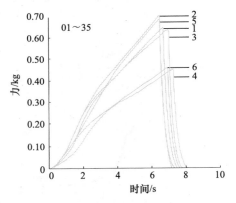

图 8-2　不同处理面粉制作的面包坚实度曲线图

1. 原面粉；2. 脱脂面粉；3. 重组面粉；4. 原面粉 ＋3% 起酥油；5. 脱脂面粉＋3% 起酥油；6. 重组面粉＋3% 起酥油；01～35 表示不同的小麦品系

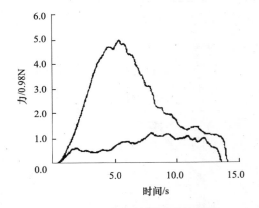

图 8-3　面包韧性测试质地曲线

三、结果表示

测定结果以面包的出炉高度、评分、体积、坚实度、硬度、黏性、弹性、咀嚼性、黏聚性、胶着性、恢复性、韧性等表示。

第二节　饼干烘烤品质分析评价

饼干是以谷类粉（和/或豆类、薯类粉）等为主要原料，添加或不添加糖、油脂及其他原料，经调粉（或调浆）、成型、烘烤（或煎烤）等工艺制成的食品，以及熟制前或熟制后在上述产品之间（或表面、内部）添加奶油、蛋白、可可、巧克力等的食品。根据配方和生产工艺的不同，饼干可分为酥性饼干、韧性饼干、发酵（苏打）饼干、薄脆饼干、曲奇饼干、夹心饼干、威化饼干、蛋圆饼干、水泡饼干和披萨饼干等。本节介绍的饼干制作及品质评价的方法参考国标《饼干》（GB/T 20980—2007）、《发酵饼干用小麦粉》（LS/T 3205—1993）、《酥性饼干用小麦粉》（LS/T 3206—1993）和 AACC10-50D 的方法。

一、主要参数

（一）直径

饼干出炉冷却 30min 后，将 6 块（或 2 块）饼干边缘对边缘测量其直径，各饼干均按一个方向转动 90 度，重复 4 次，并计算平均值。一般情况下，饼干直径越大，其品质较好。

（二）厚度

将 6 块（或 2 块）饼干叠起，测量其高度，然后随意变换饼干位置，重复测量，计算平均值。一般情况下，饼干厚度越大，其品质越差。

（三）延展因子

饼干延展因子是饼干直径与饼干厚度的比值。饼干直径越大、厚度越小，则延展因子越大，表示饼干质量越好。由于饼干直径与厚度呈高度负相关，因此，常以直径表示饼干品质的优劣。

（四）感官评分

以酥性饼干和发酵饼干为例，参考 GB/T 20980—2007、LS/T 3205—1993 和 LS/T 3206—1993 的规定，感官评分标准见表 8-3。

表 8-3　饼干品质感官评分标准

项目	扣分内容	扣分标准（每块扣分）	满分
花纹（表面状态）	明显，清晰	0	10
	无花纹	1	
	不明显	0.5	
形态	不完整	0.2	10
	气泡	0.3	

项目	扣分内容	扣分标准（每块扣分）	满分
形态	不端正	0.2	10
	凹底 1/3	0.2	
	凹底 1/5	0.1	
黏牙度	轻微黏牙	0.25	10
	较黏牙	0.5	
酥松度	很酥松	0	20
	较酥松	0.5	
	不酥松	2	
口感粗糙度	很粗糙	1.5	15
	较粗糙	0.5	
	细腻	0	
组织结构	均匀	0	10
	轻微不均匀	0.25	
	较不均匀	0.5	
	不均匀	1	

注：总分 75 分，折算成 100 分

（五）质构参数

TPA 模式下，常用圆柱形探头（P50 探头），测试前速率 1.00mm/s，测试速率 0.50mm/s，测试后速率 0.5mm/s，压缩程度 90%，数据采集速率为 200p/s（p/s 表示每秒取点数），可获得硬度、黏聚性、弹性、回复性、咀嚼性、胶着性等参数。

二、测试方法和步骤

（一）原料

面粉（符合 LS/T 3205—1993 或 LS/T 3206—1993，根据实际选择）；白砂糖（符合 GB/T 317—2018）；饴糖；起酥油（符合 GB 15196—2015）；奶油（符合 GB/T 5009.77—2003）；柠檬酸（符合 GB 1886.235—2016）；小苏打（符合 GB 1886.2—2015）；盐（符合 GB 2721）；碳酸氢铵（符合 GB 1888—2014）；鸡蛋；奶粉；水（符合 GB/T 6682 中三级水的规定）；酵母（符合 GB/T 20886，发酵饼干用）；油脂（符合 GB 15196—2015，发酵饼干用）等。

（二）仪器和设备

Hobart 和面机；烤箱；天平（感量分别为 0.1g 和 0.001g）；量筒（50mL、100mL，分度值为 1mL）；移液枪（1mL）；烧杯（100mL，500mL）；刻度尺（量程≥15cm，分度值0.1cm）；秒表；玻璃棒；印花模具；醒发箱等。

（三）测定步骤

1. 酥性饼干制作

1）称取白砂糖85.5g并加水约15mL（加水量随面粉吸水率而变）。加热溶解、冷却至30℃左右，加入饴糖13.8g。

2）将称好的起酥油45g和奶油6g一起加热熔化，再冷却至30℃左右，向其中加入柠檬酸0.012g。

3）将称好的小苏打0.21g溶解于5mL冷水中，将称好的食盐0.9g和碳酸氢铵0.9g一起溶解于5mL冷水中。

4）将油、糖混合在一起，用Hobart和面机低档搅拌10s，再加入鸡蛋50g搅拌直至均匀（中档约20s）。

5）加入碳酸氢铵溶液，用低档搅拌均匀，然后再加入食盐和碳酸氢铵的混合液，低档搅拌至均匀。

6）所有辅料（除奶粉外）混合均匀，约用1min。

7）将奶粉13.8g和面粉300g预先混合均匀，然后再加入上步骤搅拌均匀的配料，调制成面团，约1min，调制好的面团温度为22℃左右。

8）将调制好的面团取出，静置5～10min，使面团用手捏时不感到粘手，软硬适度，面团上有清楚的手纹痕迹，当用手拉断面团时，感觉稍有黏结力和延伸性，拉断的面团没有缩短的弹性现象。这时说明面团的可塑性良好，可以判断面团调制已达到终了阶段。

9）手工压片，用两片2.5mm厚的铝片，放在压辊两端压制，使面片厚2.5～3mm。

10）用有花纹的印模手工成型（用力均匀）。

11）烘烤：烘烤温度200℃，时间约9min，具体可以视饼干颜色而定。

2. 发酵饼干制作

（1）第一次调粉　　称取2g酵母溶于65mL的温水中溶解，备用；然后取135g面粉，放入Hobart和面机中，加入配好的酵母液，慢速搅拌4min，形成面团。

（2）第一次发酵　　将上述形成的面团放入塑料盒中，放入醒发箱中进行醒发，温度28℃左右，相对湿度70%左右，发酵时间为5h。

（3）第二次调粉　　称取135g面粉、40.5g油脂、1.1g饴糖、12.5g奶粉、1.25g盐、1.0g碳酸氢钠、0.7g碳酸氢铵和30mL的温水加入上述发酵的面团中，充分混匀，慢速搅拌5min，形成面团。

（4）第二次发酵　　将上述形成的面团放入醒发箱中醒发，温度和湿度同第一次发酵，发酵3～4h。

（5）调制油酥　　称取30g面粉，4.2g盐，11g油脂，搅拌均匀，调制成油酥。

（6）辊轧成型　　发酵后的面团用手工辊轧成面片，油酥均匀地包在面片中，经过数次折叠、辊轧包酥（每次变换角度为90度），使面片具有数层均匀的油酥层。手工辊轧10～14次。用两片2.5mm厚的铝片放在压辊两端压制，使面片厚度2.5～3mm；然后用带有花纹和针孔的印模手工压膜成型（用力要均匀）。

（7）烘烤　　用电加热远红外食品烤箱进行烘烤，炉温为220℃，时间约为8min。

三、结果表示

每种饼干在冷却后任意抽取 10 块，由具有一定评分能力和评分经验的评分人员（每次 5～7 人）按饼干品质评分标准进行评分（取算术平均值），评分折算成百分制，取整数，平均数中若出现小数则采用四舍、六入、五留双的方法取舍。

第三节　蛋糕烘烤品质分析评价

蛋糕的原始称呼是"甜的面包"，是一种古老的西点，一般是以鸡蛋、白糖和面粉为主要基础原料，以牛奶、果汁、奶粉、香粉、色拉油、水、起酥油、泡打粉为辅料，经过搅拌、调制、烘烤后制成一种像海绵的点心。本节介绍的蛋糕制作及品质评价是参考国家标准《粮油检验　小麦粉蛋糕烘焙品质试验　海绵蛋糕法》（GB/T 24303—2009）的方法。

一、主要参数

（一）质量

蛋糕在出炉后，室温下稍微冷却，从模具中把蛋糕拿出，冷却 30min，放到天平上进行称重（精确至 0.01g）。

（二）体积

称完重后，用面包体积仪测量体积（精确至 5mL）。

（三）比容

蛋糕比容是指蛋糕质量与蛋糕体积的比值。

（四）品质评分

蛋糕品质评分包括蛋糕比容评分（30 分）、表面状况（10 分）、内部结构（30 分）、弹柔性（10 分）、口感（20 分）。评分标准见表 8-4。

表 8-4　蛋糕品质评分标准

蛋糕比容评分（30 分）	表面状况（10 分）	内部结构（30 分）	弹柔性（10 分）	口感（20 分）
比容为 4.8，得 30 分	表面光滑无斑点和环纹，上部有较大弧度，得分 8～10 分	亮黄、淡黄、有光泽，气孔较均匀、光滑细腻，得 23～30 分	柔软有弹性，按下去后复原很快，得 8～10 分	味醇正、绵软、细腻稍有潮湿感，得 16～20 分
比容为 2.5，得 7 分	表面略有气泡、环纹、稍有收缩变形，上部有一定弧度，得 5～7 分	黄或淡黄色，无光泽，气孔略大稍粗糙、不均匀、无坚实部分，得 16～22 分	柔软较有弹性，按下去后复原较快，得 5～7 分	绵软略有坚韧感、稍干，得 12～15 分
比容为 6.0，得 18 分	表面有深度环纹、收缩变形且凹陷、上部弧度变小，得 2～4 分	暗黄，气孔较大且粗糙、底部气孔紧密、有少量坚实部分，得 8～15 分	柔软性、弹性差，按下去后难复原，得 2～4 分	松散发干、坚韧、粗糙或较黏牙，得 6～11 分

注：蛋糕比容评分标准详见 GB/T 24303—2009

二、测试方法和步骤

（一）原料

面粉（符合 GB 1355）；鲜鸡蛋（符合 SB/T 10277 规定的二级标准）；绵白糖（符合 GB 1445）等。

（二）仪器和设备

1）打蛋机：无级变速打蛋机（40～300r/min）。打蛋缸缸体上口直径 24cm，下底直径 11cm，深 9.5cm，壁呈半球形。

2）电热式烤炉：平面烤炉，可以调节上、下火，温控范围为 50～300℃；或旋转烤炉，温控范围为 180～230℃，控温精度应在 ±8℃。

3）面包体积测定仪：菜籽置换型，测量范围 400～1050mL，最小刻度单位为 5mL。

4）天平：感量 0.1g 和 0.001g。

5）蛋糕模具：市售 12.7cm（5 英寸）圆形蛋糕模具（下底内径 11.3cm、上口内径 12.5cm、内高 5.2cm）。

6）其他：量筒，秒表，CQ7 号筛（60 目）等。

（三）测定步骤

1. 蛋糕制作配方

面粉（14% 湿基），鲜鸡蛋液，绵白糖等。

2. 称量

按上述配方，准确称取通过 60 目筛的面粉 100.00g，鲜鸡蛋液 130.00g，绵白糖 110.00g，称量蛋糕模具并编号，精确至 0.01g。

3. 制备蛋糊

在室温为 20～25℃时，将称量好的蛋液和绵白糖放入打蛋机搅拌缸中，以慢速（60r/min）搅打 1min 充分混匀，再以快速（200r/min）搅打 19min。

4. 制备面糊

将称量的面粉均匀倒入蛋糊中，慢速（60r/min）搅拌 10s 停机，拿下搅拌头，快速将搅拌缸内壁蛋糊刮至缸底，装上搅拌头再用慢速（60r/min）搅拌 20s 停机，取下搅拌缸，以自流淌出方式将面糊分别倒入两个蛋糕模具中。每个模具中的面糊为 150.00g，精确到 0.01g。黏附在搅拌缸内壁的面糊不应刮入模具中。

5. 烘烤

把装入面糊的模具立即入炉烘烤。若使用平面烤炉，设定烤炉上火为 180 ℃，下火为 160 ℃；若使用旋转烤炉，设定炉温为 190 ℃。烘烤时间为 18～20min。

三、结果表示

根据每个评价人员的评分结果计算平均值。个别与平均值相差 10 分以上的数据应舍弃，舍弃后重新计算平均值，计算结果取整数，为蛋糕评分。同时测量蛋糕质量和体积，计算出蛋糕比容。

第四节　面条品质分析评价

面条是中国传统的食物，一般是用谷物粉和水搅拌混匀，形成面团，然后擀制成片，再切成条状，经过煮、炒等而制成。面条品种类型繁多，目前市场上根据含水量的差异，主要分为鲜面（含水量 30% 左右）、鲜湿面（含水量 20%~25%）和挂面（含水量低于 14.5%）。国外比较出名的有意大利的意大利面和通心粉，以及日本的乌冬面和拉面。我国出名的面食比较多，如山西刀削面、北京炸酱面、河北龙须面、山东打卤面、陕西油泼面、河南烩面、兰州拉面、吉林冷面、上海阳春面、武汉热干面、安徽板面、重庆小面等。本节介绍的面条制作及品质评价是参考国家标准《粮油检验　小麦粉面条加工品质评价》（GB/T 35875—2018）的方法。

一、主要参数

（一）感官评价指标

面条的感官评价指标包括坚实度、弹性、光滑性、食味、表面状态、色泽等，评分标准详见表 8-5。

表 8-5　面条感官评价指标评分标准

评价指标	满分	评价方法
坚实度	10 分	软硬合适（8~10 分） 稍软或稍硬（7 分） 很软或很硬（4~6 分）
弹性	25 分	弹性好（21~25 分） 弹性一般（16~20 分） 弹性差（10~15 分）
光滑性	20 分	光滑爽口（17~20 分） 较光滑（13~16 分） 不爽口（9~12 分）
食味	5 分	具有麦香味（5 分） 基本无异味（4 分） 有异味（2~3 分）
表面状态	10 分	表面光滑、有明显透明质感（8~10 分） 表面较光滑、透明质感不明显（7 分） 表面粗糙、明显膨胀（4~6 分）
色泽	30 分	亮白或亮黄（25~30 分） 亮度一般或稍暗（20~24 分） 灰暗（14~19 分）

（二）质构参数

1. TPA 参数

面条的 TPA 模式同面包一样，包括硬度、黏着性、弹性、黏聚性、胶着性、咀嚼性和回复性。测试参数：取 5 根煮熟的面条或鲜湿面条并排放在测试平台上，测试前速率 1mm/s，测试速率 0.8mm/s，测试后速率 0.8mm/s，测试距离为样品厚度的 70%，时间间隔 1s，感触力 5g。

2. 剪切参数

探头同 TPA 模式，包括坚实度（峰值，g）、致密性或黏性（负峰面积，g.sec）、适口性（负峰面积/正峰面积×100）、延展性（0～2sec 梯度）。测试参数：测试前速率 1mm/s，测试速率 0.17mm/s，测试后速率 10mm/s，测试距离为面条厚度的 90%，感触力 20g，取点数 200PPS。

3. 拉伸参数

探头为 A/SPR 探头及其附件（为上下两个相互平行的摩擦轮）。拉伸参数主要包括拉伸强度和拉伸距离。测试参数：测试前速率 1mm/s，测试速率 3mm/s，测试后速率 3mm/s，第一次测试距离 20mm，第二次测试距离 100mm，感触力 5g，取点数 500PPS。

4. 干面条断裂强度

探头为 A/SFR 探头及其附件（为上下两个支撑槽）。干面条样品长度为 10cm。测试参数：测试前速率 0.5mm/s，测试速率 2.5mm/s，测试后速率 10mm/s，测试距离为 50mm，此距离可根据样品调节，感触力 5g，取点数 400PPS。

二、测试方法和步骤

（一）原料

面粉（符合 GB 1355）；蒸馏水（符合 GB/T 6682 中三级水的规定）等。

（二）仪器和设备

搅拌机（针式搅拌机）；实验室专用面条机（面辊间距可以调节）；食用自封袋（12 号）；电子式游标卡尺（分度值 0.01mm）；蒸锅（直径 22～26cm）；电磁炉（最低功率 1600W）；天平（感量 0.1g）；量筒（50mL）；移液枪（5mL）；和面钵等。

（三）测定步骤

1. 实验环境控制

控制实验室温度为 25（±5）℃、相对湿度为 40%～60%。

2. 称样

参照表 8-6，称取质量相当于 200.0g 水分含量为 13.5% 的面粉样品，精确至 0.1g。将样品倒入搅拌机和面钵中，加入一定量的蒸馏水（30℃），每百克面粉加水量按粉质吸水率的 46%～48% 计算，具体加水量可视样品实际情况做适当调整。粉质吸水率按照 GB/T 14614 进行测定。

表 8-6　换算为 13.5% 湿基的面粉称样量（100g 面粉）

面粉水分 /%	面粉质量 /g	面粉水分 /%	面粉质量 /g	面粉水分 /%	面粉质量 /g
9.0	95.05	11.2	97.41	13.4	99.88
9.1	95.16	11.3	97.52	13.5	100.00
9.2	95.26	11.4	97.63	13.6	100.12
9.3	95.37	11.5	97.74	13.7	100.23
9.4	95.47	11.6	97.85	13.8	100.35
9.5	95.58	11.7	97.96	13.9	100.46
9.6	95.69	11.8	98.07	14.0	100.58
9.7	95.79	11.9	98.18	14.1	100.70
9.8	95.90	12.0	98.30	14.2	100.82
9.9	96.00	12.1	98.41	14.3	100.93
10.0	96.11	12.2	98.52	14.4	101.05
10.1	96.22	12.3	98.63	14.5	101.17
10.2	96.33	12.4	98.74	14.6	101.29
10.3	96.43	12.5	98.86	14.7	101.41
10.4	96.54	12.6	98.97	14.8	101.53
10.5	96.65	12.7	99.08	14.9	101.65
10.6	96.76	12.8	99.20	15.0	101.76
10.7	96.86	12.9	99.31	15.1	101.88
10.8	96.97	13.0	99.43	15.2	102.00
10.9	97.08	13.1	99.54	15.3	102.13
11.0	97.19	13.2	99.65	15.4	102.25
11.1	97.30	13.3	99.77	15.5	102.37

3. 和面

启动搅拌机，先搅拌 1min，清理粘于和面钵壁和底上的面，然后再搅拌 2min。直至面粉成为均匀的颗粒（大小如小米粒），且手感湿润。

4. 压片

用实验室专用面条机将和好的坯料以压辊间距 3.0mm 进行压片，将压片对折，压延 1 次，重复此对折和压延动作两次，再单片压延一次，置于食用自封袋中。

5. 放置

将置于食用自封袋的面片于实验室条件下放置 30min。

6. 压片、切面

调节面条机压辊间距为 2.5mm，压延一次；调节压辊间距为 2.0mm，压延一次；调节压辊间距为 1.5mm，压延一次；然后用电子游标卡尺测试面片厚度，根据此厚度大小，将压辊间距调节为 1.25（±0.03）mm，压延，将面片切成 2.0mm 宽的面条。

7. 装袋

将面条切成 200mm 长的湿面条，装于食用自封袋备用。

8. 煮面

称取 100g 制备好的面条样品，放入盛有 1000mL 沸水的蒸锅中，在电磁炉上以 1600W 的功率煮 6min，立即将面条捞出，放于盛有 500mL 的 0℃冰水中约 30s，然后捞出面条至盛有冰块的样品盘中待品尝。

三、结果表示

根据评价小组的综合评分结果计算平均值，个别与平均值相差 10 分以上的数据应舍弃，舍弃后重新计算平均值。最后以综合评分的平均值作为面条品质评价的实验结果，计算结果取整数。

第五节 馒头品质分析评价

馒头是中国传统面制食品之一，俗称馍或馍馍，主要原料为面粉，是把面粉加酵母（老面）、水、食用碱等混合均匀，通过揉制、饧发后蒸熟而成的食品，成品外形为半球形或长方形。根据不同的加工工艺，可分为硬面馒头、软面馒头，或杂粮馒头、红糖馒头等。本节介绍的馒头制作及品质评价是参考国家标准《粮油检验 小麦粉馒头加工品质评价》（GB/T 35991—2018）的方法。

一、主要参数

（一）直径、高度及宽高比

馒头蒸熟后，冷却 60min，用电子式游标卡尺测定馒头的直径（cm）和高度（cm），用直径除以高度计算出宽高比。

（二）比容

馒头蒸熟后，冷却 60min，用天平称其质量（g），用体积测定仪测定其体积（mL），然后用体积除以质量，计算出馒头比容（mL/g）。

（三）感官评价指标

感官评价指标主要包括弹性、表面色泽、表面结构、内部结构、韧性、黏性、食味、比容和宽高比。具体评价方法见表 8-7。

表 8-7　馒头品质评价方法

评价指标	满分	评价方法
比容	20 分	比容大于或等于 2.8，得 20 分
		比容小于或等于 1.8，得 5 分
		比容为 1.8～2.8，每下降 0.1 扣 1.5 分
宽高比	5 分	宽高比小于或等于 1.4，得 5 分
		宽高比大于 1.6，得 0 分
		宽高比为 1.4～1.6，每增加 0.05 扣 1 分
弹性	10 分	手指按压回弹性好，得 8～10 分
		手指按压回弹性弱，得 6～7 分
		手指按压不回弹或按压困难，得 4～5 分
表面色泽	10 分	光泽性好，得 8～10 分
		光泽稍暗，得 6～7 分
		光泽灰暗，得 4～5 分
表面结构	10 分	表面光滑，得 8～10 分
		表面皱缩、塌陷、有气泡或烫斑，得 4～7 分
内部结构	20 分	气孔细腻均匀，得 18～20 分
		气孔细腻基本均匀，有个别气泡，得 13～17 分
		气孔基本均匀，过于细密，有稍多气泡或气孔均匀但结构稍显粗糙，得 10～12 分
		气孔不均匀或结构很粗糙，得 5～9 分
韧性	10 分	咬劲强，得 8～10 分
		咬劲一般，得 6～7 分
		咬劲差，切时掉渣或咀嚼干硬，得 4～5 分
黏性	10 分	爽口不黏牙，得 8～10 分
		稍黏牙，得 6～7 分
		咀嚼不爽口，很黏牙，得 4～5 分
食味	5 分	正常小麦固有的麦香味，得 5 分
		滋味平淡，得 4 分
		有异味，得 2～3 分

（四）TPA 质构参数

将制作好的馒头沿竖直方向切成厚度为 25mm 的均匀薄片，用质构仪 P/35 压盘式探头运行 TPA 压缩模式测定。测试前速率为 2.0mm/s，测试速率为 1.0mm/s，测试后速率为 1.0mm/s，测试距离为 15mm（样品厚度的 60%），感触力为 5g，两次压缩间隔时间为 5s，取点数为 200PPS。测定指标为硬度、黏着性、弹性、黏聚性、咀嚼性、回复性和胶着性。

二、测试方法和步骤

（一）原料

面粉（符合 GB/T 1355）；即发干酵母（符合 GB/T 20886）；蒸馏水（符合 GB/T 6682）等。

（二）仪器和设备

搅拌机（针式搅拌机）；恒温恒湿醒发箱［温度在 30（±1）℃，相对湿度在 80%～90%］；压片机（面辊间距可以调节）；不锈钢蒸锅（直径 26～28cm，单层）；电磁炉（最低功率 1600W）；天平（感量 0.1g）；电子式游标卡尺（分度值 0.01mm）；体积测定仪（菜籽置换型，范围 400～1050mL，最小刻度单位为 5mL）；量筒（50mL、100mL，分度值为 1mL）；移液管（5mL，或移液枪，量程 1mL）；温度计（0～100℃）；秒表；刮板等。

（三）测定步骤

1. 称样

称取 1.6g 即发干酵母溶于 50mL 38℃的蒸馏水中备用。参见表 8-6，称取质量相当于 200.0g 水分含量为 13.5%（质量分数）的面粉样品，精确至 0.1g。倒入搅拌机中，加入备用的酵母溶液，补加适量的蒸馏水，即粉质吸水率的 70%～80%（一般补加水量为 40～60mL，根据面团的实际吸水状况进行调整）。

2. 和面

启动搅拌机，搅拌至面团形成，取出，记录和面时间。和好的面团温度应为 30（±1）℃。面团温度主要通过调整和面的水温和室内温度来控制。

3. 压片、成型

将和好的面团在压片机面辊间距为 0.5cm 处由上至下辊压 10 次赶气，然后平均分割成两块，分别手揉 20～30 次，至面团滋润成型，制成馒头胚，成型高度约为 6cm，底围直径约为 5cm。

4. 醒发

将成型的馒头胚放在蒸纸上置于恒温恒湿醒发箱中醒发，醒发箱温度为 30（±1）℃，湿度为 80%～90%，醒发时间为 30min。

5. 蒸制

向不锈钢蒸锅内加入 1.5L 自来水［水温控制在 30（±5）℃］，将醒好的馒头胚同蒸纸一起放在锅屉上，将电磁炉功率设定为 1600W，蒸制 25min。取出馒头，盖上纱布冷却 60min 后测量。

6. 测量

用天平称量馒头质量；用电子式游标卡尺测定馒头的直径和高度；用体积测定仪测量馒头体积；然后计算出馒头比容和宽高比。

三、结果表示

根据评分小组的综合评分结果计算平均值，个别与平均值相差 10 分以上的数据应舍弃，舍弃后重新计算平均值。最后以综合评分的平均值作为面粉馒头品质评价的试验结果，计算结果取整数。

思　考　题

1. 烘烤品质包括哪几方面？每一类产品品质评价的主要指标包含哪些？
2. 蒸煮品质包括哪几方面？每一类产品品质评价的主要指标包含哪些？
3. 每一类产品的品质评价标准如何？

实验一　谷物中 17 种蛋白质水解氨基酸含量的测定——氨基酸分析仪法

一、实验原理

谷物籽粒中的氨基酸，按一定顺序结合成不同类型的肽和蛋白质，因而测定前要用一定浓度的酸使蛋白质中的肽键断裂，肽链打开，形成单一的氨基酸后再进行分析。

经水解、赶酸、过滤等一系列程序处理过的样品中，氨基酸在低 pH 的条件下都带有正电荷，均能被吸附在阳离子交换树脂上，但因不同种类氨基酸所带正电荷的数量不同而导致与阳离子交换树脂的结合力不同，所以吸附的程度不同。按照氨基酸分析仪设定的洗脱程序，用不同离子强度、pH 的缓冲液将不同吸附力的氨基酸依次洗脱下来。洗脱下来的氨基酸逐个与茚三酮试剂在高温反应器中进行衍生反应，反应温度 135℃，生成可在分光光度计中 570nm 和 440nm 处检测到的蓝紫色物质，然后在检测器中被检测出来，根据吸收峰的保留时间、保留面积进行外标定量分析。

二、仪器和用具

万分之一电子天平；实验室用粉碎机；水解管；氮吹仪；真空干燥箱或旋转蒸发仪；电热恒温干燥箱；L-8900 氨基酸自动分析仪等。

日立 L-8900 氨基酸自动分析仪主要由输液泵系统、自动进样器、离子交换柱、反应柱、检测器、柱温箱、氮气保护器、缓冲溶液、反应溶液及数据记录和处理系统组成（图 9-1），内部各部分构造及名称如图 9-2 所示。

（1）输液泵系统　　输液泵系统采用的是微量型串联式双柱塞往复泵，这种泵采用了高速反馈实时控制技术，最大优点是脉动小，噪音低，可以保证所供液体流量恒定，流速稳定，压力范围 0～29.9MPa，流量范围 0～0.999mL/min，增量 0.001mL/min（图 9-3）。

（2）自动进样器　　自动进样器采用直接进样方式，进样准确，交叉污染小，不易造成上机前样品溶液浓度变化，同时使得进样时进样阀产生的脉动降低，因此进样后 5min 内出峰的样品分离得到改善，定量更准确。进样盘中进样瓶的数量是 200 个，可选配制冷装置，进样瓶容积是 1500μL，进样量范围为 0.1～100μL，进样量一般是 20μL（图 9-4）。

（3）离子交换柱　　离子交换柱又称分离柱、色谱柱，是氨基酸分析仪的中心部件，氨基酸分析仪的"心脏"。氨基酸分析仪依靠离子交换柱把具有共性而又有差别的各种氨基酸分离进行定量。分离柱分为两种：一种是标准氨基酸分析柱（HAA）；另一种是专门分析生

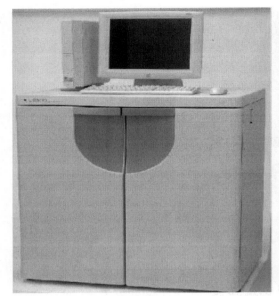

图 9-1　L-8900 氨基酸自动分析仪

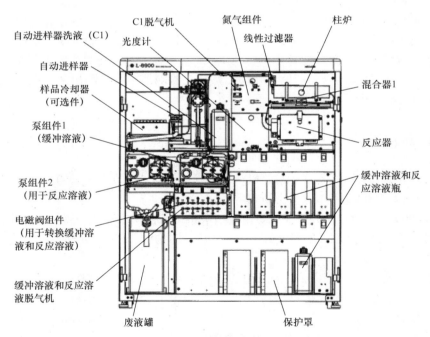

图 9-2　氨基酸自动分析仪内部构造及名称

理体液中氨基酸的分离柱（FAA）。分离柱精细且易堵塞，对样品前处理要求较高，尺寸是4.6mm ID（色谱柱内径）×60mm，内部填充的是直径 3μm 的日立专用离子交换树脂。

（4）反应柱　　反应柱是洗脱下来的氨基酸逐个与茚三酮试剂在 135℃最佳反应温度下进行衍生反应的场所，内部填充材料为直径 3μm 的金刚砂惰性小颗粒，反应柱尺寸是4.6mm ID×40mm。通过反应柱中填充的小颗粒时，流动相移动平缓，流动均匀，无样品带

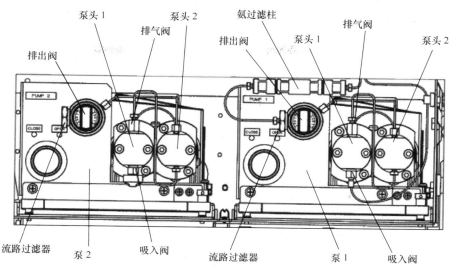

图 9-3　输液泵组件构造

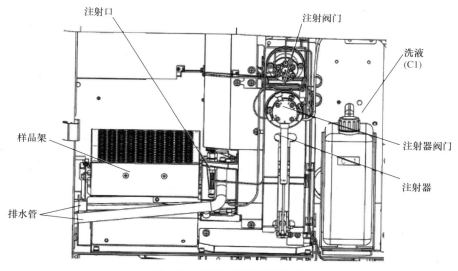

图 9-4　自动进样器组件构造

加宽现象，不会产生峰重叠现象，大大提高了比表面积，使氨基酸的衍生反应更彻底，从而保证样品在高灵敏度、高速分析过程中很好地分离。

（5）检测器　　检测器中的可见分光光度计是单色器，具有消相差凹面衍射光栅，波长 570nm 和 440nm（脯氨酸）。柱温箱的加温方式是半导体制冷加热，温度设定范围是 20～85℃（增量 1℃），一般配有断电和散热器过热保护装置。

（6）氮气保护装置　　氮气保护装置的主要功能是对缓冲液进行隔离，对反应液进行保护，可防止氧化从而延长反应液的使用时间，以及避免由于氧气进入缓冲液而影响个别氨基酸的分析结果。

三、药品试剂

1）茚三酮反应液及缓冲液是日本原装进口，浓盐酸为分析纯。

2）17 种蛋白质水解氨基酸标准母液（经国家认证并授予标准物质证书的标准贮备液）。

3）0.02mol/L 盐酸：1mL 12mol/L 优级纯浓盐酸：599mL 去离子水。

4）6mol/L 盐酸：12mol/L 优级纯浓盐酸，稀释一倍。

5）氨基酸标准溶液：标准品母液 40μL：缓冲液（0.02mol/L 盐酸）960μL。

6）氮气（纯度 99.999%）。

四、操作步骤

1．样品前处理

（1）试样制备　　取有代表性的样品，如果含水量较大需将样品放在 60～65℃恒温干燥箱中，干燥 8h 左右冷却后在粉碎机中碾碎，全部通过孔径 0.25mm 的筛子，充分混匀后装入磨口瓶或纸袋中备用。

（2）酸水解　　准确称取适量的（玉米粉 200.0～400.0mg，大豆、花生粉 50.0mg，精确至 0.1mg）、干燥的、已知水分含量的粉末状样品于水解管中，加入 6mol/L 盐酸 10mL，将水解管放入−18℃冰箱中冷冻 15～20min，然后充入高纯氮气 2min（或者抽真空），在充氮气状态下封口，将已封口的水解管放在 110（±1）℃的恒温干燥箱内，水解 22～24h 后，取出冷却。

打开水解管，将水解液过滤后全部转移到 50mL 容量瓶内并用去离子水定容。取 1mL 放入 2mL 离心管中，利用真空干燥箱或旋转蒸发仪赶酸干燥至干，加入 1mL 去离子水后再干燥至干，后加入 1mL 0.02mol/L 盐酸溶解，然后用 0.22μm 滤膜过滤后上机测试。

2．色谱柱及色谱条件

色谱柱规格：4.6mm×60mm。填料为 3μm 磺酸型阳离子树脂分离柱。泵 1 流速（缓冲溶液）0.40mL/min，泵 2 流速（茚三酮）0.35mL/min。分离柱柱温 57℃，反应柱柱温 135℃。检测波长：第一通道 570nm，第二通道 440nm。进样量 20μL，每个样品分析时间约 53min。

3．L-8900 氨基酸自动分析仪的基本操作

（1）开机检查　　检查氮气二级分压压强是否保持在 0.05～0.1MPa；查看 B1～B6、R1～R3 溶液瓶中溶液是否淹没滤头、是否够用。

（2）开机连接　　打开 L-8900 仪器电源开关（右侧上方，向上扳），打开电脑软件，双击桌面图标"Agilent open LAB"，点击右上方"启动"图标进入操作界面，选择菜单栏"控制"，选择"仪器状态"，点击"System"下的"Connect"，进行仪器与软件的通信连接。

（3）建立序列　　点击工具栏"仪器向导"图标，选择"创建序列"，打开序列向导对话框，分别设置方法、未知、自动进样器、校正、报告共五部分内容。

（4）序列列表设置　　序列列表前两行首先插入两行，第一行插入预热方法：PH-STD（stand by），第二行插入再生方法：PH-STD（RG）。这两行中，"样品瓶"列可输入除标样和样品位置以外的任何数值；"体积"列必须为 0；"样品 ID"和"文件名"两列名称必须一致，不同的是"文件名"列有".dat"后缀。注意名称中不能有特殊符号。

（5）保存序列　　编辑、输入序列名称，点击"保存"，出现对话框，选择之前在 D 盘建立的"sequence"文件夹并命名。

（6）序列运行　　点击工具栏"序列运行"图标，打开对话框，选择结果路径，点击之前在 D 盘建立的"result"文件夹并命名结果名称，稍后钨灯变亮，开始运行。

（7）序列运行结束　　序列列表第 1 行变为黄色；后续仪器会自动冲洗 1h，冲洗过程中，"System Status"栏显示"Wash"，最后仪器自动关泵、关钨灯。

（8）仪器关机　　样品测试完毕，点击菜单栏"控制"，选择"仪器状态"，点击"Disconnect"，"System status"项显示"Uninitialized"，即可关机，切断电脑软件和仪器的通信后退出软件，关闭仪器和电脑。

（9）离线数据处理　　测试完毕进行数据处理，建议重启软件，进行"离线连接"，等待 2min，出现谱图信息后全部关掉，只保留主界面。

1）主界面，点击"仪器向导"图标，点击"创建序列"，对话框内方法选择"test"或"test0708"，勾选"从现有数据"，点击"下一步"，点击蓝色"文件夹"图标，进入保存结果界面，先选择"标准品 Cal"，点击"打开"，再点击蓝色"文件夹"，选择所有测试样品数据，点击"打开"，点击"完成"，进入序列界面。

2）标准品的级别改为 1，标准品的运动类型勾选"清除所有校正"。

3）输入乘积因子和稀释因子，标准品均为 1，样品输入具体的称样量（mg），定容体积（mL）及单位换算倍数。

4）选择"保存序列"，在 D 盘"sequence"目录下，对话框命名，保存。

5）点击菜单栏"序列"，选择"处理"，选择结果路径（D 盘"result"文件夹），结果命名，开始处理数据，等待 2min，直至数据记录软件自动处理结束。

6）结果界面最后一行代表的是每 20μL 样品中含有的每种氨基酸含量（ng）。

五、结果计算

1. 定性分析

采用保留时间定性法，即用包含 17 种氨基酸的氨基酸标样分别测出各种氨基酸的保留时间，与样品峰的保留时间相对照即可进行定性分析。

如果蛋白质水解完全，只需 30min，17 种蛋白质水解氨基酸就会全部出峰完毕，出峰顺序依次为天冬氨酸（Asp）、苏氨酸（Thr）、丝氨酸（Ser）、谷氨酸（Glu）、脯氨酸（Pro）、甘氨酸（Gly）、丙氨酸（Ala）、半胱氨酸（Cys）、缬氨酸（Val）、甲硫氨酸（Met）、异亮氨酸（Ile）、亮氨酸（Leu）、酪氨酸（Tyr）、苯丙氨酸（Phe）、赖氨酸（Lys）、组氨酸（His）、精氨酸（Arg）。

2. 定量分析

利用积分强度即峰面积进行定量分析：

$$X = \frac{VC}{200m}$$

式中，X 为氨基酸百分含量；C 为仪器测得的 20μL 样品中所含氨基酸含量（ng）；V 为样品水解后的稀释定容体积（mL）；m 为样品称样量（mg）；200 为样品含量由 ng/μL 折算成 mg/mL 的单位换算系数。

在操作步骤"（9）离线数据处理"部分进行结果计算时，需输入乘积因子和稀释因子，上式中，分子分别输入乘积因子项（其中 C 项数据软件已记录，不需输入），分母分别输入稀释因子项，仪器数据记录软件自动处理测试结果数据，即可得各种氨基酸的百分含量（%）和总氨基酸的百分含量（%）。

六、注意事项

1）称样量对氨基酸测试结果影响很大，如果浓度过高，极易堵塞柱子。大豆、花生、鱼骨等样品称样量为 50mg 左右即可。高油高脂样品，如高油玉米、花生、大豆等测试氨基酸之前需脱脂。

2）样品前处理时，酸浓度必须是 6mol/L（液体样品须加 12mol/L 浓盐酸），如果酸水解不彻底或者赶酸不彻底，前 4 个色谱峰将分离不开。

3）添加试剂时，原则上棕色瓶液体变动，必须鼓泡；白色瓶液体变动，必须排气。更换氮气钢瓶需要调节压力和鼓泡；仪器长时间停用后，开机时需排气泡（泵 1 排气时 3 个类别要分别排气）。一般建议先鼓泡后排气。

4）氨基酸分析仪有自我保护程序，压力超限、漏液等异常情况时会自动关泵。如有异常情况必须做出紧急处理时，手动关泵务必先关泵 2，再关泵 1，或者直接关闭仪器电源。

5）柱子好坏看色谱峰分离情况，如果分离不好，说明柱效下降，需要重新装填。

6）进样盘放样时，要卡进定位孔，注意轻抬、轻放。

7）氨基酸标准品母液，4～10℃冰箱可放置一年；测试用标准溶液需用 0.02mol/L 盐酸稀释 25 倍（即 40μL 母液稀释至 1mL），可放置冰箱一个月。

8）测试试剂中 C1 和 B5 是电导率为 18.2 的超纯水，也可用纯净水，建议每半年换一次；R1-茚三酮溶液长时间不用时，响应值会偏低，解决的方法是加入十几毫克硼氢化钠。

9）色氨酸在酸性溶液中水解时易被破坏，所以测定色氨酸时必须用碱水解。

10）本方法中仪器使用参考日本日立公司提供的《L-8900 型全自动氨基酸分析仪仪器使用说明及操作指南》，样品前处理参考国家标准《谷物籽粒氨基酸测定的前处理方法》（GB 7649—1987）进行。

实验二　作物中总氮含量的检测——杜马斯燃烧法

一、实验原理

样品在高温下（大约 900℃）燃烧，通过控制进氧量氧化消解样品，样品燃烧生成的气体被载气（CO_2）携带直接通过氧化铜（作为催化剂）而被完全氧化。化合物中一定量的难氧化部分会被载气携带通过氧化铜和铂的混合物进一步氧化。燃烧生成的氮氧化物在钨上还原为分子氮，同时过量的氧被结合。用一系列吸收剂将生成的干扰成分，如 H_2O、SO_2、HX 从被检测气流中除去。用 TCD 热导检测器来检测 CO_2 载气流中氮气的生成量，与已知浓度标准氮气做比对，可得到被测样品中的总氮含量。

与杜马斯燃烧法相比，传统的凯氏定氮法的局限性是不能定量检测无机氮（如硝态氮等），所以在分析含有无机氮的样品时，杜马斯燃烧法得到的总氮值总是略微高于凯氏定氮法的测定值。

二、仪器和用具

分析天平（感量 0.000 1g）；样品粉碎机或研钵；样品筛（孔径 0.8～1.0mm）；仪器自带配套的包样器；杜马斯燃烧快速定氮仪（配有热导检测器）等。

德国 Elementar 公司的 Rapid N exceed 型杜马斯燃烧快速定氮仪（图 9-5）主要由气体系统、自动样品进样器、测试主机及测试分析软件四部分组成。其中气体系统主要包括助燃气（O_2）和载气（CO_2），二者均为高纯度气体。O_2 的主要作用是助燃，直接喷射注入在样品上，提供了燃烧所需要的纯氧环境。自动样品进样器位于测试主机的顶面，根据不同需求，可提供 60 位或 120 位的进样盘（图 9-6），不需分层，球阀进样技术可保证绝对稳定、连续不断的操作。

图 9-5　杜马斯燃烧快速定氮仪

图 9-6　杜马斯燃烧快速定氮仪
顶端进样盘

测试主机内部（图 9-7）最左边一长一短的管是干燥管，干燥管装填顺序从下往上为：脱脂棉、干燥剂、脱脂棉，如果干燥管有 2/3 变蓝，考虑新换。

右边的三根管中，左侧细长的管为次级燃烧管，装填顺序从下往上为：间隔环、网（小）、刚玉球、氧化铜和 Pt-Cat 的混合物、石英棉、ESA-Regainer（还原剂再生剂）和铜棉。

中间粗矮的管是一级燃烧管，装填顺序从下往上为：间隔环、网（大）、

图 9-7　杜马斯燃烧快速定氮仪内部构造

刚玉球、氧化铜和刚玉球的混合物、刚玉球和灰分管。一级燃烧管每 150 个样清一次灰，可在高温环境下戴耐高温手套清理，注意保护顶盖下的细氧气管（陶瓷性质）；每 800～1000 个样换一次氧化剂，当温度降至 500℃以下时，可换氧化剂。

最右侧的是还原管，属于一次性使用耗材，不用填装，仪器配套原装，规格为 20cm×2cm，一般每测试 2000 个样换一次还原管。

三、药品试剂

1）载气：CO_2 气体，纯度≥99.995%。

2）助燃气：O_2 气体，纯度≥99.995%。

3）氧化剂：氧化铜。

4）还原剂：铜。

5）吸附剂：五氧化二磷。

6）含氮标准物质：天冬氨酸，纯度≥99.99%。

四、操作步骤

1. 样品制备

粉状样品可以直接测定，其他样品用粉碎机粉碎后过样品筛，装入密闭容器中，标明标记，备用。如果样品水分过高，应先将样品放入 60～65℃干燥箱中干燥 8h，再用粉碎机粉碎。

准确称取粉碎过筛的、已烘干的试样 0.100 0～0.300 0g，精确到 0.000 1g，使用仪器自带配套的包样器进行锡箔纸包样，将样品包好压片赶出空气后放入仪器自动进样器，设置进样程序。

2. 杜马斯燃烧快速定氮仪的基本操作

（1）开启电脑　按下主机侧面左下角的绿色按钮，打开主机，拔掉主机尾气堵头，等待仪器球阀自检结束。

（2）启动 Rapid N exceed 操作软件　双击桌面"Rapid N exceed"图标，出现窗口，选择"确定 OK"，对话框中检查并确保进样盘中没有样品，勾选"All..."项，点击"OK"，等待进样盘自动调整转动停止。

（3）检查管路　通过选项"Options-Maintenance-Intervals"，检查灰分管、干燥管、还原管是否需要更换，如要更换，需把相应选项的持续时间（"Standing"）重置为 0。

（4）打开助燃气和载气　打开 O_2 钢气瓶主阀，调节 O_2 钢气瓶压力表为 0.23～0.25MPa；打开 CO_2 钢气瓶主阀，调节 CO_2 钢气瓶压力表为 0.14MPa。

（5）检查仪器参数　软件压力和流速显示为"Flow"项，MFC CO_2 出口 700mL/min；MFC O_2 为 0（测样时加入，待机时为 0）；MFC CO_2 进口 700mL/min。"Press"项，"Input"为 1200mbar，"Output"为 800～1000mbar。

（6）仪器升温　主菜单选择"System"，点击"Furnace"，出现窗口点击"Yes"，开始升温，等升至设定温度后才可以开始做样。升温结束后"Temperature"项不闪烁，"Combust"为 900℃，"Postcomb"为 600℃，"Reduct"为 600℃。

（7）仪器检漏　点击"Options"，选择"Diagnostics"，点击"Leak text"，点击"Start"，显示"Passed"，则表示检漏通过。绿色代表已通过，蓝色代表正在检，红色代表气路堵住的位置。需注意的是每次动过气路后仪器必须重新检漏。

（8）输入样品序列　　分别输入样品名称、样品质量、选择合适的加氧方法、系统空白、蛋白质因子、样品水分含量等。

（9）仪器校准　　一般先做空白（"Blank"）3次，直到"N-Area"栏数值小于100；再做标准样品（"Standard"，天冬氨酸）2~4次，直到"N-Factor"栏（校正因子）数值在0.9~1.1，最后做测试样品。

（10）测试完毕　　等待温度降至300℃以下时，关闭 CO_2 和 O_2，退出"Rapid N exceed"操作软件，关闭主机电源，将尾气堵头堵好，开启加热炉室的门，让其长时间散热。

五、结果计算

根据标准制作校准曲线，由仪器分析测试软件自动计算出总氮含量结果，以质量百分数表示。

六、注意事项

1）待测样品需磨成粉，植物过100目筛，土壤过200目筛。称样量由样品含氮量而定，植物样品称取100~200mg，土壤称取250mg左右。另外，样品要么烘干，要么须知道水分的确切数值（测试界面"Moisture"栏需要输入水分数值）。

2）测试植物样品时，要求样品的"N-Area"与标准品的"N-Area"相差不大，据此可称取适量的标准物质。另外，每隔40~50个试样加测一次标样，以监控校正因子是否在范围内。

3）测试页面"Method"栏，做空白时，选择通氧气量"Blank with O_2"项；做标准品时植物选"250mg standard"项，土壤选"250mg soil"项。测试页面右侧框中"Graphic pane"为曲线界面。

4）利用标准物质进行校正，校正因子＝理论值/实测值。标准物质为天冬氨酸。校正因子查看方法：选中标准品，选择菜单栏"Mass"，点击"Factor"，如果"N-Factor"数值在0.9~1.1则有效。

5）标准曲线拟合（如果校正因子不为0.9~1.1，可根据样品性质，取点做曲线）：菜单栏"Calibration"，选择"Calibrate"，对话框点击"OK"，查看拟合曲线，要求 r（相关系数）至少达到0.999。

6）拆卸拉开炉子前，一定要确认：断开还原管，断开一级燃烧管，断开次级燃烧管，断开干燥管下端的连接处。安装时，注意中间一级燃烧管顶盖下的氧气管处于燃烧管中间位置。

7）仪器设置休眠/唤醒：主菜单"Options"，选择"Sleep/Wake Up"项，选择"Sleeping at end of sample"，关闭"载气项"，勾选3个"管路降温项"。在下面的"Wake Up"栏可设置唤醒时间。

8）一级燃烧管一般每做150个样需清理一次，次级燃烧管每做500个样则需更换再生剂；拿出炉子时，炉温需降至500℃以下方可操作。

9）本方法仪器使用可参考德国 Elementar 公司提供的《Rapid N exceed 型快速定氮仪使用说明及操作指南》。

实验三　作物中矿质元素的测定——电感耦合等离子体质谱仪法

一、实验原理

电感耦合等离子体质谱仪（ICP-MS）法是以等离子体为离子源的一种质谱型元素分析方法。电感耦合等离子体（ICP）利用在电感线圈上施加的射频信号在线圈包围区域形成高温等离子体，并通过气体的推动，保证等离子体的平衡和持续电离。测定时样品由载气（氩气）引入雾化系统进行雾化后，以气溶胶形式进入等离子体中心区，在高温和惰性气氛中被去溶剂化、气化解离和电离，转化成带正电荷的正离子，经离子采集系统进入质谱仪，质谱仪作为质量筛选器会根据质荷比（m/z）对不同离子进行分离，使测试离子通过并到达检测器，再根据元素质谱峰强度和标准曲线计算分析样品中相应元素的含量。

二、仪器和用具

微波消解仪；恒温干燥箱；混合球磨仪；电子天平（精确到 0.1mg）；电感耦合等离子体质谱仪等。

美国赛默飞公司 iCAP Q 型电感耦合等离子体质谱仪（ICP-MS）主要由进样系统、电感耦合等离子体（ICP）离子源、接口系统、离子透镜系统、四极杆质量分析器、离子检测器及其他支持系统（如真空系统、冷却系统、气体控制系统和计算机控制及数据处理系统等）组成，主要组成模块如图 9-8 所示，系统主机如图 9-9 所示。

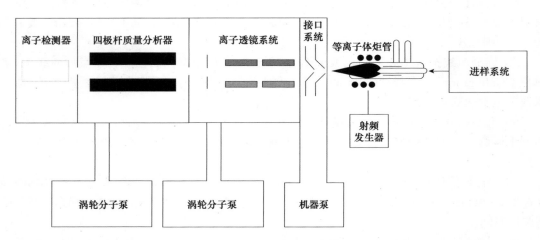

图 9-8　ICP-MS 主要组成模块

（1）进样系统　　样品通常采用液体进样方式，由蠕动泵把溶液样品均匀地送入雾化室，并同时排除雾化室中的废液（图 9-10）。通过雾化器把样品由溶液状态变成气溶胶状态，然

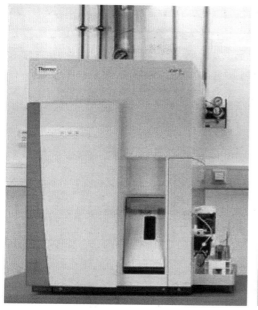

图 9-9　iCAP Q 型 ICP-MS 主机

图 9-10　ICP-MS 进样系统

后以气溶胶的形态直接引入炬管的等离子体中。进样系统主要由样品提升和雾化两个部分组成，其中雾化部分包括雾化器和雾化室，常用的雾化器有同心圆雾化器和直角雾化器，实际应用中应根据样品基质、待测元素、灵敏度等因素选择合适的雾化器和雾化室。

（2）离子源　　离子源是产生等离子体并使样品离子化的部分。在 ICP-MS 中，ICP 起到离子源的作用。ICP 利用在电感线圈上施加的强大功率的射频信号，在线圈包围区域形成高温等离子体，并通过气体的推动，保证等离子体的平衡和持续电离。在 ICP 中离子的形成模式是样品气溶胶在一个充满氩气的石英管或炬管中形成后进入等离子体，炬管位于通有高压、高频电流和带冷却的铜线中间，电流产生的强磁场引发自由电子和氩原子的碰撞，产生更多的电子和离子，最终形成稳定的高温等离子体，高温等离子体使大多数样品中的元素都电离出一个电子从而形成一价正离子（图 9-11）。

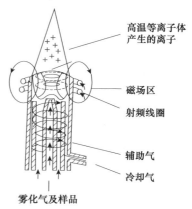

图 9-11　ICP 中离子的形成

（3）等离子体炬管　　炬管主要有三层结构，可拆卸（图 9-12）。外层的叫作外管，其次是内管，中间的是中心管。外管中通的是大流量的氩气，叫作冷却气，冷却气给等离子体提供源源不断的氩原子，在等离子体中不断地电离放热，产生的氩离子在射频线圈中振荡碰撞，从而维持了很高的温度，伴随着大量离子流出等离子体，又有很多的氩原子流入，从而达到了一种平衡。在内管中流动的气体叫作辅助气，也是氩气，它的作用是给等离子体火焰向前的推力，实现不断地电离，同时保护了中心管，以免过高的温度使其熔化。中心管流出的是从雾化室排出的样品溶液的气溶胶。

（4）离子透镜系统　　位于截取锥后面高真空区里的离子透镜系统，其作用是将来自截取锥的正离子转向和聚焦到质量过滤器入口，然后离子进入质量过滤器，按照质荷比被分离；同时阻止中性原子进入和减少来自ICP的光子通过量。离子透镜参数的设置应适当，要注意对低、中、高质量的离子都具有高灵敏度。离子透镜和质量过滤器均处于高真空状态（真空度小于 10^{-6}mbar）。

（5）接口系统　　接口系统的功能是将等离子体中产生的正电荷离子的样品离子有效地传输到质谱仪，其关键部件是采样锥和截取锥（图9-13）。这一对锥实际上是中心带小孔的金属圆盘，离子可以从小孔中通过，小孔直径约为1mm或更小，以保持质谱仪中的高真空状态，平时应注意经常清洗，并注意确保锥孔不损坏。

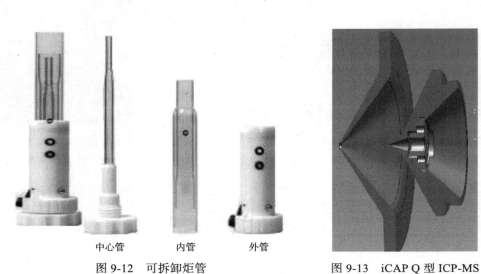

中心管　　　内管　　　外管

图 9-12　可拆卸炬管

图 9-13　iCAP Q 型 ICP-MS
截取锥构造

（6）四极杆质量分析器　　四极杆质量分析器由4根平行的金属棒组成：一对金属棒加上正的直流（DC）电压和射频（RF）电压；另一对金属棒加上负的直流电压和反相射频电压，这些电压形成的电场使得离子以螺旋状轨迹在四极杆中运动（图9-14）。对于给定的电压，只有具有特定质荷比的离子才能通过质量过滤器到达检测器，其他的离子经过金属棒后则被吸收。测定中应根据样品测试情况设置适当的四极杆质量分析器参数，优化质谱分辨率和响应，并校准质量轴。

（7）离子检测器　　通常使用的离子检测器是双通道模式的电子倍增器，能够检测到四极杆中的每个离子，四极杆系统将离子按质荷比分离后引入检测器，检测器的电子计数器对每种不同质荷比的离子进行计数并储存，转换成电子脉冲，形成质谱图。质谱图给出简单而精确的样品定性信息，每个质谱峰的强度与样品中元素的浓度成正比，定量结果通过比较样品信号强度和标准校正曲线的信号强度而得到。

（8）其他支持系统　　电感耦合等离子体的"点燃"需具备持续稳定的高纯氩气流、炬管、感应圈、高频发生器和冷却系统等条件。真空系统由机械泵和分子涡轮泵组成，用于维持质谱分析器工作所需的真空度。气体控制系统运行要稳定，氩气的纯度应不低于99.99%。测定条件（如射频功率、气体流量、炬管位置、蠕动泵流速等）的工作参数可以根据供试品

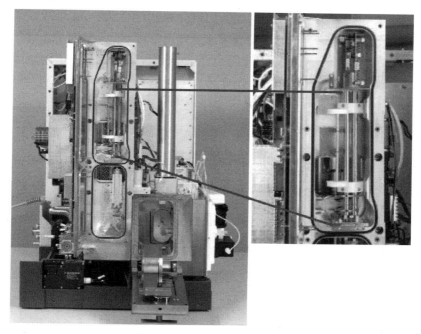

图 9-14　四极杆质量分析器

的具体情况进行优化，以使灵敏度最佳、干扰最小。

三、药品试剂

1）硝酸或硫酸（优级纯）。

2）1000mg/L 的铜、铁、锰、锌、钼、硒标准储备溶液（经国家认证并授予标准物质证书的标准贮备液）。

3）单元素（褚）内标液（1000mg/L，经国家认证并授予标准物质证书的标准贮备液）。

4）调谐液（仪器配套自带）。

5）高纯氩气（纯度≥99.995%）。

6）高纯氦气（纯度≥99.995%）。

7）超纯水（18.2MΩ）。

四、操作步骤

1．样品准备

测试植物类样品时，因其可能沾有泥土或有施肥喷药等污染，会对铁、锰等微量元素的测定造成干扰，所以粉碎前需用湿布仔细擦净表面污物或用水冲干净。干燥后的样品用混合球磨仪粉碎。样品过筛后必须充分混匀，保存于磨口的广口瓶中备用。取样、干燥、粉碎、装样的整个过程中都要避免金属粉末、空气中水分等造成的污染。

2．样品前处理

称取适量粉碎和混匀的粉末样品 0.100g（精确至 0.001g）于反应管中，样品中加入 6mL

浓硝酸（或浓硫酸），利用微波消解仪或消解炉进行消解，直至样品消解彻底无浑浊。利用微波消解仪消解时，消解罐先用 1：1 硝酸溶液浸泡过夜晾干，升温速率、加热板温度、预热时间、保持时间等具体消解程序需根据实际样品的特性进行选择。消解结束后经定量滤纸进行过滤，将反应管中的溶液转移到容量瓶内定容至 50mL，然后取 5～10mL 上清液过 0.45μm 水性微孔滤膜，等待上机测试。注意每一批样都要做试剂空白。

3. 标准溶液配制

（1）混合标准溶液　　吸取一定量的标准储备溶液，用 5% 硝酸溶液配成 3～5 个浓度梯度的标准溶液（可参考表 9-1），供定量测定时使用，具体可根据样品待测液浓度调整浓度范围。

表 9-1　混合标准溶液的配制浓度　　　　　　　　　　（单位：μg/L）

| 序号 | 元素 | 标准系列质量浓度 | | | | | |
		系列 1	系列 2	系列 3	系列 4	系列 5	系列 6
1	铜	0	10.0	50.0	100.0	300.0	500.0
2	铁	0	100.0	500.0	1000.0	3000.0	5000.0
3	锰	0	10.0	50.0	100.0	300.0	500.0
4	锌	0	10.0	50.0	100.0	300.0	500.0
5	钼	0	0.1	0.5	1.0	3.0	5.0
6	硒	0	1.0	5.0	10.0	30.0	50.0

（2）内标液　　取一定量的单元素内标液，用 5% 硝酸溶液配制成 25μg/L 的褚溶液作为内标液。

4. 电感耦合等离子体质谱仪的基本操作

（1）开机

1）打开氩气钢瓶的开关，分压调至 0.6MPa；打开抽风系统；打开稳压电源开关，检查电源电压输出是否稳定、零地电压是否小于 5V。

2）打开仪器左侧主电源开关至"ON"位置，机械泵随之启动，观察前面板的 3 个 LED 指示灯：主电源开启，"Power"指示灯显示绿色；分析仪内达到高真空状态，"Vacuum"指示灯显示绿色；系统启动，"System"指示灯显示蓝色。

3）打开计算机，启动"Instrument Control"程序，点"真空"，检查分析室真空度，"Penning"，等到真空达到 6.0E-7mbar 以下时才能进行后续操作。

（2）实验方法编辑　　启动桌面"Qtegra"图标，点击"LabBooks"，创建方法，输入名称，评价栏选择"eQuant 定量"，点击"创建"，出现实验方法编辑界面，进行如下操作。

1）点击"分析物"，选择测试元素。

2）点击"采集参数"：驻留时间 0.03，通道 3，间隔 0.1，选择测定模式。

3）点击"标准"，选择"新建"，点击"元素标准"，设置对话框各项内容。

4）点击"定量"，出现界面列表，返回到"分析物"界面，选择"内标物 x"。列表中"内标"列，内标物栏选择"用作内标"，其他栏选择具体"内标物 x"名称。

5）点击"手动进样控制"：取样时间 40s 左右，清洗时间 20s 左右。

6）点击"样品列表"，进行样品列表编辑设置，并保存样品列表。

7）保存好样品列表，点击工具栏上部绿色三角按钮，右下角的"调度程序"进行测试顺序排队，程序选项设置。

（3）点火运行

1）检查氩气是否足够并且已打开，调谐液（仪器自带）、高纯水是否准备好。

2）确认排风工作正常，点"RF发生器"，查看"Plasma Exhaust"，风压＞0.1mbar即可。

3）打开水循环开关。循环水温度设为20℃，每半年更换一次水，没过铜管即可。

4）装好蠕动泵管，压下泵管夹。点"Inlet System"，点蠕动泵"启用"，让泵转动，旋紧旋钮至正常上液。

5）把进样毛细管插入纯水中，观察废液管排出废液是否正常。然后单击工具栏左上角"开On"，点击"YES"，等待直至最后出现"操作"字样。

6）将两个进样毛细管放入 Tune B Solution（1ppb[①]浓度调谐液）溶液中，选择"STD"模式，点击左上角"运行"箭头，数据显示界面观察 Li、Co、In、U 的信号强度和稳定性。

7）如果上一步信号正常，点击工具栏"停止"图标。样品列表在"Blank"前先插入两行，点击"强度"，查看内标是否稳定（内标回收80%～120%）。如果用内标物，运行前把内标管（中间绿色夹子）插入内标液中，且始终插入不动；标准液由低到高顺序吸入。

8）点击右下角"调度程序"中的绿色三角运行按钮。根据软件提示进行样品测试。

（4）熄火

1）确认所有样品分析完成，进样系统先用10%稀硝酸溶液洗5min，再用纯水冲洗5min以上。

2）单击红灯"OFF"钮，点击"YES"，仪器会自动执行关闭滑阀、熄火、冷却炬管等一系列动作并最终回到"Standby"状态。

3）待仪器回到"Standby"状态后，关闭循环水。如果仪器不再使用，松开蠕动泵泵管，关闭气体，但不要关闭排风。

（5）关机　　确认仪器已在"Standby"状态，退出操作软件。关闭仪器左侧主电源开关至"OFF"位置（注意：不关闭机械泵开关，气体、排风可关闭），只有在仪器维修、维护、一个月以上不使用时才关机。

五、结果计算

当仪器达到稳定时，确认内标管已插入内标物液中，在运行程序窗口，启动数据采集，根据软件提示进行样品测试。

按下式计算结果，保留三位有效数字。

$$x = \frac{(\rho - \rho_0) \times V \times f}{m \times 1000}$$

式中，x 为试样中待测元素的含量（mg/kg）；ρ 为试样溶液中被测元素的质量浓度（μg/L）；ρ_0 为试样空白液中被测元素的质量浓度（μg/L）；V 为试样消化液定容体积（mL）；f 为试样稀释倍数；m 为试样称取质量（g）；1000为单位换算系数。

六、注意事项

1）确定样品是否适合用 ICP-MS 进行检测：固体样品待测元素含量≤0.01%；液体样品待

---

①　ppb表示十亿分率

测元素含量≤1ppm①（最好≤100ppb）。

2）确定样品分解方法（溶样方法）：尽可能使用 HNO_3 或 H_2O_2 分解样品；尽量不用 H_2SO_4 和 H_3PO_4；如果用 HF 酸分解样品，一定要赶尽。

3）配置标准工作曲线时（混标）：浓度间相差 2～10 倍，一般用 5 或 6 点，标准品和内标各自配置。

4）样品制备：样品必须彻底消解，不能有浑浊；上机测试前须稀释到合适的倍数；样品当中包含内标；样品的固体物含量≤0.1%；样品上机前必须过 0.45μm 微孔滤膜。

5）自动调谐：如果调谐信号不成功，点击"Autotune"自动调谐图标，选择"源状态"，进行自动调谐，等待十几分钟，查看 Li、Co、In、U 的信号强度和稳定性，自动调谐完成，点击"下一步"，选择"是"，结束后，从调谐液中取出进样管。

6）仪器校正。

A. 质量校正。做自动调谐仍达不到 Li、Co、In、U 的信号要求时，需做质量校正：将进样管放入校正液中，点击"Mass Calibration"图标，"下一步"，"下一步"，等待 2～3min，采集状态等待，出现"质量校正保存"为结束，"下一步"，关闭界面。校正结束，再做调谐，看 Li、Co、In、U 的信号是否达到要求。

B. 检测校正。做标线如果高浓度线性不好时，需做检测器校正（选第 1 项）。

7）内标物选择原则及功能：质量数相近，样品本身不含有，可以选择多种。通过内标物的回收率，验证样品的损耗率是否在正常范围内。内标物的回收率在 80%～120% 为正常范围。常用内标物：73Ge（锗），89Y（钇），103Rh（铑），209Bi（铋）。

8）测试模式。Ked 模式：测试元素质量数<80 时可用，并且打开氦气，此模式可以降低多原子、离子干扰。STD 模式：标准模式，无特殊要求。

9）制备供试品溶液时应同时制备空白，标准溶液的介质和酸度应与供试品溶液保持一致。

10）样品所接触的水必须是去离子水；实验中所用的玻璃器皿都要用稀硝酸浸泡过夜；测 Zn 时不可用橡胶手套接触样品，测 Fe 时避免使用铁器，用玛瑙罐磨样并过 80 目筛；在样品制备的过程中务必注意控制来自外部环境的污染。

11）本方法中仪器使用可参考美国赛默飞公司提供的《iCAP Q 型电感耦合等离子体质谱仪（ICP-MS）使用说明及操作指南》进行。

实验四　作物中全氮、全磷的测定——连续流动分析仪法

一、实验原理

连续流动分析仪（AA3）采用空气片段连续流动分析技术，利用蠕动泵压缩不同内径的弹性管，将样品和试剂按比例地吸收到管道系统中，并在泵的作用下向前运行，被空气气泡分开成一些小段，经过化学反应模块，样品和试剂在一个连续流动的系统中均匀混合并发生反应，生成的有色化合物经过比色计时，入射光透过 660nm 的滤光片，将其吸光度记录下

---

① ppm表示百万分率

来，最后将比色信号输入电脑，自动完成检测分析过程并得出准确结果。标准样品和未知样品经过同样的处理和环境，通过对吸光度的比较，从而得出准确的结果。

二、仪器和用具

小型粉碎机；消煮炉；电子天平（感量 0.1mg）；全自动连续流动分析仪等。

德国 Bran Luebbe AA3 型全自动连续流动分析仪采用模块化设计，包括自动取样器、蠕动泵、化学模块、检测器及计算机控制软件系统，各模块均相互独立，便于仪器操作及扩展，仪器系统组成如图 9-15 所示，各模块结构组成如图 9-16 所示。

图 9-15　Bran Luebbe AA3 型全自动连续流动分析仪

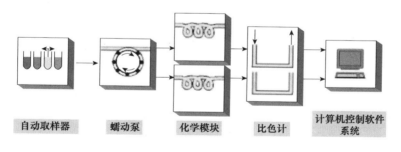

| 自动取样器 | 蠕动泵 | 化学模块 | 比色计 | 计算机控制软件系统 |

图 9-16　连续流动分析仪结构图

（1）自动取样器　　自动取样器采用的是三维随机自动进样器，能放置 180 个样品杯，样品杯容量 5mL 以上，样品进样体积可以调节。

（2）蠕动泵　　蠕动泵是一种高精度蠕动泵，带检漏装置，可自动排出漏液、报警并自动停止运行主机。每个蠕动泵的泵管位数大于等于 28 道，泵的运转可通过计算机控制或手工控制，泵速可调，泵管压盖具有自动调紧和放松功能。电子阀控制气泡的加入，保证气泡注入均一、同步，将样品、试剂及空气泡按确定的流量泵入系统中，由于空气阻隔形成的片段流如图 9-17 所示。

（3）化学模块　　化学模块包含反应需要的全部组成，如混合圈、渗析器、加热池、镉柱等。全氮方法和全磷方法的组件安装在一个分析模块上。一个分析盒支持两个化学模块。

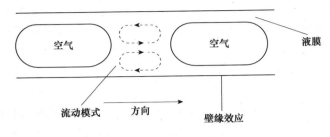

图 9-17　片段流示意图

双量程测量可通过不同的进样管对高、低浓度样品进行测量，大大提高了样品的测定范围，使得在测不同浓度样品时更加灵活、方便和精确。

（4）检测器　　检测器是双光束检测系统，自动实时空白校正、全密闭。24 位高分辨 A/D 转换器。线性范围：0～1.8（Abs）。检测分辨率：0.1μg/L。波长范围：200～1050nm。不需除气泡，灯泡电压可调。不需数据模拟转换卡，USB 接口，内含 2 个比色计。比色计有光源、滤光片等，其工作示意图如图 9-18 所示。

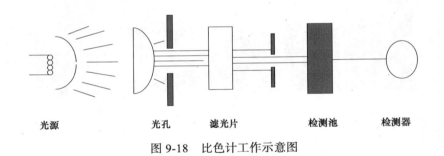

光源　　　　　　光孔　　滤光片　　　　检测池　　　检测器

图 9-18　比色计工作示意图

（5）计算机控制软件系统　　计算机控制软件系统采用的是 AACE 软件，是 Bran+Luebbe 提供的连续流动程序包，它控制 AA3 模块、显示运行图标、报告结果等，实现自动分析过程。

三、药品试剂

1. 植株全氮测定所需试剂

（1）缓冲溶液　　35.8g 磷酸氢二钠、32g 氢氧化钠和 50g 酒石酸钾钠溶解于 600mL 水中，稀释至 1L。混合均匀后加入 2mL 30% Brij-35 溶液，注意每周更新。

（2）水杨酸钠溶液　　40g 水杨酸钠溶于 600mL 蒸馏水，加入 1g 硝普钠，稀释至 1000mL，溶液混匀，每周更新。

（3）次氯酸钠溶液　　加 3mL 次氯酸钠溶液至 60mL 水中，稀释至 100mL，混合均匀，每天更新。

（4）进样器清洗液　　小心加 40mL 硫酸至 600mL 水中，冷却后稀释至 1L，可长期放置。

2. 植株全磷测定所需试剂

（1）钼酸铵溶液　　6.2g 钼酸铵溶解于 700mL 水中，加入 0.17g 酒石酸锑钾，稀释至 1L。混合均匀后储存于棕色瓶中，每周更新。

（2）酸盐 5g 氯化钠溶于 700mL 蒸馏水，缓慢加入 12mL 硫酸。溶液混匀并稀释至 1L，加入 2g 十二烷基硫酸钠并混合均匀。溶液只要保持澄清就可长时间使用。

（3）酸 小心加 14mL 硫酸至 600mL 水中。冷却至室温后稀释至 1L。加入 2g 十二烷基硫酸钠并混合均匀。

（4）抗坏血酸溶液 15g 抗坏血酸溶于 600mL 蒸馏水，稀释至 1000mL。溶液混匀，储存于棕色瓶中，每周更新。

（5）系统清洗液 使用 2g/L 的十二烷基硫酸钠溶液进行每日清洗。

四、操作步骤

1. 样品前处理

1）称取已烘干的、粉碎并过筛的 0.2g 作物植株样品放入消煮管中，并加入 8mL 浓硫酸。

2）将消煮管放入消煮炉（温度设置为 360℃），待消煮管中出现硫酸蒸汽（20～30min）时，将消煮管取出稍冷却，加入 1～1.5mL 过氧化氢溶液，边加边摇。

3）等待 30min 后，再次加入 1～1.5mL 过氧化氢溶液（共加入 3 次），待消煮管中溶液呈清澈透明状，停止消煮，将消煮管从消煮炉中取出，总时间约 2h。

4）将消煮好的溶液转移至 50mL 容量瓶并定容。

5）取 10mL 定容好的消煮液于离心管中储存待测（保留体积依个人后期使用量而定）。

6）稀释消煮液，上机。

2. Bran Luebbe AA3 型全自动连续流动分析仪的基本操作

（1）打开电源 打开所有电源，据测试项目更换好滤光片，所有管道都放入去离子水（或者纯净水）中。滤光片 660nm 时，测全氮、全磷。

（2）联机 打开 AACE 7.06 软件，在主菜单中单击"charting"进行联机（联机时泵暂时会停止工作）。联机完成后，屏幕会出现通道运行情况（泵继续工作），可点击主菜单"windows"，选择"Tip"，进行窗口重排。如果提示出现联机错误，首先检查线路连接情况。通过主菜单"configue"，打开对话框，点击"USB"，选择"802/803"，查看型号情况。

（3）设置新方法 先从"设立"下拉菜单点击"分析"，按"新分析"。分别输入需要输入的内容。设置完成，建立运行文件。分析方法已由工程师提前设置完成，包括多种组合。

（4）建立新的运行文件 主菜单"set up"，选择"analysis"，选择第 3 步测试项目方法，双击打开，按"copy run"复制新的运行，出现对话框，共包括以下 4 个界面。

1）"Main page"界面，输入基本信息，包括文件名、分析速率 50、样品清洗 2、勾选 statistics、选择通道等。

2）"Tray protocol"界面，设置托盘协议，Primer（起始杯）、Cal（标曲）、Drift（漂移，次高浓度）和 Carryover、Baseline（基线）。

3）"Channel 1"界面，修改标准曲线浓度、勾选基线校正、漂移校正、带过矫正。

4）"Channel 2"界面，修改标准曲线浓度同"Channel 1"界面。

（5）激发灯能量 在通道中单击右键，选择"set light power"，左下角出现"set light power in progress"，稍等后出现灯值"lamp value：XX"。

（6）调水基线 双击"Channel"，出现对话框，修改"Gain"值为 10，点击"OK"。

管道先用系统清洗液清洗，查看气泡，均匀后再走水，稳定后在通道中再次单击右键，选择"smoothing"，选择"40"，再单击右键，选择单击"set base"，水基线值自动调至5%。

（7）调试剂基线　　水基线平稳后，把管道放入对应的试剂瓶中（测全氮时，水杨酸钠延后5min放入，拔出时提前5min），确定所有试剂已通过"流通池"，等待15min，试剂基线稳定后，单击"set base"。

（8）设增益　　主菜单双击进样器"XY2 sampler"图标，出现新界面，杯位置选择最大浓度标样（901），单击"sample"，样品针开始吸样，保持2min，2min后点击"wash"，样品回到清洗处，单击"cancel"，关闭此界面，等待出峰，当峰上升至最高点并保持平稳时单击右键，单击"set gain"，增益值出现，再次等待基线平稳（下到最低点），单击"set base"。设置完增益，再次等待基线平稳，然后点击"set base"。

（9）运行　　主菜单单击"Run"，选择第（4）步设置好的运行文件，运行开始（此时根据"Tray protocol"中托盘协议的设置进行吸样）。

（10）运行结束　　出现对话框，单击"OK"，完全结束分析。

（11）导出数据　　主菜单"File"，点击"Export to"，点击"ASCII码"，选择已完成的文件，选择Excel格式导出。

（12）清洁管路　　如果长时间不用，需要冲洗管路。方法：分别用1mol/L NaOH溶液和盐酸快速冲洗10～15min，最后用清水冲洗15min。仪器1个月以上不用时，末端所有管线需排空管路液体。

（13）关闭电源　　关闭所有电源。一定要取下泵的压盖，放松泵管，把压盖倒扣在泵上。

五、结果计算

$$植株全氮（全磷）百分含量：N（P）\% = \frac{BKV}{1000m_1} \times 100\%$$

$$植株含氮（磷）量：N（P）（g） = m_2 \times N（P）\%$$

上两式中，B为软件系统导出数据，单位mg/L；K为上机时的稀释倍数；V为定容体积，单位mL；m_1为实际称样质量，单位mg；m_2为植株干物质质量，单位g。

六、注意事项

1）激发灯能量不是每次都做。每次换滤光片后，一定要激发灯能量；仪器连续工作15～20d后，需要激发灯能量；新方法建立后，如果灯不亮，必须调灯值。

2）测全氮时，管路中液体正常为黄色；测全磷时，管路中液体正常为无色；如果微蓝，说明试剂不干净，SDS不干净。试剂基线值，全氮一般7%～8%，精细≤8%，粗放≤10%；全磷一般13%～15%，精细≤10%，粗放≤15%。

3）建议每隔20个样品添加一个Baseline（基线），每隔40～60个样品，添加一个Drift（次高浓度杯902号，测量全氮Drift可加可不加，测量全磷Drift建议加）和一个随机中间浓度标样（如903、904或905杯）；Sample ID栏，顺序为Primer、Drift、Cal、Baseline、样品编号（其中穿插Drift和Baseline）；测全氮不会发生漂移，测全磷至少放2个Drift，如果发生漂移，基线变化须不超过10%。

4）修改数据：测试分析结束后，不要立即导出数据，先查看数据峰值。因为原文件不能修改，必须建立一个"重新计算的文件"，再进行数据修改。

5）运行过程中不要移动检测器的盖子，以免偏移的光线影响测量。

6）检查试剂和水的供应是否充足。

7）包含片段流的废液管（如从流通池和透析器流出的废液）应尽可能短，否则系统压力会变化。

8）一般操作两百个小时后应检查泵管的使用状况（使用强酸或强碱，检查的间隔时间应更短一些），确定是否该更换新的泵管。

9）不要在泵快速运行时读取试剂吸收的值，因为降低的残留时间会导致反应不完全，因此结果不会准确。

10）当泵管内有强酸或强碱时，不要快速运行泵。当方法中使用了强酸或强碱时，应用水以正常速率润洗。这样可以避免由于连接处松开而喷出腐蚀性液体。

11）本方法中仪器使用可参考德国 Bran＋Luebbe 公司提供的《AA3 型全自动连续流动分析仪仪器使用说明及操作指南》。

实验五　谷物制品中挥发性物质的测定——三重四极杆气质联用仪法

一、实验原理

三重四极杆气质联用仪（GC-MS）利用气相色谱（GC）作为质谱（MS）的进样系统，二者通过接口有机结合，先使复杂的化学组分经气相色谱得以分离，利用质谱仪作为检测器进行定性和定量的分析，结合了气象色谱的高效分离方法和质谱的精确检测方法，主要用于定性/定量分析沸点较低、热稳定性好的化合物。

当样品中易挥发的各组分由载气携带通过装有固定相的色谱柱时，由于样品分子与固定相分子间发生吸附、溶解、结合或离子交换，使样品分子随载气在两相之间反复多次分配，从而使样品不同组分得以完全分离。

分离后的样品各组分，按其不同的保留时间，与载气同时流出色谱柱，经分子分离器接口，除去载气，保留组分进入质谱仪离子源，在离子源中发生电离被离子化，生成不同质荷比的带正电荷的离子，经加速电场的作用，形成离子束，进入质量分析器。经分析检测，得到质谱图，从而确定其质量。

二、仪器和用具

搅拌机［速率可调（0～200r/min），搅拌钵容量 100～500g］；压片机或性能相近的压面设备；恒温恒湿发酵箱［使温度保持在 37（±1）℃，相对湿度保持在 70%～80%］；不锈钢蒸锅（中间有带孔隔板，直径 22～25cm）；台式电子天平（感量 0.1g）；手动固相微萃取（SPME）进样装置；DVB/CA/PDMS（2cm，50/30μm）萃取纤维头；恒温水浴锅；三重四极杆气质联用仪（GC-MS）等。

日本岛津公司 TQ-8040 型 GC-MS（图 9-19），主要由气象色谱仪，包括接口、离子源、质量分析器、离子检测器等在内的质谱仪，以及仪器控制和数据处理系统组成。GC 为气相色谱，主要包括载气及控制部分、进样系统、色谱柱等，其流动相为惰性气体（多使用氦气），主要功能是分离样品，其工作原理如图 9-20 所示；MS 为质谱部分，其主要功能是进行样品检测分析。

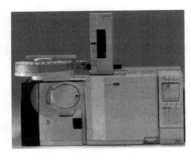

图 9-19　TQ-8040 型 GC-MS

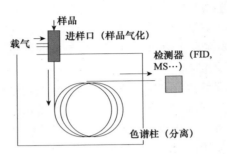

图 9-20　GC 部分工作原理与功能
FID. 火焰离子化检测器

（1）载气　　一般为 99.999% 的高纯氦气。载气不参与分配，仅起运输样品及提供分配的相空间的作用。载气纯度非常重要，载气中如果有氧，会导致固定相氧化，损坏色谱柱，改变样品的保留值；载气中如果有水，会导致部分固定相或硅烷化单体发生水解，甚至损坏柱子；载气中如果有有机化合物或其他杂质的存在，会产生基线噪音和拖尾现象。

载气通常都是存放在钢瓶中，并且在测试过程中要有 10% 的钢瓶气保有量，灌满时压力可达 15MPa，使用时由降压阀降低到仪器要求的压力，经稳压阀及稳流阀控制，稳定载气的压力及流速，由转子流量计或压力表指示流量，到达进样系统。

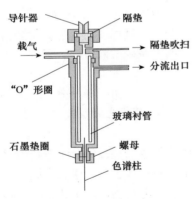

图 9-21　分流 / 不分流进样口

（2）进样系统　　进样系统是将样品定量引入连续的载气流中并加热气化的装置，现在多使用自动进样装置，将样品自动引入到进样口中。自动进样能提供更好的分析重现性，并可以更好地进行时间优化。常见的进样口类型有：分流 / 不分流进样口、填充柱进样口、冷柱头进样口、程序升温进样口、吹扫-捕集进样口和固相微萃取进样口等。其中分流 / 不分流进样是 GC-MS 最为常用的进样方式（图 9-21）。

（3）色谱柱　　气相色谱采用的色谱柱主要有填充柱和毛细管柱两种类型。填充柱一般用玻璃或不锈钢作为柱管材，其内径 2~4mm，长度 0.5~10m，内部填充吸附剂或涂渍有固定液的载体。填充柱的制备简单，柱容量大，易普及，是广泛使用的色谱柱，但其分离效能远不如毛细管柱。毛细管柱一般使用弹性石英作为柱管材料，内径 0.1~1mm（目前最细的毛细管柱内径为 0.05mm），长度可达 300m，柱内键合或交联固定相。毛细管色谱柱具有内径小、分离效能高的特点，因此较常用。但其柱容量小，进样往往采用分流的方法。

GC-MS 只采用毛细管柱。当多组分的混合样品进入色谱柱后，由于柱中吸附剂对每个组分的吸附力不同，经过一定时间后，各组分在色谱柱中的运行速率也就不同。吸附力弱的组分容易被解吸下来，最先离开色谱柱进入检测器；而吸附力强的组分最不容易被解吸下来，最后离开色谱柱。如此，各组分得以在色谱柱中彼此分离，按顺序进入检测器中被检测、记录下来。

（4）接口　　接口是气相色谱仪和质谱仪的连接部件（图9-22），一般使用石墨垫圈密封（85%Vespel＋15% 石墨），主要为气相色谱仪的大气压工作条件和质谱仪的真空工作条件进行连接和匹配。接口要把气相色谱柱流出物中的载气尽可能多地除去，同时保留和浓缩待测物，使近似大气压的气流转变成离子化装置的粗真空，并协调气相色谱仪和质谱仪的工作流量。

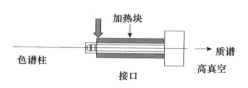

图 9-22　连接 GC 和 MS 的接口

（5）离子源　　样品分子在离子源中被离子化。样品条件不同（气体或液体），离子化方法也不同。对气体样品来说有 3 种离子化方法：电子轰击电离（EI）、正化学电离（CI）和负化学电离（NCI）。其中 EI 是最常用的离子化方法，属于开放式离子源，产生大量碎片离子，使化合物生成特定的质谱图，用于化合物的定性识别分析。CI 和 NCI 两种离子源都需要反应气，属于关闭时离子源，产生的碎片较少，前者易产生准分子离子，有利于测定分子量，后者对带电负性基团的化合物（如卤素化合物等）有高灵敏度。

（6）质量分析器　　按离子分离原理模式，质量分析器有磁质量分析器、四极杆质量分析器、离子肼质量分析器、飞行时间质量分析器等类型，其中 GC-MS 中最常用的是四极杆质量分析器。它是离子源中被离子化的离子到达检测器的必经之路。四极杆质量分析器是两组四极杆分别加上一定量的正负直流电压和射频电压，水平和垂直相差 180 度相位，选择特定质荷比的离子通过 X 射线透镜最后到达检测器。

三、药品试剂

市售馒头粉；活性干酵母；食用碱等。

四、操作步骤

1. 样品前处理

馒头制作参照国家标准《小麦品种品质分类》（GB/T 17320—2013）中的实验室馒头制作方法。取冷却 20min 后的芯部馒头屑样品 5g 置于岛津公司玻璃样品瓶（20mL）中，待测样品在瓶中的高度不超过瓶高的 2/3，利用压盖器用带有胶垫的铝塑盖将样品瓶密封好。萃取前，将固相微萃取的纤维头在进样口进行高温洗脱 1h。洗脱完毕，将固相微萃取手动进样器的针头穿过胶垫，伸出萃取头，对样品进行吸附，样品瓶置于 60℃水浴锅内，萃取 1h，然后收回萃取头，拔出针头。待气相色谱仪处于准备状态后，迅速穿过进样口隔垫，在进样口衬管内，热解析 4min 后，进行测定。

2. 气相色谱条件

HP-INNOWAX（30m×0.25mm×0.25μm）极性毛细管柱；载气为高纯氦气（纯度＞99.999%），载气速率 1.0mL/min；进样量 1μL；进样口温度为 230℃；采用不分流进样。程序升温：初温为 50℃，保持 1min 后，以 8℃/min 升到 180℃，再以 6℃/min 升到 230℃，保持 5min。

3. 质谱条件

离子化方法采用 EI；能量为 70eV；离子源温度 230℃；质谱接口温度 200℃；MS 四极杆温度 150℃；传输线温度 280℃；样品分析方式是全扫描；采集质量范围为 33～500nm；标准图谱库为 NIST10。

4. 日本岛津 TQ-8040 型 GC-MS 的基本操作

（1）开机　　顺序依次是打开氦气瓶，将分压表调到 0.5～0.9MPa［如果使用 CID（碰撞池）则开氩气，调至 0.4MPa］；打开气相色谱电源开关；打开质谱仪电源开关；打开 AOC 电源开关，待自检完毕，嘀声响，进行下一步；打开计算机和软件工作站。

（2）检查系统配置　　双击"GCMS 实时分析"图标，连接等待，机器有鸣叫声表示联机正常，进入主菜单窗口。单击"系统配置"图标，设定系统配置，左侧图标可选，双击可进行进一步设置，右侧为可用图标。

（3）启动真空　　单击"真空控制"图标，单击"自动控制"，等待约 5min 启动真空控制，抽真空至真空度小于 1.5×10^{-3}Pa，大约 2h，直至显示已完成。

（4）进行调谐　　单击"调谐"图标，进入调谐子目录中，单击"峰监测窗"图标，进行检漏操作。在"Monitor"中选择"水、空气"选项，将检测器电压设为 0.7kV 或更低，然后在 "*m/z*"中依次输入 18、28、32，在放大倍数中均输入适当的放大倍数；点燃灯丝，如果两倍 18 峰高于 28 峰，或打开 PFTBA（调谐标样，全氯三丁胺），69 的峰大于 28 的峰，表示系统不漏气，同时观察高真空度，保证在 1.5×10^{-3}Pa 以下，关闭灯丝；建立调谐文件名，点击"开始自动调谐"图标，计算机自动进行调谐，约 7min，打印调谐结果，保存调谐文件（*.qgt）。

（5）方法编辑　　单击"数据采集"图标进入方法编辑，依次编辑各部分分析参数，然后保存方法文件。

1）自动进样器部分：进样器参数设置为进样前、进样后，冲洗分别设 3、3、2，下面的参数采用默认值。

2）GC 部分设置：先设定柱温，有程序升温的可在程序设定方框内设置。然后设定进样口温度、进样方式、柱流量、分流比等参数。

3）MS 部分设置：设定离子源温度和接口温度，以及质谱表各项参数。通常离子源设为 200℃，接口设为 250℃。若柱箱温度较高时（超过 300℃），可适当将该两项温度提高 20℃。

4）保存方法文件：GC 部分和 MS 部分的上述参数设置完毕，保存方法文件；执行利用时，点击菜单栏"采集"，选择"下载初始参数"。

（6）样品测定操作　　单击主菜单"数据采集"中的"样品登录"，编辑好数据文件名，选择要使用的调谐文件，编辑好相关的样品信息，设计好后，点击"确定"，按"Standby"，传输参数。待"start"键变绿色字体后，点击"start"，进样后检测开始。

（7）关机　　日常关机可以不关闭真空，只把载气流速调低，进样口温度调低即可。长时间不用时须关机，在实时分析时左侧的开关图标"Vacuum control"中，按"Auto shutdown"，自动关机完成后可依次关闭 GC、MS 等的电源。

（8）离线数据处理

1）定性-Scan（单级）。双击桌面"GCMS Postrun Analysis"解析图标，打开数据浏览器界面，进入后处理菜单。

A. 单峰：单击左侧助手栏"定性"图标，双击打开用"Scan"采集的数据，按住鼠标左键选中目标峰放大到合适比例，在接近峰顶端处双击，单击工具栏"扣减质谱"图标，在峰的基线处双击左键得到扣除背景的质谱图，单击助手栏"相似度检索"图标，即检索得到该峰代表的有可能的化合物。

B. 多峰：单击左侧助手栏"定性"图标，双击打开用"Scan"采集的数据，单击助手栏"全部 TIC 峰积分"，出现参数界面，选择"详细"，设置合适的积分参数（斜率、半峰宽、最小峰面积），单击助手栏"定性表"，确保"质谱处理"界面无内容，如有就删除，切换到 TIC 表，得到积分数据，编辑，全选，编辑，注册到质谱处理表，切换回"质谱处理"，单击"相似度检索"，检索所有行，当检索一栏显示"执行"时，代表完成。

2）定量-SIM。

A. 创建组分表：单击助手栏"创建组分表"，双击打开标准数据，单击助手栏"向导（新建）"，弹出界面，选择"TIC 积分"，下一步（默认），下一步（默认），下一步设置，定量方法选外标法，勾选峰面积，标准曲线点数按实际配置的浓度数目，曲线拟合类型选线性，零点为非强制，单位栏填写正确，其余项默认，再下一步设置，标准量输入实际浓度值，目标离子选 MC，缺省离子允差选 70%，再下一步（默认），下一步，点击"完成"，单击左侧助手栏"保存组分表"，对话框点击"是"，选择路径，起名保存，点击右上角叉号，点击"是"，保存数据。

B. 完善标准曲线：单击助手栏"标准曲线"，双击打开第 1）步建好的方法（如果没有，可右键刷新），弹出界面右上角编辑可修改的数据，改完后点击"查看"，数据浏览器切换到"数据"，按住鼠标左键，将标准品数据拖到"数据文件"中的浓度级别上，直至出现"＋"后松手（出现各自化合物的浓度曲线，数据 1 是浓度最高的，3 对 1，1 对 3），保存，点击右上角叉号。

C. 定量：单击助手栏"定量"，双击打开测试样品数据，数据浏览器切换到"方法"，按住左键把第 1）步建成的方法拖到右侧数据表中的任何位置，出现"＋"后松手，弹出界面点击"确定"，点击右下角"结果"栏查看结果（若结果栏无数据，单击助手栏"峰积分"，点击"确定"），保存，点击右上角叉号。

D. 结果报告：单击助手栏"报告"，格式有两种方式：一是选择菜单栏"项目"，点击定量，点击表格，定量浓度项目里的每一项内容双击可编辑；二是选择使用工具栏按钮图标，除定量浓度外，工具栏按钮图标与菜单项目里面的相对应。最后结果报告中呈现质谱图、色谱图、定性结果、定量结果（浓度）。

五、结果计算

1. 定性

定性分析由计算机采用岛津 GC-MS 化学工作站 NIST10 标准质谱图库检索完成，并与文献资料中图谱解析结果进行比较分析，按面积匹配度大于 85% 的成分进行定性，确定挥发物成分。

通过对发酵馒头挥发性物质的 GC-MS 分析，共检出 50 多种挥发性物质，其中包括烃类、醇类、醛类、酯类、苯环类、稠环类、杂环类、酮类及有机酸类等。这些挥发性物质是影响馒头风味的主要因素。

2. 定量

定量分析利用手动积分方法对信噪比大于 10 的所有色谱峰进行积分，按峰面积归一化法自动计算出各化学成分的相对含量，每个样品重复两次操作，测定所得数据使用 Excel 2007 进行分析，发现发酵馒头 50 多种挥发性物质中醇类和醛类含量比例最高。

六、注意事项

1）调谐结果必须同时满足以下几个条件，方可进行分析：①基峰必须是 18 或 69，不能是 28（28 为 N_2），否则为漏气；②电压应小于 1.5kV；③质荷比中 69、219、502 三个峰的 FWHM（峰宽）最大差值小于 0.1；④质荷比 502 的 Ratio 值大于 2。

只有同时满足上述条件后，方可进行测试样品。每次调谐结果要统一存档保存，以方便维修时查看。调谐完成后应将调谐画面关闭。通常两种情况下必须要重新做一次调谐：一是真空破坏（如关机、更换柱子、清洗离子源）；二是离子源温度改变。若仪器一直处于开机状态，推荐一周左右做一次调谐。

2）需要调谐的情况：重启真空；连续抽真空 1 周；离子源温度变化；灯丝变化（在"峰检测窗"界面，右侧为灯丝号码）。

3）若需切换灯丝，也在检漏画面的右下角。推荐每两周切换一次，目的是延长灯丝的使用寿命。原因是两灯丝互以对方的屏蔽层为电流的接收极，若长时间使用一个，则另一个也在消耗。

4）在质谱里面的电子倍增器即质谱检测器部分，使用原则是样品只要检测到就好，电压不要太高，因为电压升高，灵敏度升高，会影响电子倍增器寿命。

5）检测器故障：在进行"Scan"扫描时，仪器出现"检测器饱和"报警，同时色谱峰出现一超大溶剂峰。解决办法是在进行"Scan"扫描时，可以将采集时间延至大峰之后，再扫描时就不会出现大峰了。

6）离子源故障：如果之前仪器出现过报警，则离子源为自我保护将自动关闭。检测时，离子源降温，升不上去。解决办法是点"真空控制"，在"Ion Source Heater"处点"开"，仪器即可恢复正常。

7）本方法中涉及仪器组件、功能介绍和仪器使用操作的部分，可参照岛津企业管理（中国）有限公司分析中心提供的《岛津 GCMS-TQ8040 基础知识》手册。

实验六　进出活体作物的离子/分子流速
测定——非损伤微测法

一、实验原理

离子通过离子通道进出细胞所产生的微电流是基因表达、新陈代谢等生命活动的重要体现。现代生理学研究表明，当离子通道开放时，细胞内外的离子/分子顺电化学势梯度进行跨膜扩散。电化学势梯度包括电势梯度和化学势梯度。离子扩散取决于电化学势梯度，分子扩散取决于化学势梯度（浓度梯度）。对离子而言，细胞内外电化学势差（$\Delta\mu$）取决于化学势梯度和电势梯度两项。$\Delta\mu > 0$ 时，细胞吸收离子；$\Delta\mu < 0$ 时，细胞释放离子；$\Delta\mu = 0$ 时，即膜内外离子移动达到平衡时，膜电势差（ΔE）与膜内外离子浓度比的对数成正比，这就是著名的 Nernst 方程。

NMT 技术通过前端灌充液体离子交换剂（liquid ion exchanger，LIX）的离子选择性电极实现待测离子的选择性测量。图 9-23 以测量 Cd^{2+} 为例来说明 NMT 技术测试原理。选择性电极在待测 Cd^{2+} 浓度梯度中以已知距离 dx 进行两点测量，获得电压 V_1 和 V_2。两点间的浓度差 dc 可通过 V_1 和 V_2 及已知的该电极的电压浓度校正曲线和 Nernst 方程计算获得，将它们代入 Fick's 第一扩散定律公式 $J = -D(dc/dx)$，可计算获得 Cd^{2+} 的流速和运动方向。

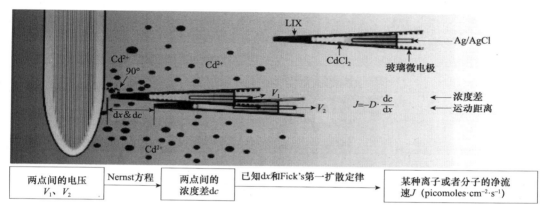

图 9-23　NMT 技术原理（以测量 Cd^{2+} 为例）

分子流速测量与离子流速测量的专用流速传感器不同，离子流速测量是以电压形式输出，而分子流速测量是以电流的形式输出，二者最终通过数据换算后均为离子/分子流速（picomoles $\cdot$ cm^{-2} $\cdot$ s^{-1}），分子流速测试原理如图 9-24 所示。

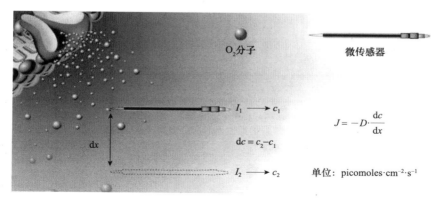

图 9-24　NMT 技术原理（以测量 O_2 分子为例）

dx. 选择性电极在待测氧分子浓度梯度中的距离；dc. 两点间的浓度差；D. 系数；J. 离子/分子净流速；I. 电流

二、仪器和用具

非损伤微测系统（non-invasive micro-test technology，NMT）主要由气泵防震系统、稳压电源、数据采集系统、显微成像系统、极谱控制器、信号处理器、运动控制器、视频转换器等部分组成。

气泵防震系统主要是为防震台充气，起到缓冲减震的作用，保证测试操作过程中的稳定性（图 9-25）。稳压电源主要是避免不稳定的电压给设备造成致命伤害或误操作，以致影响测试。数据采集系统主要是收集数据并对数据进行分析。显微成像系统主要是采集测试样品时的图像。极谱控制器的作用是提供极化电压，控制极谱电极工作。信号处理器的作用是同时采集离子及分子电极信号进行放大，并传输至数据采集系统。运动控制器的作用是控制三维操作平台的 3 个运动方向，通过驱动器精确控制微电极的运动方向和移动距离。视频转换器的作用是将信号转化为图像，同时控制视频图像的分频与转接（图 9-26）。

图 9-25　NMT 防震固定平台及内部各部件

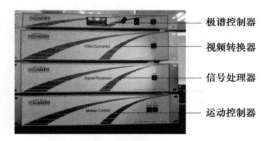

图 9-26　控制转换处理系统

三、药品试剂

液体离子交换剂（LIX试剂）；氯化银丝；100mmol/L KCl 溶液；参比电极灌充液；3mol/L KCl 溶液；各种离子测试液和校正液，配方见表 9-2；各种离子的灌充液、离子源，配方见表 9-3。

表 9-2　各种离子测试液和校正液配方

离子种类	H^+	Ca^{2+}	Na^+	K^+
测试液成分	0.1mmol/L KCl	0.1mmol/L KCl	0.1mmol/L KCl	0.1mmol/L KCl
	0.1mmol/L $CaCl_2$	0.1mmol/L $CaCl_2$	0.1mmol/L $CaCl_2$	0.1mmol/L $CaCl_2$
	0.1mmol/L $MgCl_2$	0.1mmol/L $MgCl_2$	0.1mmol/L $MgCl_2$	0.1mmol/L $MgCl_2$
	0.5mmol/L NaCl	0.5mmol/L NaCl	0.5mmol/L NaCl	0.5mmol/L NaCl

续表

离子种类	H⁺	Ca²⁺	Na⁺	K⁺
测试液成分	0.3mmol/L MES	0.3mmol/L MES	0.3mmol/L MES	0.3mmol/L MES
	0.2mmol/L Na₂SO₄	0.2mmol/L Na₂SO₄	0.2mmol/L Na₂SO₄	0.2mmol/L Na₂SO₄
	pH 6.0	pH 6.0	pH 6.0	pH 6.0
	0.1% 蔗糖（器官）	0.1% 蔗糖（器官）	0.1% 蔗糖（器官）	0.1% 蔗糖（器官）
	0.1% 甘露醇（细胞）	0.1% 甘露醇（细胞）	0.1% 甘露醇（细胞）	0.1% 甘露醇（细胞）
校正液1成分	pH 6.5，其他成分和测试液相同	0.01mmol/L CaCl₂，其他成分和测试液相同	0.1mmol/L CaCl₂，其他成分和测试液相同	0.01mmol/L KCl，其他成分和测试液相同
校正液2成分	pH 5.5，其他成分和测试液相同	1mmol/L CaCl₂，其他成分和测试液相同	5mmol/L CaCl₂，其他成分和测试液相同	1mmol/L KCl，其他成分和测试液相同

离子种类	Cl⁻	NH₄⁺	NO₃⁻	Cd²⁺
测试液成分	0.05mmol/L KCl	0.1mmol/L NH₄NO₃	0.25mmol/L KNO₃	0.1mmol/L KCl
	0.05mmol/L CaCl₂	0.1mmol/L KCl	0.625mmol/L KH₂PO₄	0.1mmol/L CaCl₂
	0.05mmol/L MgCl₂	0.2mmol/L CsSO₄	0.5mmol/L MgSO₄	0.1mmol/L MgCl₂
	0.25mmol/L NaCl	pH 6.0	0.25mmol/L Ca（NO₃）₂	0.5mmol/L NaCl
	0.3mmol/L HEPES	0.1% 蔗糖（器官）	pH 6.0	0.3mmol/L MES
	0.2mmol/L Na₂SO₄	0.1% 甘露醇（细胞）	0.1% 蔗糖（器官）	0.2mmol/L Na₂SO₄
	pH 6.0		0.1% 甘露醇（细胞）	0.1mmol/L Cd（NO₃）₂
	0.1% 蔗糖（器官）			0.1% 蔗糖（器官）
	0.1% 甘露醇（细胞）			0.1% 甘露醇（细胞）
校正液1成分	Cl⁻浓度0.25mmol/L，其他成分和测试液相同	0.01mmol/L NH₄NO₃，其他成分和测试液相同	0.625mmol/L KH₂PO₄，0.05mmol/L Ca（NO₃）₂，其他成分和测试液相同	0.05mmol/L Cd（NO₃）₂，其他成分和测试液相同
校正液2成分	Cl⁻浓度2mmol/L，其他成分和测试液相同	1mmol/L NH₄NO₃，其他成分和测试液相同	0.5mmol/L KNO₃，其他成分和测试液相同	0.5mmol/L Cd（NO₃）₂，其他成分和测试液相同

表 9-3　各种离子的灌充液、离子源配方和 LIX 灌充长度

离子	灌充液配方	离子源配方	LIX 长度 /μm
H⁺	15mmol/L NaCl＋40mmol/L KH₂PO₄，pH 7.0	1mL 0.01mol/L HCl＋9mL 0.1%LMP 琼脂糖	15～25
Ca²⁺	100mmol/L CaCl₂	1mL 1mol/L CaCl₂＋9mL 0.1%LMP 琼脂糖	15～20
Na⁺	250mmol/L NaCl	1mL 1mol/L NaCl＋9mL 0.1%LMP 琼脂糖	15～25
K⁺	100mmol/L KCl	1mL 1mol/L KCl＋9mL 0.1%LMP 琼脂糖	180
Cl⁻	100mmol/L KCl	1mL 1mol/L CaCl₂＋9mL 0.1%LMP 琼脂糖	15～25
NH₄⁺	100mmol/L NH₄Cl	1mL 1mol/L NH₄Cl＋9mL 0.1%LMP 琼脂糖	15～25
NO₃⁻	10mmol/L KNO₃	1mL 1mol/L KNO₃＋9mL 0.1%LMP 琼脂糖	15～25
Cd²⁺	100mmol/L CdCl₂	1mL 1mol/L CdCl₂＋9mL 0.1%LMP 琼脂糖	15～20
Mg²⁺	100mmol/L MgCl₂	1mL 1mol/L MgCl₂＋9mL 0.1%LMP 琼脂糖	15～20

四、操作步骤

1. 样品制备（以检测小麦根系 Na^+ 流速为例）

1）先将不同实验处理的小麦苗子（长度 $10\sim15cm$）根部用去离子水冲洗干净备用。

2）将选取的待测小麦根部放入培养皿中，用专用滤纸片或小石子固定在培养皿底部。

3）加入 Na^+ 测试液，没过样品 5mm，使小麦根部在 Na^+ 测试液中平衡 $5\sim10min$。

4）将培养皿置于显微镜视野下，打开显微镜光源，调试显微镜物镜倍数，使样品在显示器中清晰显示，同时将电极置于右下角。

2. 非损伤微测系统基本操作（以测量单个离子为例）

（1）系统运行准备　首先打开电脑主机，然后依次按下信号处理器、运动控制器和视频转换器的"Power"键，并开启气泵确保防震台充气正常。

（2）3个系统测试软件的运行　双击桌面上的"iFLuxes"软件图标，打开 iFLuxes 软件；双击桌面"Shortcut to psp.exe"图标，打开 Paint Shop Pro 抓图软件（PSP）；打开 PHMIAS 2008 视频采集软件。

（3）离子选择性微电极的制作　利用微电极制备设备（图 9-27）分别完成电极电解液的灌充和离子交换剂微容器（Holder）中 LIX 试剂的灌充（图 9-28），根据测试离子的特性，按照表 9-3 中的标准，微电极吸入合适长度的 LIX，制作完成的微电极如图 9-29 所示，然后打磨氯化银丝，安装固定好微电极。

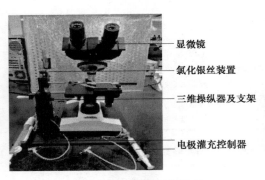

图 9-27　微电极制备设备

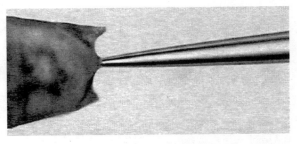

图 9-28　LIX 的吸收

图 9-29　吸取适合长度的 LIX

（4）离子选择性微电极的校正

1）查看电位值是否稳定和处于基线范围，如果不在基线范围，根据"CHI：XXX.Volts"值，左侧上下两框内设置两数相差 0.1。

2）设置采样规则，X、Y、Z 3个方向，一般细胞样品选择"dr-10μm"，组织样品选择"dr-30μm"。

3）读取校正液读数：点击菜单栏"Technique"，进入"Calibration"界面，勾选"Nernst Slope"和"Sample for 3 seconds"，勾选"Auto Bath Offset Update"，填入校正液1的浓度值，点击"Solution 1"读数，可单击多遍，直至 Tip 值小数点后1位数值不变。

4）将参比电极取出，用去离子水冲洗干净，用滤纸将表面吸干，将电极和参比电极换到校正液 Solution 2 中，输入浓度值 0.01，可单击多遍，直至数值稳定。

5）Solution 1 和 Solution 2 校正结束，出现最终的校正斜率。如果斜率在正常范围，单击 "OK"，保存校正结果。

（5）样品固定及微电极定位　　准备两片滤纸，一些小石子，用测试液浸泡，用于样品固定；把放入样品的培养皿放在显微镜下，要求样品图像清晰。在显微镜下，找到组织样品和微电极，直至电极尖端和样品间距离保持 2～5μm，并且两者均在同一视野中清晰成像。

（6）开始测量　　点击菜单栏 "Mode"，选择 "Watch"，进入离子流速测定界面。

1）测试界面 "Watch"，点击 "Sample Rules"，弹出对话框，离子选择 "1"，分子选择 "3"。

2）初始测量先做空白实验，确保测试数值在基线附近；运行几分钟，确认是否稳定。

3）单击右上角 "Log Entry"，弹出对话框，输入字母和数字，对样品做简单标记，点击 "OK"（在测量时的暂停状态下也可以添加文字记录）。

4）必须勾选测试框上面的 "On"，窗口中才显示电位值。

5）修改 "Rotation"，调整合适的测定角度。要求电极尖端运动方向垂直于待测点切面。

6）点击 "Record"，变为 "Record off" 后，进入数据记录状态。

7）通常情况下左侧两个框中分别填写 "+10" 和 "−10"，并确保中线（灰色线）为零位基线。

8）点击 "Resume"，开始样品测定，此时 "Resume" 变成 "Pause"。

9）再次点击 "Pause"，停止流速测定。测量完毕，点击 "Close"，关闭此窗口。

（7）结束测量

1）将微电机从 Holder 上取下，放入废弃罐中，以免腐蚀电极固定架上的银丝。

2）取下参比电极，用去离子水冲洗干净，滤纸吸水，在 3mol/L KCl 溶液浸泡保存。

3）关闭系统控制盒（计算机）、信号处理器、运动控制器、视频转换器等设备电源。

4）所有显微镜的三维平台螺旋杆都要归位，关闭电源，盖好防尘罩。

五、结果计算

1）选择打开离子流速换算表（登录北京旭月公司网站下载），用 Excel 表格打开原始数据。

2）选择测量离子，从下拉菜单中选择测定的离子类型。

3）选择电极移动距离，从下拉菜单中选择测定时电极往复运动的距离 dr。

4）选择斜率值、截距值项，分别从原始数据 Excel 表格中找到，并直接输入或拷贝粘贴。

5）分别从原始数据 Excel 表格中 [Origin（1）mV 栏、Origin-X（1）uV] 找到 V_0 和 dV，并直接输入或拷贝粘贴。

6）直接计算出流速（J）结果，另外可知离子运动方向：阳离子正值为外流，即外排；负值为内流，即内吸。阴离子正值为内流，即内吸；负值为外流，即外排。分子正值为内流，即内吸；负值为外流，即外排。

六、注意事项

1）打入电极灌充液时，前端空 1cm，再打入灌充液 1cm。

2）LIX 长度在某一范围内，可以长一点，但不能短，如 40～50μm 范围，LIX 长度可以为

60μm，但不能短于 40μm。

3）氯化银丝前，打磨后的银丝应吹／擦掉打磨产生的细屑。铂丝插在负极（黑头端），银丝插在正极（红头端），银丝末端浸入 100mmol/L KCl 溶液 1cm。

4）测试前最好在空气中找准电极位置（此时图像不显示 LIX 位置），勿在溶液中移动电极，以免 LIX 丢失，找好位置后，松动螺丝整体抬高，待用。

5）校正时，先放高浓度，此时需找准电极（LIX 显示）；低浓度时，电极 LIX 不需要清楚，只要浸入液面即可（高低校正液浓度最好相差 10 倍，测试液浓度在二者之间）。

6）测试样品前，先测试"Blank"空白液（测试液不放样品），并记下空白电位差值。正式测试样品时，随时观察"Sample"（mV）位置的电位值，二者相差不超过 10。

7）如果校正斜率正确，且空白和测试的电位值差值不超过范围，说明电极没有问题，测试数据值得信赖。如果测试数据仍然波动大，可能是样品问题。

8）样品先固定，后加测试液，滤纸在测试液中提前泡上。

9）样品扫点：电极移动到根尖顶端，为起点，如果是 100μm/ 格，移动几格就是几百微米，所有样品统一标准；电极距离样品 1mm 左右；电极的运动方向与测试样品的切面垂直，利用"Rotation"调整角度。

10）本方法中仪器使用可参考美国扬格（北京旭月）公司提供的《中关村旭月非损伤微测技术（NMT）产业联盟用户手册和产品手册》。

实验七　作物中 ABA 和 GA 含量的测定——三重四极杆液质联用仪法

一、实验原理

利用超高效液相色谱的高速、高效分离能力，将被测样品组分成功分离，然后带有目标化合物的流动相进入质谱仪流经离子源，由于结构性质不同而被电离成各种不同质荷比的分子、离子和碎片离子，之后，带有目标化合物样品信息的离子碎片被加速进入质量分析器，不同的离子在质量分析器中被分离，并按质荷比大小依次抵达检测器，经记录即得到按不同质荷比排列的包括化合物的保留时间、分子量及特征结构碎片等丰富信息的离子质量谱，可用来对组分复杂样品和微量／痕迹样品进行定性和定量研究。

二、仪器和用具

恒温振荡器；Waters 进样瓶；0.22μm 过滤器（Millex-GV）；EYELA MG-2200 氮吹仪；XEVO TQ-S 型三重四极杆液质联用仪等。

美国 Waters XEVO TQ-S 型三重四极杆液质联用仪（UPLC-MS）是超高效液相色谱和质谱联用的仪器（图 9-30），其联用的实质是液相色谱作为质谱仪的进样器，质谱仪作为液相色谱的检测器。其中质谱部分主要包括真空泵系统、离子源、质量分析器、检测器及数据软件处理系统等（图 9-31）。

（1）真空泵系统　　质谱仪的离子源、质量分析器和检测器必须在高真空状态下工作，以减少本底的干扰，避免发生不必要的离子-分子反应，减少离子碰撞损失，使最终得到的质谱图复杂化。真空泵系统由机械真空泵、扩散泵或分子泵（高真空泵）组成真空机组，抽取离子源和分析器部分的真空。只有在足够高的真空下，离子才能从离子源到达接收器，真空度不够则灵敏度降低。

（2）二元溶剂管理器（BSM）XEVO TQ-S型 UPLC-MS的超高效液相系

图 9-30　TQ-S 型三重四极杆液质联用仪

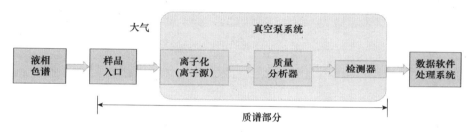

图 9-31　UPLC-MS 各部分组成示意图

统采用的是二元四溶剂高压梯度泵，主要分为初级泵和蓄积泵。最大操作压力 18 000psi，流量精度 ≤ 0.075%，流速准确度 ±1.0%，流速范围 0.01～ 2mL/min，以 0.001mL/min为增量。梯度洗脱0～ 100%，梯度精度 ±0.15%，梯度准确度 ±0.5%，不随反压变化。带6通道在线脱气装置，4种溶剂数量，带柱塞杆自动清洗装置，清洗程序可控。

（3）离子源　　离子源的作用是将被分析的样品分子电离成带电的离子，并使这些离子在离子光学系统的作用下，汇聚成有一定几何形状和一定能量的离子束，然后进入质量分析器被分离。常用的离子源是电喷雾电离源（ESI）、大气压化学离子化源（APCI），其他还有电子轰击电离源（EI）、化学电离源（CI）、场致电离源（FI）、场解析电离源（FD）、快原子轰击电离源（FAB）和激光解析电离源（LD）等。

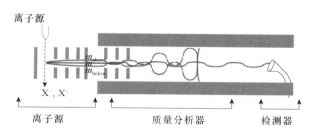

图 9-32　特定质荷比离子通过质量分析器

X^+/X^-. 样品分子电离成的带正／负电荷的离子；m. 被电离的碎片离子的质量；m_{above}. 碎片质量之上；m_{below}. 碎片质量之下

（4）质量分析器　　质量分析器的主要功能是将离子源产生的不同碎片离子按质荷比顺序分开并排列成谱。一般最常用的质量分析器是三重四极杆质量分析器（图9-32），两端分别同时施加直流电压（DC）和射频电压（RF），配备 ESI 和 APCI，同时配备 ESCi 复合离子源。质量分析器还有单聚焦质量分析器、双聚焦质量分析器、飞行时间质量分析器、离子肼质量分析器及离子回旋共振质量分析器等多种类型。

（5）检测器　　检测器主要由电子倍增器、光电倍增器和微通道板等部分组成。其主要功能是接收经质量分析器选择通过的粒子束流，将接收的电信号放大，用于检测处理分析。

三、药品试剂

脱落酸（ABA）和赤霉素（GA$_4$）标样（Sigma-Aldrich 公司）；d$_6$-ABA；d$_2$-GA$_4$；萃取剂［异丙醇∶乙酸＝99∶1（体积比），含 d$_6$-ABA 和 d$_2$-GA$_4$］；甲醇（优级纯）；甲酸（优级纯）等。

内标母液浓度 10ppm，标准品母液浓度 1ppm，内标终浓度 200ppb（注意：与加入样品里的内标终浓度一致），标准品的配制可参考表 9-4，供定量测定时使用，具体可根据样品待测液浓度调整浓度范围。

表 9-4　标准品浓度配制

标准品配制浓度 /ppb	标准品体积 /μL	内标体积 /μL	0.1%甲醇溶液体积 /μL	合计体积 /μL
0	0	20	980	1000
1	1	20	979	1000
5	5	20	975	1000
10	10	20	970	1000
25	25	20	955	1000
50	50	20	930	1000
100	100	20	880	1000
250	250	20	730	1000
500	500	20	480	1000

四、操作步骤

1. 样品前处理

随机挑选不同处理的有代表性的作物样品，在液氮条件下分别研磨成粉末，准确称取样品 200mg，转移到离心管中，加入 2mL 萃取剂，振荡，充分混匀后，在 4℃培养箱中过夜萃取。萃取结束后在 4℃、13 200 g 离心 10min，将上清液转移到新的离心管中，剩余残渣用 2mL 萃取剂再次抽提，振荡培养 2h，13 200 RCF 离心 10min，取其上清液，并和第一次的上清液混合，用氮吹仪吹干。然后用 50μL 甲醇溶解，并用 0.22μm 过滤器对其进行过滤，清液上机待测。

2. 色谱条件和质谱条件

（1）色谱条件　　用于分离的色谱柱采用的是 C18 反相色谱柱，柱温设置为 40℃，样品温度 10℃，进样体积 5μL，流速 0.4mL/min，洗脱时间为 5min，流动相采取 0.01% 的甲酸溶液。

（2）质谱条件　　离子化方式为 ESI$^+$，毛细管电压 3.5kV，锥孔电压 65V，二级锥孔电压 3.0V，RF 电压 0V，离子源温度 110℃，锥孔反吹气流量 50L/hr，脱溶剂气温度 350℃，脱溶剂气流量 600L/hr。所采用质荷比分别为：ABA 为 263.1，d$_6$-ABA 为 269.1，GA$_4$ 为

331.2，d_2-GA$_4$ 为 333.2。

3. 三重四极杆液质联用仪的基本操作

（1）打开 Masslynx 软件　　双击桌面上"Masslynx"图标，打开 Masslynx 软件，开机成功，右下角显示"Not Scaning"，说明仪器软件连接正常。

（2）新建 project 项目　　在 Masslynx 主界面，单击"File"，选择"Project Wizard"，提示框内单击"Yes"，提示框中逐项输入内容，单击"Next"，选择中间项"Create using existing project as template"，选择"C:\Masslynx\Default.pro"为模板，单击"Finish"，单击"OK"，保存 project 项目。

（3）完成液相 prime 过程　　在 Masslynx 主界面，单击"Ms Console"图标，单击"system"，单击"control"，单击"start up system"，对话框中分别单击"两泵 BSM"和"进样器 SM"，全选，3min，5 cycles，单击"Equilibrate to Method"，再分别点击"BSM""SM"，在对话框中进行流速和流路设置。

（4）建立质谱 MRM 方法

1）准备质谱条件：在 Masslynx 主界面，单击"MS Tune"图标，打开调谐窗口，打开氮气和碰撞气氩气，同时开高压。

2）仪器 Purge：在 Masslynx 主界面，单击"MS Tune"图标，打开调谐窗口，选择放置位置，单击"Fluidics"，进入调谐 Purge 界面，仪器自动进行 Purge 过程，Purge 结束，显示"ide-xxx mins"。

3）标准品溶液调谐：进入 ES-Source 界面，选择离子模式，"Function"栏勾选"MS1 Scan"，"Mass"栏分别输入正负离子质荷比，单击"MS Mode"模式图标，流路改为 influsion 质谱状态，点击针样进样器图标，根据响应值情况适当调节 Span、Gain、Capillary 和 Conc（A）值，点击"File"，选择"Save As"。如果标准品溶液响应值稳定且数量级达到 $10^6 \sim 10^7$，就可进行自动调谐"IntelliStart"。

4）建立质谱 MRM 方法：查看自动调谐生成的报告，查看并记录母离子锥孔电压值和子离子对的碰撞能量值，校正 IntelliStart 保存的质谱方法，输入校正后的母离子锥孔电压值和子离子碰撞能量值，并保存最终确定生成的质谱方法。

（5）建立液相方法

1）设计梯度洗脱：在 Inlet method 液相方法编辑窗口，单击"Inlet"图标，方法对话框中在"Solvents"部分选择"流动相流路"，在"Gradient"部分设计梯度洗脱表，"Run Time"时间同梯度洗脱运行时间，"Seal Wash"系统默认 5min，在"Gradient Start"部分，勾选"At injection"，单击"OK"。

2）平衡液相 Load Method：梯度洗脱设定好，点击 Inlet method 页面"Load Method"图标进行平衡液相过程。在 MS Console 总控制台界面，点击"BSM"，查看 Delta 压力数值，显示≤1% 柱压时可判定平衡液相结束。

（6）进样并采集运行

1）打开样品室，放入进样瓶，记下盘号和位置。

2）建立样品列表 Samplelist：在 Masslynx 主窗口，点击"File"，选择"New"，新建一个空白的样品表 Samplelist，点击"File"，选择"Save As"保存样品表 Samplelist。

3）进样并采集：在样品列表 Samplelist 中逐项输入样品内容，选中要采集的样品，单击"Start Run ▲"图标，对话框勾选"Acquire Sample Data"，单击"Yes"，开始进样并采集，等待出峰。点击"Chromatogram",点击小闹钟图标,出现折线图,可查看 Function 的色谱图和子离子色谱图。

（7）建立数据处理方法（以外标法 ESI 为例）

1）添加新化合物：在 Masslynx 主界面,单击"Targetlynx",选择"Edit method",在定量方法编辑窗口,新建一个定量方法,单击添加新化合物图标"Add new compound",单击菜单栏"Update",勾选"Quantitation ion"和"Compound Name"两项。

2）定量离子对设置：点击化合物性质图标,鼠标定位在"Quantification Trace"行空白处,打开"中下浓度"标准品色谱图,选出要定量的离子对,鼠标右键在定量离子对色谱峰图上拉一下,相关信息自动输入到定量方法中。

3）工作曲线参数设置：点击工作曲线列表图标,打开工作曲线设置页面,"Concentration Units"输入浓度单位"ppm","Concentration of Standard：Level"项选择"Conc. A","Polynomial Type"选择"Linear","Calibration Origin"选择"exclude"。另外两项："Weithing Function"可以选择"1/X"；"Propagate Calibration Parameters"项,如果选择"YES",表示所有化合物都用相同的工作曲线参数。

4）积分参数设置：单击积分参数图标,在积分参数列表中"Apex Track Enabled"行勾选"YES",打开定量离子对色谱图,查看定量子离子积分是否正确,如果正确,在"Integrate"对话框勾选"Apex Track"积分方法和"smoothing"方法,单击"Copy",再次打开积分页面,点击"Edit"选择"Past",将数据粘贴到 Targetlynx 方法中。

5）定性离子对设置：单击第 5 个图标,在"TargetIon Trace"行手动输入定性离子对数据,格式同定量离子。

用同样方法输入第 2 个化合物的信息,重复上面 1）～5）步骤的过程,把所有化合物全部添加上。

6）保存化合物数据定量处理方法：点击"Targetlynx/Edit method",点击"File",点击"Save As"。

（8）建立标准曲线方法

1）运行标准溶液：选中全部标准溶液浓度梯度,点击"Process Sample",提示框点击"YES",勾选"Integrate sample""Calibrate Standard"和"Quantify Sample"3 项,"Method"框内选择已保存的化合物定量数据处理方法,单击"Open",出现标准品梯度最终定量结果。

2）保存标准曲线方法：在标准品梯度定量结果窗口,点击"File",选择"Export",选择"calibration",选择"CurveDB",输入标准曲线名字,点击"Save"。

（9）实验结束　　实验完毕需清洗色谱柱,冲洗时,"Purge"页的进样流路由"LC"改为"Waste"状态。如果使用的流动相中不涉及酸和缓冲盐,直接用 100% 的甲醇或乙腈冲洗20min,最后设流速 Flow 为 0。关闭高压,关闭气,退出软件系统,关闭电脑。

五、结果计算

仪器数据处理系统根据标准曲线自动计算得到相应样品中 ABA 和 GA_4 含量。

1. 样品结果计算方法

在"Targetlynx"页面,点击"Process Sample",取消勾"calibrate standards",在"Method"框调出定量方法,在"Curve"框调出曲线方法,点击"OK","ppb"栏出定量计算结果,

点击"Save"，结果保存在 project 项目的 PeakDB 子文件中。

2. 导出定量结果数据

桌面新建"New Text Document"文件，选中计算结果数据，点击"File"，选择"Export"，选择"Current Summary"，复制到桌面新建记事本文件中。

3. 导出工作曲线

选中图形，单击"Edit"，单击"Copy"，单击"image"，打开"Paint"，点击"Paste"。

六、注意事项

1）7 个流路瓶内的液体使用前都要超声 3～5min，避免管路产生气泡，导致系统压力和柱压不稳，影响测试进行。

2）样品提取溶液要经 0.22μm 的滤膜过滤，以免堵塞色谱柱。

3）流路中的超纯水需要天天更换。

4）流路中的易挥发性缓冲盐，如甲酸盐、乙酸盐等需要天天更换。

5）仪器闲置一段时间后，流路中的其他溶液，如果剩余少量，不要直接添满。建议妥善处理剩余液，冲洗瓶子，重新加满，新旧溶液不要混合使用。

6）如果仪器 2～3 周或更长时间不用就需要冲洗系统，方法：所有流路管路放入纯有机相中进行冲洗，保护 A、B 泵和流路管路；平时 1～2 周短时间不用，A 路水路管路放在有机相 B 路中，以免吸头生菌长苔堵塞。A 路水相瓶子脏时需要洗刷干净：先用水洗，再用有机相冲洗，最后用纯净水洗；日常连续使用，需每天更换水相。

7）随时监控柱压，如果色谱柱柱压升高，则柱效下降，色谱峰保留时间提前，峰形不好。

8）做完实验，液相流路"LC"应改为"Waste"状态。液相用高有机相 100% 甲醇或乙腈冲洗 20min，最后 Flow 流速设为 0；质谱先关高压，后关气。

9）本方法中仪器使用可参考美国 Waters 公司提供的《XEVO TQ-S 型三重四极杆液质联用仪用户操作手册》。

实验八　作物淀粉或面粉粒度
分析——LS 13 320 激光粒度仪法

一、实验原理

入射光照射颗粒时，取决于颗粒的特性，光会产生衍射、反射、折射与吸收的现象。颗粒将在各个方向散射光，散射的光强、角度及分布与颗粒有关，从而使测量到的光强取决于测量的角度。颗粒散射具有粒径依赖性，即大颗粒的散射光集中在前向角度，形成小角度；小颗粒的散射光分散在大角度，而且很弱。

由于不同大小的颗粒有不同的散射角向强度分布，而光强则是散射角的函数。每个颗粒的散射模式都是其粒度的特征。通过应用米氏理论的矩阵反演方法与拟合可以得到粒度分布。

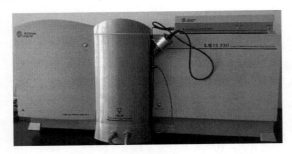

图 9-33　包含通用液体模块 ULM 的 LS 13 320
激光粒度仪

二、仪器和用具

激光粒度仪是目前最流行的粒度测量仪器。贝克曼库尔特 LS 13 320 激光粒度仪（图 9-33）利用光散原理测定悬浮在液体或干粉中的粒度分布。LS 13 320 结合贝克曼库尔特的专利技术 PIDS（极化强度差示散射，polarization intensity differential scattering），可以提供 0.04～2000μm 颗粒的动态范围。

LS 13 320 由光工作台和 5 个不同的样品处理模块组成。

（1）光工作台　　光工作台是由照明源、样品室（样品与照明光束在这里相互作用）、用于聚焦散射光的傅里叶透镜系统和记录散射光强度模式的光电探测器装置组成。激光辐射穿过空间滤波器和投影透镜形成光束。光束穿过样品单元，在这里，悬浮在液体或气体中的颗粒按其大小将入射光散射在特征图上。傅里叶光学采集衍射光并将其聚焦在三组检测器上：第一组是小角散射，第二组是中等角度散射，第三组是大角散射。LS 13 320 光学系统如图 9-34 所示。

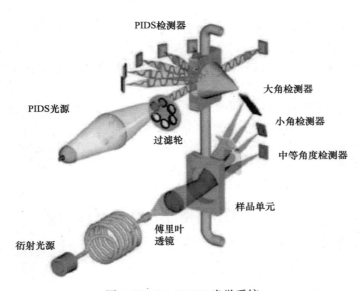

图 9-34　LS 13 320 光学系统

LS 13 320 使用 750nm（或 780nm）的 5MW 二极管激光器作为主光源，对于 PIDS 系统还存在钨-卤素次级照明源。从钨-卤素灯发出的光穿过一组滤波器时被投射，该滤波器通过每个波长（3 个波长：450nm、600nm 和 900nm）上两个正交方向的偏光器将 3 个波长发射出去。二极管激光器的光为单色光；要求描述颗粒散射作用的理论模型。但是，与气体或液体激光器相反，二极管激光器的光不聚焦，其单色光也必须经过"处理"以生成"干净"光束。最常用于调整照明源的仪器通常是空间滤波器。多数空间滤波器包括一组光学元件，如透镜、针孔和孔径等。

（2）样品处理模块　　样品处理模块的主要功能是将样品中的颗粒（不分大小）送至敏感区，避免任何不合要求的影响，如气泡和/或热湍流。样品模块通常是由样品单元和传送系统组成。传送系统可能包括某些属性，如含有循环泵、超声探针或搅拌棍，以帮助颗粒更好地分散和循环。LS 13 320 运转时含有针对悬浮在液体或干粉中的颗粒进行设计的样品单元。这些样品模块为：通用液体模块（universal liquid module，ULM）、水溶液模块（aqueous liquid module，ALM）、旋风干粉系统（tornado dry powder system，DPS）和微量液体模块（micro liquid module，MLM），此外自动制备站（autoprep station，APS）也能与 ALM 联合使用。样品模块通过自动对接系统附在光工作台上，按图 9-35 所示的按钮或通过软件命令可以激活该系统。

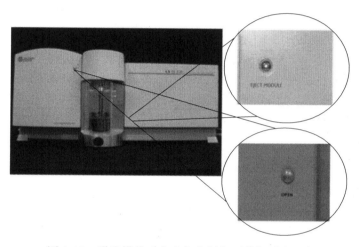

图 9-35　弹出模块（右上）和门打开按钮（右下）

三、药品试剂（以淀粉粒度分析为例）

蒸馏水；NaCl；十二烷基磺酸钠；丙酮（分析纯）等。

（1）淀粉粒的提取　　取 5.0g 小麦籽粒，在 40mL 浓度为 0.5mol/L 的 NaCl 溶液中浸泡 16h，然后在研钵中研成匀浆，74μm 的筛布过滤后，固体部分继续研磨过滤，重复 3 次。合并滤液，在 3500g 下离心 5min，除去上清液。在残余物中加入 5mL 2mol/L NaCl 溶液，涡旋混匀后，在 3500g 下离心。除去上清液，然后再分别加入 2% 的 SDS 溶液和蒸馏水清洗，匀浆后离心，重复 4 次。最后用丙酮清洗 1 次，风干后储存于－20℃下备用。

（2）淀粉粒度分析　　取 50mg 淀粉加入 10mL 离心管中，加 5mL 蒸馏水悬浮。涡旋混匀后置 4℃下 1h，每 10min 振荡一次，然后转移至激光粒度仪的分散盒中，测量其分布状况。

四、操作步骤

1）按照激光粒度仪、计算机的顺序将电源打开，并使样品台里充满纯净水，开泵，仪器预热 15min。

2）进入 LS 13 320 的操作程序，建立连接，再进行相应的参数设置。启动 "Run" → "Run

cycle"（运行信息）。

A. 选择 "measure offset"（测量补偿），"Alignment"（光路校正），"measure background"（测量背景），"loading"（加样浓度），"Start 1 run"（开始测量）。

B. 输入样品的基本信息，并将分析时间设为 60s，点击 "Start"（开始）。

如需要测量 0.4μm 以下的颗粒，选择 "Include PIDS"，并将分析时间改为 90s 后，点击 "Start"（开始）。

C. 泵速的设定根据样品的大小来定，一般设在 40～50，颗粒越大，泵速越高，

在测量补偿、光路校正、测量背景的工作通过后，根据软件的提示加入样品，控制好浓度，遮蔽率（obscuration）应稳定在 7%～13%；假如选择了 PIDS，则要把 PIDS 稳定在 40%～50%，待软件界面出现 "OK" 提示后，点击 "Start Analysis"（开始分析）。

3）分析结束后，排液，清洗样品台，准备下一次分析。

4）做平行实验，保存好结果。

5）退出程序，关电源，样品台里加满水，防止残余颗粒附着在镜片上。

五、结果分析

实验结束后可得到如图 9-36 所示样品的实际粒度范围，同时附带 Excel 格式的具体数据说明。

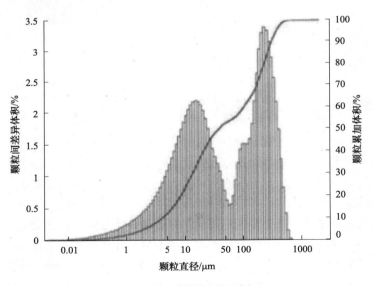

图 9-36　粒度结果图形示例

六、注意事项

1）仪器要接地良好。

2）同所有的灵敏电子仪器一样，LS 13 320 构件只有达到稳定的工作温度，才可获得最

佳性能。LS 13 320 在电源打开后通常需要进行 15min 预热。

3）在样品台内没有水的情况下不要开泵，超声器严禁空载运行。

4）"Measure background"（背景测量）如果超过 4×10^6，则样品台需要清洁（使用贝克曼库尔特公司提供的去污剂和清洁棉签）。注意手不要碰到激光镜头、样品台的镜片和傅里叶透镜。如果发现镜片脏了，要用镜头纸蘸镜头液清洗干净，然后用镜头纸擦干。

5）每个月做一次标样分析，可检查仪器是否工作正常。

思 考 题

1. 了解和掌握主要仪器的使用方法和步骤。

2. 利用本章介绍的主要仪器可以测定哪些品质性状？

第十章　基因编辑技术在作物品质改良中的应用

第一节　概　　述

中国是农业大国，有着悠久的农业发展历史。农业是三大产业的基础，是社会得以发展的根本。粮食安全是国家安全的首要因素，农作物是一切粮食的源头，农作物的产量和品质在生活生产中扮演着重要的角色（谌琴，2019）。我国的主要农作物有水稻、小麦、玉米和大豆等。在追求高品质生活的现代化社会，农作物改良的研究步伐更加迅速。改良农作物的方式多种多样，从以前的引种、杂交育种、诱变育种、转基因育种、细胞工程育种，已发展至现在的基因编辑技术在作物品质改良中的应用。我国人口基数巨大，为解决粮食生产和安全问题，改良农作物品质已成为农业及社会发展的迫切需求。

基因编辑技术是 20 世纪由科学家提出的，该项技术可以对基因组中的靶位点进行敲除、插入、基因点突变、碱基替换等定点的人工修饰。基因编辑技术可以用于验证作物基因功能、改变作物基因表达、提高作物产量和品质，以及加速农作物分子生物学的发展和遗传育种的进度（曾秀英和侯学文，2015）。基因编辑技术与传统的转基因技术相比存在一定的差异，即传统转基因技术是通过酶切将外源 DNA 插入质粒载体中，然后经过一定的转化手段将重组质粒转入到受体中，使作物产生定向的遗传改变；而基因编辑技术则是对内源基因进行准确的定点编辑，然后再编辑后代，通过遗传分离得到不含有转基因元件的突变体。基因编辑技术能够定向编辑基因，不但可以缩短培育年限，而且能够有效地避免基因连锁效应。

基因编辑技术共有三类（表 10-1）：锌指核酸酶（ZFNs）技术、转录激活因子样效应物核酸酶（TALENs）技术、成簇规律间隔的短回文重复及其相关的 Cas9 核酸酶（CRISPR/Cas9）技术（Rakesh et al.，2019）。ZFNs 技术脱靶率比较高，很难获得有效的锌指核酸酶，经济耗费大；TALENs 技术相对 ZFNs 技术，其脱靶率有所降低，并且特异性较高，但是构建蛋白表达载体比较烦琐；CRISPR/Cas9 技术的目标性强，几乎不脱靶，实验经济消耗低，操作简单易行。

表 10-1　ZFNs 技术、TALENs 技术和 CRISPR/Cas9 技术的比较

类型	ZFNs	TALENs	CRISPR/Cas9
关键部件	ZF-Fok I 融合蛋白	TALE-Fok I 融合蛋白	SgRNA 和 Cas9 蛋白
识别位点	通常 3～6 个锌指（9～18bp 每单位锌指）	通常每个 TALEN 单体为 14～20bp	通常 23bp（20bp 引导序列，3bp PAM Cas9 识别位点）
目标 DNA 识别	蛋白-DNA 交互作用	蛋白-DNA 交互作用	RNA-DNA 交互作用
目标	单一	单一	多个
脱靶效应	频繁	一般	可忽略
特异性	一般	高	较高
切割效率	低	一般	高
经济负担	昂贵	较昂贵	划算
设计性	很困难	困难	容易
所需时间	耗时长	耗时长	耗时短

第二节　CRISPR/Cas9 基因编辑系统

一、CRISPR/Cas9 基因编辑系统的发现及发展

1987 年，Ishino 等在研究大肠杆菌基因时，发现 K12 碱性磷酸酶基因附近有高度同源序列重复性出现。科学家们相继在细菌和古细菌的基因中发现了大量类似回文结构的正向重复核酸序列。2003 年，Mojica 等通过 BLAST 推测 CRISPR/Cas 可能与细菌的获得性免疫有关。2005 年，Bolotin 等通过一系列相关研究发现，在 *Cas1~Cas4* 这 4 个基因附近发现了 CRISPR 结构，并揭示了 CRISPR 间隔序列与来自噬菌体或其他染色体的基因具有同源性。2006 年，Makarova 等发现 CRISPR/Cas 系统是一种功能与真核 RNA 干扰（RNAi）系统相似的防御系统。2007 年，Barrangou 等证实 CRISPR/Cas 系统使细菌产生了由间隔序列相似性决定的特异抗性，从而表明细菌获得对同一噬菌体入侵时的免疫功能。2012 年，Jinek 等发现，CRISPR/Cas9 系统中的 Cas9 蛋白是一种在 DNA 特异性位点进行切割的内切酶。2013 年，Cong 等设计了两种不同的 II 型 CRISPR/Cas 系统，并证明了 Cas9 蛋白是由 sgRNA 引导，通过人和小鼠细胞的内源性基因组位点进行精确切割，说明 CRISPR/Cas9 具有精确编辑的功能。2014 年，Hu 等经过研究发现 Cas9/sgRNA 可以用于艾滋病的预防和治疗。发展至今，CRISPR/Cas9 这个新型基因组编辑系统已被广大研究者所熟知，也成为近年分子生物学界的研究热点领域。CRISPR/Cas9 系统除了可以在人类与动物细胞系中实现定点修饰，还可以在地钱、拟南芥、烟草、水稻、小麦、高粱、甜橙、玉米等模式植物和粮食作物中实现定点基因组编辑（瞿礼嘉等，2015）。但目前只在少数植物中能获得稳定突变体植株，因此，应用 CRISPR/Cas9 技术在更多的模式植物和粮食作物中创造稳定的突变体，对改良作物具有重要的意义。

二、CRISPR/Cas9 系统的结构和作用原理

CRISPR/Cas 是细菌和古细菌自身特有的免疫防御系统，在许多细菌和大多数古细菌中，成簇规律间隔的短回文重复（CRISPR）形成特殊的遗传位点，它们通过序列特异性的方式靶向核酸，提供对病毒和质粒的获得性免疫（Horvath et al.，2010）。CRISPR/Cas9 系统结构主要包括 crRNA（spcer 和 repeat）、tracrRNA 及 Cas 蛋白基因（casgene）三部分（图 10-1）。其中前导序列（leader sequence）作为启动子促使 CRISPR 位点的序列进行转录，转录出的 RNA 称作 CRISPR RNA（crRNA），与 crRNA 杂交的反式激活 CRISPR 相关的 RNA 称作 tracrRNA。Cas9 蛋白是 CRISPR/Cas9 系统的重要组成部分，tracrRNA 可以引导 Cas9 蛋白剪切与 crRNA 互补的 DNA 链，从而使 DNA 双链断裂。当病毒和外源质粒入侵细胞时，CRISPR/Cas9 系统能够鉴别外源 DNA 序列中紧邻靶区域下游的原始相邻基序（PAM，序列：NRG，其中 R 为 G 或 A，一般为 NGG），在 tracrRNA、crRNA 和 Cas 蛋白的引导下切割入侵的病毒基因组，从而在 PAM 上游 3bp 处产生 DNA 的双链断裂（DSB）（Jansen et al.，2002；Wei et al.，2013；Godde et al.，2006；Deltcheva et al.，2011；Jinek et al.，2012；Komor et al.，2017；Gasiunas et al.，2012）。

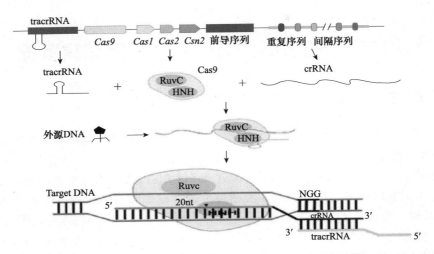

图 10-1　CRISPR/Cas9 系统的结构和作用原理示意图（沈明晨等，2019）

Cas9、*Cas1*、*Cas2*、*Csn2* 为 *Cas* 相关基因；Target DNA 为目标 DNA；
HNH 和 RuvC 是 Cas9 蛋白中的 2 个核酸酶结构域

三、CRISPR/Cas9 的构建方法

CRISPR/Cas9 系统的构建需要 Cas9 蛋白和 sgRNA，两者可以构建为两个载体，也可以合为一个载体。如果将 Cas9 蛋白和 sgRNA 构建成两个载体，则在转化过程中能够快速检测脱靶率；如果将 Cas9 蛋白和 sgRNA 构建在同一载体上，可以提高转化的效率。载体构建主要包含以下几个元件：抗生素抗性基因、复制元件、启动子驱动的筛选基因、启动子驱动的 *Cas9* 基因和启动子驱动的 sgRNA 的 DNA 序列。在设计载体过程中要注意碱基含量的百分比，一般来讲 AT 含量与脱靶效应呈负相关，因此载体中 AT 百分比越高，脱靶效应越低，但是要注意 GC 含量，一般最佳的 GC 含量在 40%～50%（Mall et al.，2013）。

四、CRISPR/Cas9 基因编辑技术路线

CRISPR/Cas9 基因编辑技术路线如下：①选择靶点（PAM 位点），选择 20bp 大小的靶点序列，靶序列后连接有 PAM（NGG）位点，利用在线工具设计靶点，并选择脱靶率低且综合评分高的序列；②根据设计的靶序列进行生物合成，然后将单链退火合成双链；③根据 sgRNA 的序列确定靶点插入位置，选定内切酶进行酶切；④将靶点与酶切好的 sgRNA 载体进行连接；⑤构建 sgRNA 和 Cas9 复合体（根据载体类型，确定是否构建复合体）；⑥将带有靶点的 sgRNA 进行转化，可以采用原生质体转化、农杆菌转化和基因枪轰击愈伤组织（幼胚）转化法；⑦转化之后进行检测，再生下一代植株和筛选转基因植株（Wang et al.，2017）。

第三节　CRISPR/Cas9 基因编辑技术
在农作物改良中的研究进展

农业是社会发展的基础产业，农作物改良是农业发展的动力。农作物在生产过程中存在

着各种不同的问题，在传统育种阶段，不论是从产量的提高、品质的变化，还是从病虫害防治和抗性等方面都有不同程度的限制。随着分子生物学的发展，农作物的改良研究进展也面临着新的突破。随着基因编辑技术的发展，越来越多的领域在应用该技术，这对于农作物优质、高产和稳产具有重要的意义。

一、基因编辑技术在小麦改良中的进展

小麦是异源六倍体作物，基因组庞大且相对复杂。在全球范围内，小麦的遗传收益每年不足 1%，这很难满足世界人口对小麦的需求。近年来基因编辑技术在农作物改良方面有着巨大的进展，对于小麦产量和品质的改良有很大帮助。国际小麦基因组测序联盟公布了有关小麦基因组的测序结果，各种数据库提供了越来越多控制不同性状的基因序列，这些对于小麦相关性状基因的编辑和敲除提供了参考。但是，如今关于小麦基因编辑的报道仍然较少，这表明在小麦基因编辑方面的研究有着巨大的潜力。

首次在小麦中使用 CRISPR/Cas9 技术的相关研究是 Shan 等对 *TaMLO* 基因的敲除（Shan et al.，2013）。随后 *TaMLO* 同位基因被同时敲除，从而获得了抗白粉病的小麦植株。Shan 等（2014）介绍了小麦中 sgRNA 的设计、构建、验证和使用。通过小麦原生质体瞬时表达，实现了对小麦抗胁迫相关基因 *TaDREB2* 和 *TaERF3* 的靶向基因组编辑（Kim et al.，2017）。Zong 等（2017）采用 CRISPR/Cas9 技术对碱基进行编辑，实现了 C 和 T 的靶向转化。目前，前人利用基因编辑技术改良小麦的研究主要集中在抗病、抗逆、产量、色泽、蛋白品质等相关性状（表 10-2）（Rakesh et al.，2019），并获得了相应的基因编辑植株。

表 10-2　CRISPR/Cas9 技术在小麦改良方面的应用

靶基因	基因功能	编辑类型	sgRNA 启动子	Cas9 启动子	转化方法	外植体	参考文献
TaMLO	抑制白粉病的抗性途径	敲除	TaU6	2×35S	原生质体	叶	Shan et al.，2013
PDS	八氢番茄红素去饱和酶	插入	CaMV35S	CaMV35S	农杆菌	幼胚	Upadhyay et al.，2013
INOX	肌醇加氧酶	插入	CaMV35S	CaMV35S	农杆菌	幼胚	Upadhyay et al.，2013
TaLOX2	脂加氧酶 2 和叶绿体前体	插入	TaU6	2×35S	原生质体	叶	Shan et al.，2014
TaMLO-A1	抑制白粉病的抗性途径	敲除	TaU6	ZmUbi1	原生质体	叶	Wang et al.，2014
TaGASR7	控制籽粒长度和重量	敲除	TaU6	ZmUbi1	基因枪	幼胚	Zhang et al.，2016
TaDEP1	花序结构，影响穗长和穗重	敲除	TaU6	ZmUbi1	基因枪	幼胚	Zhang et al.，2016
TaNAC2	调节分蘖	敲除	TaU6	ZmUbi1	基因枪	幼胚	Zhang et al.，2016
TaPIN1	生长素依赖不定根出苗和分蘖	敲除	TaU6	ZmUbi1	基因枪	幼胚	Zhang et al.，2016

续表

靶基因	基因功能	编辑类型	sgRNA 启动子	Cas9 启动子	转化方法	外植体	参考文献
TaLOX2	影响谷物发育和小麦籽粒的贮藏性	敲除	TaU6	ZmUbi1	基因枪	幼胚	Zhang et al., 2016
TaGW2	小麦籽粒宽度和粒重的负调节因子	敲除	TaU6	ZmUbi1	基因枪	幼胚	Zhang et al., 2016; Liang et al., 2016
TaPinB	种子软度	敲除	CRISPR/Cas9 核糖核蛋白复合物	/	基因枪	幼胚	Brandt et al., 2017
TaABCC6	ABC 转运蛋白和感赤霉病	敲除	TaU6	/	原生质体	叶	Cui, 2017
TaNFXL1	NFXL1 转录因子和赤霉病易感性	敲除	TaU6	/	原生质体	叶	Cui, 2017
TansLTP9.4	TansLTP9.4 非特异性脂质转移蛋白和赤霉病抗性有关	敲除	TaU6	/	原生质体	叶	Cui, 2017
TaDREB2	耐干旱性	敲除	TaU6	2×35S	原生质体	叶	Kim et al., 2018; Kim et al., 2017
TaERF3	根长和根毛发育	敲除	TaU6	2×35S	原生质体	叶	Kim et al., 2018; Kim et al., 2017
TaGASR7	一种控制谷物长度的赤霉素调节基因	敲除	TaU6	/	基因枪	幼胚	Liang et al., 2016
α-醇溶蛋白基因	谷蛋白	敲除	TaU6	ZmUbi1	基因枪	幼胚	Sánchez-León et al., 2017
TaEDR1	抗白粉病	敲除	TaU6	Ubi	基因枪	幼胚	Zhang et al., 2017
TaUbiL1	脂加氧酶	敲除	TaU6	ZmUbi1	电子穿孔	小孢子	Bhowmik et al., 2018
TaLpx-1	脂肪氧化酶编码基因	敲除	TaU6	ZmUbi1	原生质体	叶和幼胚	Wang et al., 2018
TaCKX1	细胞分裂素氧化酶基因	敲除	TaU6	YAO	原生质体	叶	尹启琳, 2020
Tox3	耐盐基因	敲除	T7	T7	原生质体	真菌	Haseena et al., 2020
TaNP1	雄性不育相关基因	敲除	TaU3、TaU6、OsU3 和 OsU6	CaMV 35S	原生质体	叶和幼胚	Li et al., 2020
Ms2	育性基因	敲除	TaU3	Ubi	农杆菌	幼胚	Tang et al., 2020
TaAQ、*TaDq*	麦穗和花序结构	敲除	/	SpCas9	农杆菌	幼胚	Liu et al., 2020
SBEⅡa	小麦淀粉分支酶	敲除	TaU6	Ubi	基因枪	幼胚	Li et al., 2020

二、基因编辑技术在水稻改良中的进展

在不同环境条件下水稻有较强的适应能力，所以水稻是全球粮食安全的战略作物（Jasin

et al.，2016）。在过去的几十年里，传统的分子育种方法极大地促进了水稻产量的提高。随着经济和社会的快速发展，人口逐渐增多，全球气候也发生了变化，这就导致了农业生产中病虫害的增加，从而影响了水稻的产量和品质，因此，利用生物技术来提高水稻的产量和品质必不可少。随着基因编辑技术的发展，人们已经成功地利用 CRISPR/Cas9 技术对水稻进行了不同方面的改良。

目前，基因编辑技术在改良水稻方面的应用主要集中在抗病、抗逆、淀粉品质、大米香味、产量等性状（表 10-3）。基因编辑技术首次应用于水稻是在 2013 年，Shan 等对水稻基因组中的 *OsPDS*、*OsBADH2* 和 *OsMPK2* 基因进行编辑修饰，对以后运用 CRISPR/Cas9 技术对水稻品质改良打下了坚实的基础。Jiang 等（2013）利用 Cas9/sgRNA 构建的水稻原生质体细胞，对 *OsSWEET14* 和 *OsSWEET11* 基因进行编辑，经 DNA 测序证实，通过基因编辑技术改变了目标内源性基因 *OsSWEET14* 的位点。有研究利用 CRISPR/Cas9 技术对水稻的花药特异表达基因 *OsIPA* 进行定点编辑，最终获得 *OsIPA* 突变体，通过这项研究可以验证 *OsIPA* 基因在水稻花粉发育过程中的作用。Wang 等（2016）运用 CRISPR/Cas9 编辑技术对水稻 *OsERF922* 基因进行编辑，从而提高水稻的抗病性，获得抗稻瘟病且大米品质优良的植株。

表 10-3　CRISPR/Cas9 技术在水稻改良方面的应用

靶基因	基因功能	编辑类型	sgRNA 启动子	Cas9 启动子	转化方法	外植体	参考文献
OsMYB1	抗稻瘟病	功能验证	AtU6/OsU6/AtUBQ/OsUBQ	CaMV 35S	农杆菌	叶	Mao et al.，2013
SD1	编码赤霉素合成途径	插入	AtU6/OsU6/AtUBQ/OsUBQ	CaMV 35S	农杆菌	幼胚	胡雪娇等，2018
Wx	直链淀粉合成	插入	U6	Ubi	农杆菌	幼胚	汪秉琨等，2018
OsPDS	耐冷性株系	敲除	U3 和 U6	CaMV 35S	基因枪	幼胚	Shan et al.，2013
OsMPK2	控制胚和分生组织形成	敲除	U3 和 U6	CaMV 35S	基因枪	幼胚	Shan et al.，2013
OsBADH2	大米香味	敲除	U3 和 U6	CaMV 35S	基因枪	幼胚	Shan et al.，2013
Os02g23823	转录因子	敲除	U3 和 U6	CaMV 35S	基因枪	幼胚	Shan et al.，2013
YSA	抗白叶枯病	敲除	U6	CaMV 35S	农杆菌	幼胚	Feng et al.，2013
TMS5	雄性不育性	敲除	U3 和 U6	Ubi	农杆菌	幼胚	邵高能等，2017
Badh2	大米香味	敲除	U6	Ubi	/	/	邵高能等，2017
OsERF922	稻瘟病负调控抗性基因	敲除	U6	Ubi	农杆菌	幼胚	Wang et al.，2016
GS3	粳稻花时	敲除	U3	2×35S	农杆菌	幼胚	孟帅等，2018
Gnla、GNP1	控制穗粒数	敲除	U3 和 U6	2×35S	农杆菌	幼胚	沈兰等，2017；李梦杰，2020
Bel	除草剂苯达松抗性基因	敲除	U6	2×35S	农杆菌	幼胚	Xu et al.，2014
OsbHLH116	控制种子萌发	插入	U3	Ubi	农杆菌	幼胚	杜彦修等，2016
Pi21	抗稻瘟病	敲除	U3 和 U6	2×35S	农杆菌	幼胚	王芳权等，2016；Ma，2015
OsWaxy	籽粒糯性	敲除	U6	CaMV 35S	农杆菌	幼胚	Feng et al.，2013
ROC5	卷叶	敲除	U6	CaMV 35S	农杆菌	幼胚	Feng et al.，2013
OsSWEET14	抗白叶枯病	敲除	U6	CaMV 35S	农杆菌	幼胚	Jiang et al.，2013

续表

靶基因	基因功能	编辑类型	sgRNA 启动子	Cas9 启动子	转化方法	外植体	参考文献
CBL5	耐盐性	敲除	U6	2×35S	农杆菌	幼胚	Cheong et al.，2010
GW2、GW5、TGW6	控制千粒重	插入	U3 和 U6	UNQ	农杆菌	幼胚	Xu et al.，2016
Hd2、Hd4、Hd5	控制早熟	敲除	U3 和 U6	Ubi	/	/	Li et al.，2017
DEP1、Ghd7、Ghd8	株高和穗粒大小	敲除	U3 和 U6	Ubi	农杆菌	幼胚	Li et al.，2016；李梦杰，2020
IPA1	控制水稻分蘖	敲除	U6	Ubi	农杆菌	幼胚	Li et al.，2016
PYLs	生长力和产量	敲除	U3 和 U6	Ubi	农杆菌	幼胚	Miao et al.，2018
Xa13	白叶枯病的温敏不育系	敲除	U3 和 U6	Ubi	农杆菌	幼胚	Li et al.，2019
OsDUF1475	DUF 蛋白家族	功能验证	U6	CaMV 35S	农杆菌	幼胚	孔晓聪等，2019
GL3.1、GW6a	籽粒大小	敲除	U3	2×35S	农杆菌	幼胚	Chen et al.，2020；李梦杰，2020
OsPIN5b	穗长	点突变	U6	Ubi	农杆菌	幼胚	Zeng et al.，2019
OsMYB30	耐寒	点突变	U6	Ubi	农杆菌	幼胚	Zeng et al.，2019
OsFWL4、TAC1	水稻分蘖数	敲除	U6	Ubi	农杆菌	幼胚	李梦杰，2020；Gao et al.，2020
OsMADS51、Hd1	调控抽穗期	敲除	U3 和 U6	Ubi	农杆菌	幼胚	李梦杰，2020
Nal1	调控剑叶宽度	敲除	U3 和 U6	Ubi	农杆菌	幼胚	李梦杰，2020
Ehd1	开花途径	敲除	U3 和 U6	Ubi	农杆菌	幼胚	李梦杰，2020
OsPRR37	光周期调控	敲除	U3 和 U6	Ubi	农杆菌	幼胚	李梦杰，2020
OsGAD3	谷氨酸脱羧酶合成	敲除	U6	Ubi	农杆菌	幼胚	Akama et al.，2020
OsAOC	茉莉酸生物合成基因	敲除	U6	Ubi	农杆菌	幼胚	Nguyen et al.，2020
OsROS1	去甲基化酶基因	敲除	U6	Ubi	农杆菌	幼胚	Xu et al.，2020
TMS5	温敏不育基因	敲除	U3	CaMV 35S	农杆菌	幼胚	陈日荣等，2020
Xig1	白叶枯病感病基因	敲除	U3 和 U6	Ubi	农杆菌	幼胚	郑凯丽等，2020
qSH1	籽粒脱落基因	敲除	U3 和 U6	Ubi	农杆菌	幼胚	Sheng et al.，2020
OsRhoGAP2	Rho GTP 酶激活蛋白质编码基因	功能验证	U3	CaMV 35S	农杆菌	幼胚	安文静等，2020
OsCAO1	叶色控制基因	敲除	U3	Ubi	农杆菌	幼胚	Jung et al.，2020
AFP1	耐非生物胁迫	敲除	U3 和 U6	Ubi	农杆菌	幼胚	周天顺等，2021
OsSUTs	蔗糖转运蛋白	敲除	U3	Ubi	农杆菌	幼胚	杨宏等，2021

三、基因编辑技术在其他农作物改良中的进展

CRISPR/Cas9 技术自从兴起以来，已被不同农作物领域的研究人员利用，除了小麦和水

稻之外，还在玉米、大豆、棉花等作物中有所应用。

玉米具有很强的耐旱性、耐寒性、耐贫瘠性及极好的环境适应性。其营养价值较高，是优良的粮食作物，也是其他行业不可或缺的原料之一。Shukla 等（2009）首次利用 ZFNs 对玉米进行基因组编辑。Liang 等（2013）对 *ZmPDS*、*ZmIPK*、*ZmIPKlA* 和 *ZmMRP4* 这几个基因进行编辑。Xing 等（2014）以玉米 *ZmHKT1* 基因作为靶基因，在其上设置两个不同的靶点进行编辑。Svitashev 等（2015）编辑 *ALS2* 基因，得到了抗氯磺隆植株。Zhu 等（2016）利用 CRISPR/Cas9 技术获得了玉米八氢番茄红素合成酶基因的稳定敲除突变体。2017 年烟台大学研究了细胞分裂素有关的基因编辑，对玉米 *ZmCKX1* 和 *ZmCKX5* 基因的 CRISPR/Cas9 靶向编辑载体系统，并在对农杆菌介导的玉米茎尖转化体系进行验证的基础上，以玉米自交系 '郑 58' 为转化的受体对所构建的编辑载体进行了预转化。2019 年山东大学进行了有关玉米转录因子 ZMTHx20 和 ZmPTF1 的定点编辑。

关于大豆的相关研究资料显示，Kim 等（2017）编辑大豆 *FAD2* 基因，验证了 crRNA 复合物是一类无 DNA 的基因组编辑工具。Li 等（2015）将基因位点 DD20 和 DD43 作为靶点进行编辑，最终获得的植株突变率也比较可观。2017 年，Li 等（2017）利用 CRISPR/Cas9 对棉花 *GhMYB25* 基因进行编辑，基因靶点的突变率为 14.2%～21.4%。

第四节　基因编辑技术的展望

随着世界人口的增长，粮食的需求越来越突出，目前各农作物的增产速率远不能满足世界的需求。随着近几年基因编辑技术的热潮，CRISPR/Cas9 技术受到众多科研者的青睐，为农作物产量增加和品质提高奠定了基础。CRISPR/Cas9 利用 DNA 自身修复机制，在特定位点对基因进行修饰，既避免了传统育种的低效率，又避免了转基因技术基因修饰的不确定性，为农作物品种改良提供了新的思路，使得农作物品种的遗传改良出现了革命性的变化，它以更快、更高效、更简单的技术方法实现新品种的选育。但是，基因编辑技术的应用还处于初级阶段，特别是在小麦中的应用极少。因此，要加大 CRISPR/Cas9 技术在增加农作物产量、增强抗性和改善作物品质方面的发掘与应用。

CRISPR/Cas9 技术可以对基因进行敲除、插入、碱基替换、点突变等定点人工修饰，它不仅可以进行基因的插入，还可以验证基因的功能，这对于作物改良和育种有着重要的意义。敲除影响作物品质的基因，对于提高作物品质，生产高质量品种奠定了基础。因此，CRISPR 系统将在作物遗传育种、品种改良、甚至是合成生物学等方面有更广阔的应用前景。

思　考　题

1. 基因编辑技术的原理及技术路线是什么？
2. 利用基因编辑技术改良作物品质的性状主要有哪些？

参 考 文 献

蔡瑞国，尹燕枰，张敏，等．2007．氮素水平对藁城890和山农1391籽粒品质的调控效应［J］．作物学报，33（2）：304-310.

常汝镇，陈一舞，邵桂花，等．1994．盐对大豆农艺性状及籽粒品质的影响［J］．大豆科学，13（2）：101-105.

陈建南，列纪华，李海民．1985．半野生大豆7s贮藏蛋白的提取及某些特性的研究［J］．大豆科学，4（1）：374.

陈新民．2000．糯小麦（Waxy wheat）研究进展［J］．麦类作物学报，20（3）：82-85.

程方民，钟连进，孙宗修．2003．灌浆结实期温度对早籼水稻籽粒淀粉合成代谢的影响［J］．中国农业科学，36（5）：492-501.

戴忠民，王振林，高凤菊，等．2007．两种栽培条件下不同穗型小麦品种籽粒淀粉积累及相关酶活性的变化特征［J］．作物学报，23（4）：682-685.

邓志英，田纪春．2020．谷物品质分析［M］．北京：中国农业出版社.

杜金哲，张丽娟，李文雄，等．2008．不同品质类型小麦籽粒蛋白质积累规律［J］．青岛农业大学学报（自然科学版），25（3）：184-188.

杜彦修，季新，陈会杰，等．2016．基于CRISPR/Cas9系统的OsbHLH116基因编辑及其脱靶效应分析［J］．中国水稻科学，30（6）：577-586.

范文秀，侯玉霞，冯素伟，等．2012．小麦抗倒性能研究［J］．河南农业科学，41（9）：31-34.

韩立英．2014．高油玉米青贮中脂肪酸的降解与抑制［D］．北京：中国农业大学博士学位论文.

贺连萍，胡开堂．2006．天然纤维素的溶解技术及其进展［J］．天津化工，20（1）：7-10.

胡雪娇，杨佳，程灿，等．2018．利用CRISPR/Cas9系统定向编辑水稻SD1基因［J］．中国水稻科学，32（3）：219-225.

江海洋，骆晨，江腾，等．2010．玉米Dof转录因子家族基因的全基因组分析［J］．生物信息学，3：198-201.

姜东，于振文，李永庚，等．2002．高产小麦强势和弱势籽粒淀粉合成相关酶活性的变化［J］．中国农业科学，2（4）：378-383.

蒋明金，孙永健，徐徽，等．2014．播种量与氮肥运筹对直播杂交籼稻抗倒伏潜力及产量的影响［J］．浙江大学学报，40（6）：627-637.

李丰成．2015．植物细胞壁结构特征与生物质高效利用分子机理研究［D］．武汉：华中农业大学博士学位论文.

李浪．2008．小麦面粉品质改良与检测技术［M］．北京：化学工业出版社.

林作楫．1994．食品加工与小麦品质改良［M］．北京：中国农业出版社.

刘京生，王保怀．2003．差式扫描量热法在大分子体系研究中的应用［J］．华北电力大学学报，30（3）：101-103.

刘明启，孙建义，许英蕾．2003．木聚糖酶分子进化的研究进展［J］．中国生物工程杂志，10：62-66.

刘宜柏，黄英金．1989．稻米食味品质的相关性研究［J］．江西农业大学学报，11（4）：1-5.

孟帅，徐鹏，张迎信，等．2018．利用CRISPR/Cas9技术编辑粒长基因GS3改善粳稻花时［J］．中国水稻科学，32（2）：119-127.

闵文莉，曹喜涛，季更生，等．2017．调控脂肪酸合成植物转录因子的研究进展［J］．发酵科技通讯，46（2）：107-112.

倪雪峰．2014．利用DGAT1、SLC、FAD2和FAD3基因改良拟南芥和甘蓝型油菜的含油量和脂肪酸不饱和性［D］．杨凌：西北农林科技大学硕士学位论文.

瞿礼嘉，郭冬姝，张金喆，等．2015．CRISPR/Cas系统在植物基因组编辑中的应用［J］．生命科学，27（1）：64-70.

邵高能，谢黎虹，焦桂爱，等．2017．利用CRISPR/Cas9技术编辑水稻香味基因Badh2［J］．中国水稻科学，31（2）：216-222.

沈兰，李健，付亚萍，等．2017．利用CRISPR/Cas9系统定向改良水稻粒长和穗粒数性状［J］．中国水稻科学，31（3）：223-231.

沈明晨，薛超，乔中英，等．2019．CRISPR/Cas9系统在水稻中的发展和利用［J］．江苏农业科学，47（10）：5-10.

宋琛琛，韩小贤，张新阁，等．2015．不同出粉率面粉和混合发酵剂所制馒头挥发性物质的分析［J］．河南工业大学学报（自然科学版），36（5）：7-12.

谭秀山，毕建杰，王金花，等．2012．冬小麦不同穗位籽粒淀粉粒差异及其与粒重的相关性［J］．作物学报，38（10）：1920-1929.

唐永金．2004．施肥方式对作物品质影响的研究近况［J］．土壤肥料，1（3）：46-49.

陶芬芳，邢蔓，岳宁燕，等．2017．植物三酰甘油合成相关基因研究进展［J］．作物研究，31（3）：330-336.

田纪春．2006．谷物品质测试理论与方法［M］．北京：科学出版社.

田纪春．1995．优质小麦［M］．济南：山东科学技术出版社.

汪秉琨，张慧，洪汝科，等．2018．CRISPR/Cas9系统编辑水稻Wx基因［J］．中国水稻科学，32（1）：35-42.

王宝英，王莉，王立福．1997．麸皮面包的功能性及工艺探索［J］．食品科学，18（9）：18-21.

王会，刘佳，付丽，等．2013．基因工程技术在油菜油脂中的研究进展［J］．中国农学通报，29（24）：131-137．

王芳权，范方军，李文奇，等．2016．利用 CRISPR/Cas9 技术敲除水稻 *Pi21* 基因的效率分析［J］．中国水稻科学，30（5）：469-478．

韦存虚，蓝盛银，徐珍秀．2002．水稻胚乳细胞发育中的蛋白体的形成［J］．作物学报，28（5）：591-594．

魏益民．2002．谷物品质与食品品质-小麦籽粒品质与食品品质［M］．西安：陕西人民出版社．

伍时照，黄超武．1985．水稻品种品质性状的研究［J］．中国农业科学，8（5）：1-7．

许光利．2011．水稻灌浆结实期高温弱光对籽粒脂类代谢的影响［D］．成都：四川农业大学硕士学位论文．

薛中天，徐美琳，庄乃善，等．1987．大豆（*Glycine soja*.SHl）球蛋白 glycinin *GY4* 基因家族的两种表达拷贝［J］．中国科学（B 辑），8：832-839．

严晓鹏．2007．麸皮面包改良剂的研制［D］．无锡：江南大学硕士学位论文．

于永红，朱智伟，樊叶杨，等．2006．应用重组自交系群体检测控制水稻糙米粗蛋白和粗脂肪含量的QTL［J］．作物学报，32（11）：1712-1716．

曾秀英，侯学文．2015．CRISPR/Cas9 基因组编辑技术在植物基因功能研究及植物改良中的应用［J］．植物生理学报，51（9）：1351-1358．

翟凤林．1991．作物品质育种［M］．北京：农业出版社．

张春庆，李晴祺．1993．影响普通小麦加工馒头质量的主要品质性状的研究［J］．中国农业科学，26（2）：39-46．

张惠叶，徐兆飞．1955．冬小麦灌浆期蛋白质积累动态研究［J］．国外农学-麦类作物，1：47-49．

张梅芳，张景六．2002．插入含 Ds 因子的 T-DNA 产生的水稻脆秆突变株的遗传和分子分析［J］．植物生理与分子生物学报，28（2）：111-116．

张元培．1998．展望新世纪的优质小麦品种研究与开发（三）：小麦脂类及其对制品品质的影响［J］．粮食与饲料工业，（9）：4-6．

张志刚．2006．油菜种子含油量相关基因 *PEPC* 和 *DGAT* 的克隆及遗传转化研究［D］．长沙：湖南农业大学博士学位论文．

赵英善．2015．玉米茎秆结构性化合物变化与抗倒伏强度关系的研究［D］．石河子：石河子大学硕士学位论文．

郑学玲，李利民，姚惠源，等．2005．小麦麸皮及面粉戊聚糖对面团特性及面包烘焙品质影响的比较研究［J］．中国粮油学报，20（2）：21-24．

Taiz，Zeiger．2015．植物生理学［M］．北京：科学出版社．

Akihiro T, Mizuno K, Fujimura T. 2005. Gene expression of ADP-glucose pyrophosphorylase and starch contents in rice cultured cells are cooperatively regulated by sucrose and ABA [J]. Plant Cell Physiology, 46: 937-946.

Appenzeller L, Doblin M, Barreiro R, et al. 2004. Synthesis in maize: isolation and expression analysis of the cellulose synthase (CesA) gene family [J]. Cellulose, 11: 287-299.

Arioli T, Peng L, Betzner A S, et al. 1998. Molecular analysis of cellulose biosynthesis in *Arabidopsis* [J]. Science, 279: 717-720.

Bagga S, Adams L P, Rodriguez F D, et al. 1997. Coexpression of the maize delta-zein and beta-zein genes results in stable accumulation of delta-zein in endoplasmic reticulum-derived protein bodies formed by bela-zein [J]. Plant Cell, 9 (9): 1683-1696.

Ball S, Guan de Wal M H B J, Visser R G F. 1998. Progress in understanding the biosynthesis of amylose [J]. Trends Plant Science, 3: 462-467.

Barrangou R, Fremaux C, Deveau H, et al. 2007. CRISPR provides acquired resistance against viruses in prokaryotes [J]. Science, 315 (5819): 1709-1712.

Baskin T I, Beemster G T S, Judy-March J E, et al. 2004. Disorganization of cortical microtubules stimulates tangential espansion and reduces the uniform of cellulose microfibril alignment among cells in the root of *Arabidopsis* [J]. Plant Physiology, 135: 2279-2290.

Bekers F. 1986. Relationship between lipid content and composition and loaf volume of thirty-six common spring wheat [J]. Cereal Chemistry, 63: 327-331.

Bernger J F C, Frixon J, Bigliardie J, et al. 1985. Production, purification and properties of thermo-stable xylanase from *Clostridium stercorarium* [J]. Microbiology, 1 (31): 635-643.

Bhowmik P, Ellison E, Polley B, et al. 2018. Targeted mutagenesis in wheat microspores using CRISPR/Cas9 [J]. Scientific Reports, 8: 6502.

Bolotin A, Quinquis B, Sorokin A, et al. 2005. Clustered regularly interspaced short palindrome repeats (CRISPRs) have spacers of extra chromosome alorigin [J]. Microbiology, 151 (8): 2551-2561.

Champagne E T, Marshall W E, Goynes W R. 1990. Effects of degree of milling and lipid remoral on starch I gelatiniation in the brown rice kernel [J]. Cereal Chemistry, 67 (6): 570-574.

Cheng Y, Cui L, Yan L J, et al. 2011. A high throughput barley stripe mosaic virus vector for virus induced gene silencing in monocots and dicots [J]. PloS One, 6 (10): 1-21.

Cheong Y H, Sung S J, Kim B G, et al. 2010. Constitutive overexpression of the calcium sensor CBL5 confers osmotic or drought stress tolerance in *Arabidopsis* [J]. Molecules & Cells, 29 (2): 159-165.

Chu Z Q, Chen H, Zhang Y Y, et al. 2007. Knockout of the *AtCESA2* gene affects microtubule orientation and causes abnormal cell expansionin in *Arabidopsis* [J]. Plant Physiology, 143: 213-224.

Chung K O. 1982. Relationship of polar lipid content to mixing requirement and loaf volume potential of hard red winter wheat flour [J]. Cereal Chemistry, 59 (2): 14-20.

Coleman C E, Herman E M, Takasaki K, et al. 1996. The maize gamma-zein sequesters alpha-zein and stabilizes its accumulation in protein bodies of transgenic tobacco endosperm [J]. Plant Cell, 8 (12): 2335-2345.

Cong L, Ran F A, Cox D, et al. 2013. Multiplex genome engineering using CRISPR/Cas systems [J]. Science, 339 (6121): 819-823.

Crosbie G B. 1991. The relationship between starch swelling properties, paste visco sity and boiled noodle quality in wheat flours [J]. J Cereal Science, 13 (2): 145-150.

Dahle L K, Muenchow H L. 1968. Some effects of solvent extraction on cooking characteristics of spaghetti [J]. Cereal Chemistry, 45: 464-468.

Daras G, Rigas S, Penning B, et al. 2009. The thanatos mutation in *Arabidopsis thaliana* cellulose synthase 3 (AtCesA3) has a dominant - negative effect on cellulose synthesis and plant growth [J]. New Phytology, 184: 114-126.

Debolt S, Scheible W, Schrick K, et al. 2009. Mutations in UDP-glucose: sterol-glucosyltransferase in *Arabodopsis* cause transparent testa phenotype and suberization defect in seeds [J]. Plant Physiology, 151: 78-87.

Deborah L C, Julien B, Alain D. 2010. Starch nanoparticles: A review [J]. Biomacromolecules, 11: 1139-1153.

Deltcheva E, Chylinski K, Sharma C M, et al. 2011. CRISPR RNA maturation by trans-encoded small RNA and host factor RNase Ⅲ [J]. Nature, 471 (7340): 602-607.

Denyer K, Johnson P, Zeeman S, et al. 2001. The control of amylose synthesis [J]. Plant Physiology, 158 (4): 479-487.

Ding X S, Schneider W L, Chaluvadi S R, et al. 2006. Characterization of a brome mosaic virus strain and its use as a vector for gene silencing in monocoty ledonous hosts [J]. Molecular Plant Microbe, 19: 1229-1239.

Dong G, Ni Z, Yao Y, et al. 2007. Wheat dof transcription factor WPBF interacts with TaQM and activates transcription of an alpha-gliadin gene during wheat seed development [J]. Plant Molecular Biology, 63 (1): 73-84.

Ellis C, Karafllidis I, Wasternack C, et al. 2002. The *Arabidopsis* mutant cevl links cell wall signaling to jasmonate and ethylene responses [J]. Plant Cell, 14: 1557-1566.

Escalada P M, Rojas A, Gerschenson L. 2013. Effect of butternut (cucurbita moschata duchesne ex poiret) fibres on bread making, quality and staling [J]. Food and Bioprocess Technology, 6: 828-838.

Esen A. 1987. A proposed nomenclature for the alcohol-soluble proteins (zeins) of maize (*Zea mays* L.) [J]. Journal of Cereal Science, 5 (2): 117-128.

Fagard M, Desnos T, Desprez T, et al. 2000. PROCUSTE1 encodes a cellulose synthase required for normal cell clongation secifcally in roots and dark-grown hypocotyls of *Arabidopsis* [J]. Plant Cell, 12: 2409-2423.

Feng Z, Zhang B, Ding W, et al. 2013. Efficient genome editing in plants using a CRISPR/Cas system [J]. Cell Research, 23 (10): 1229-1232.

Fujita M, Himmelspach R, Ward J, et al. 2013. The anisotropy1 D604N mutation in the *Arabidopsis* cellulose synthasel catalytic domain reduces cell wall crystallinity and the velocity of cellulose synthase complexes [J]. Plant Physiology, 162: 74-85.

Gaines C S, Raeker M O, Tilley M. 2000. Associations of starch gel hardness, granule size, waxy allelic expression, thermal pasting, milling quality, and kernel texture of 12 soft wheat cultivars [J]. Cereal Chemistry, 77 (2): 163-168.

Gasiunas G, Barrangou R, Horvath P, et al. 2012. Cas9-crRNA ribonucleoprotein complex mediates specific DNA cleavage for adaptive immunity in bacteria [J]. Proceedings of the National Academy of Sciences of the United States of America, 109 (39): 2579-2586.

Gilkes N R, Kilburn D G, Miller R C, et al. 1993. Visualization of the adsorption of a bacterial endo-beta-1, 4-glucanase and its isolated cellulose-binding domain to crystalline cellulose [J]. International Journal of Biology Macromology, 15: 347-351.

Godde J S, Bickerton A. 2006. The repetitive DNA elements called CRISPRs and their associated genes: evidence of horizontal transfer among prokaryotes [J]. Molecular Evolution, 62 (6): 718-729.

Guerzoni M E, Vernocchi P, Ndagijimana M, et al. 2007. Generation of aroma compounds in sour-dough: Effects of stress exposure and lacto-bacilli-yeasts interactions [J]. Food Microbiology, 24: 139-148.

Harris D M, Corbin K, Wang T, et al. 2012. Cellulose microfibril crystallinity is reduced by mutating C-terminal transmembrane region residues CESA1A903V and CESA3T942I of cellulose synthase [J]. Proc Natl Acad Sci USA, 109: 4098-4103.

Horvath P, Barrangou R. 2010. CRISPR/Cas9, the immune system of acteria and archaea [J]. Science, 327 (5962): 167-170.

Hu W, Kaminski R, Yang F, et al. 2014. RNA-directed gene editing specifically eradicates latent and prevents new HIV-1 infection [J]. Proceedings of the National Academy of Science of the USA, 111 (31): 11461-11466.

Hwang Y S, Ciceri P, Parsons R L, et al. 2004. The maize O₂ and PBF proteins act additively to promote transcription from storage protein gene promoters in rice endosperm cells [J]. Plant Cell Physiology, 45 (10): 1509-1518.

Iida S, Amano E, Nishio T. 1993. A rice (*Oryza sativa* L.) mutant having a low content of glutelin and a high content of prolamine [J]. Theoretical Applied Genetics, 87 (3): 374-378.

Iida S, Kusaba M, Nishio T. 1997. Mutants lacking glutelinsubunits in rice: mapping and combination of mutated glutelin genes [J]. Theoretical Applied Genetics, 94 (2): 177-183.

Imberty A, Chanzy H, Perez S, et al. 1987. New three-dimensional structure for A-type starch [J]. Macromolecules, 20 (10): 2634-2636.

Ishino Y, Shinagawa H, Makino K, et al. 1987. Nucleotide sequence of the iap gene, responsible for alkaline phosphatase isozyme conversion in *Escherichia coliand* identification of the gene product [J]. Bacteriology, 169 (12): 5429-5433.

Jansen R, Embden J, Gaastra W, et al. 2002. Identification of genes that are associated with DNA repeats in prokaryotes [J]. Mol Microbiology, 43 (6): 1565-1575.

Jasin M, Haber J E. 2016. The democratization of gene editing: insights from site-specific cleavage and double-strand break repair [J]. DNA repair, 44: 6-16.

Jiang D, Cao W, Dai T, et al. 2003. Activities of key enzymes for starch synthesis in relation of growth of superior and inferior grains on winter wheat (*Triticum aestivum* L) spike [J]. Plant Growth Regulation, 41 (3): 247-257.

Jiang W Z, Zhou H B, Bi H H, et al. 2013. Demonstration of CRISPR/Cas9/ sgRNA-mediated targeted gene modification in *Arabidopsis*, tobacco, sorghum and rice [J]. Nucleic Acids Research, 41 (20): 188.

Jin X, Qiang W, Mohanad B, et al. 2014. Branched limit dextrin impact on wheat and waxy starch gels retrogradation [J]. Food Hydrocolloids, 39: 136-143.

Jinek M, Chylinski K, Fonfara I, et al. 2012. A programmable dual-RNA -guided DNA endonuclease in adaptive bacterial immunity [J]. Science, 337 (6096): 816-821.

Kawakatsu T, Yamamoto M P, Touno S M, et al. 2009. Compensation and interaction between RISBZ1 and RPBF during grain filling in rice [J]. Plant, 59 (6): 908-920.

Kim D, Alptekin B, Budak H. 2017. CRISPR/Cas9 genome editing in wheat [J]. Function Integrative Genomics, 18: 31-34.

Kim E, Koo T, Park SW, et al. 2017. In vivo genome editing with a small Cas9 orthologue derived from *Campylobacter jejuni* [J]. Nature Communications, 8: 14500.

Kim H, Kim S T, Ryu J, et al. 2017. CRISPR/Cpf1-mediated DNA-free plant genome editing [J]. Nature Communication, DOI: 10. 1038/ncomms14406.

Kimura S, Laosinchai W, Itoh T, et al. 1999. Immunogold labeling of rosette terminal cellulose-synthesizing complexes in the vascular plant *Vigna angularis* [J]. Plant Cell, 11: 2075-2085.

Kodrzycki R, Boston R S, Larkins B A. 1989. The opaque-2 mutation of maize differentially reduces zein gene transcription [J]. Plant Cell, 1 (1): 105-114.

Komor A C, Badran A H, Liu D R. 2017. CRISPR-based technologies for the manipulation of eukaryotic genomes [J]. Cell, 168 (2): 20-36.

Kossmann J, Lloyd J. 2000. Understanding and influencing starch biochemistry [J]. Crit Rev Plant Science, 19: 171-226.

Kurek I, Kawagoe Y, Jacob-Wilk D, et al. 2002. Dimerization of cotton fiber cellulose synthase catalytic subunits occurs via oxidation of the zinc-binding domains [J]. Proceedings of the National Academy of Sciences of the United States of America, 99: 11109-11114.

Ledbetter M, Porter K. 1963. A microtubule in plant cell fine structure [J]. Journal of Cell Biology, 19: 239-250.

Li C, Unver T, Zhang B. 2017. A high-efficiency CRISPR/Cas9 system for targeted mutagenesis in cotton (*Gossypium hirsutum* L.) [J]. Scientific Reports, DOI: 10. 1038/srep43902.

Li X. 2017. High-efficiency breeding of early-maturing rice cultivars via CRISPR/Cas9-mediated genome editing [J]. Journal of Genetics and Genomics, 44 (3): 175-178.

Li S, Shen L, Hu P, et al. 2019. Developing disease-resistant thermosensitive male sterile rice by multiplex gene editing [J]. Journal of integrative plant biology, 61 (12): 1201-1205.

Li X L, Xia T, Huang J F, et al. 2014. Distinct biochemical activies and heat shock response of two UDP-glucose sterol glucosyl transferases in cotton [J]. Plant Science, 219: 1-8.

Li M, Li X, Zhou Z, et al. 2016. Reassessment of the four yield-related genes *Gn1a*, *DEP1*, *GS3*, and *IPA1* in rice using a CRISPR/Cas9 system [J]. Frontiers in plant science, 7: 377.

Li Z, Liu Z B, Xing A, et al. 2015. Cas9-guide RNA directed genome editing in soybean [J]. Plant Physiol, 169: 960-970.

Liang Z, Chen K, Li T, et al. 2017. Efficient DNA-free genome editing of bread wheat using CRISPR/Cas9 ribonucleoprotein complexes [J]. Nature Communications, 8: 14261.

Liang Z, Zhang K, Chen K, et al. 2013. Targeted mutagenesis in *Zea mays* using TALENs and the CRISPR/Cas system [J]. Journal of Genetics and Genomics, 41 (2): 63-68.

Lu C, Mai Y W. 2005. Influence of aspect ratio on barrier properties of polymer-clay nanocomposites [J]. Physical Review Letter, 95: 088303.

Makarova K S, Grishin N V, Shabalina S A, et al. 2006. A putative RNA-interference-based immune system in prokaryotes: computational analysis of the predicted enzymatic machinery, functional analogies with eukaryotic RNAi, and hypothetical mechanisms of action [J]. Biology Direct, 2: 1-7.

Mall P, Yang L H, Esveh K M, et al. 2013. RNA—Guided human genome engineering via Cas9 [J]. Science, 339 (6121): 823-826.

Ma X. 2015. A robust CRISPR/Cas9 system for convenient, high-efficiency multiplex genome editing in monocot and dicot plants [J]. Molecular Plant, 8 (8): 1274-1284.

Mao Y, Zhang H, Xu N, et al. 2013. Application of the CRISPR-Cas system for efficient genome engineering in plants [J]. Molecular Plant, (6): 2008-2011.

Manners D J. 1989. Recent developments in our understanding of amylopectin structure [J]. Carbohyrate Polymers, 11: 87-112.

Martha G J, Kay D, Alan M M. 2003. Starch synthesis in the cereal endosperm [J]. Current Opinion in Plant Biology, 6: 215-222.

McCormick K M, Panozzo J F, Hong S H. 1991. A swelling power test for test for selecting potential noodle quality wheats [J]. Australian Journal of Agricultural Research, 42: 317-323.

McFarlane H E, Doring A, Persson S. 2014. The cell biology of cellulose synthesis [J]. Annual Review of Plant Biology, 1: 65-69.

Mertz E T, Nelson O E, Bates L S. 1964. Mutant gene that changes protein composition and increases lysine content of maize endosperm [J]. Science, 145 (362): 279-280.

Miao C, Xiao L, Hua K, et al. 2018. Mutations in a subfamily of abscisic acid receptor genes promote rice growth and productivity [J]. Proceedings of the National Academy of Sciences of the United States of America, 115 (23): 6058-6063.

Morgan J, Namara J, Fischer M, et al. 2016. Observing cellulose biosynthesis and membrane translocation in crystallo [J]. Nature, 531: 329-334.

Morgan M, Strumillo J, Zimmer J. 2013. Crystallographic snapshot of cellulosesynthesis and membrane translocation [J]. Nature, 493: 181-186.

Nakamura T, Vrinten P, Hayakawa K, et al. 1998. Characterization of agranule bound starch synthase isoform found in the periearp of wheat [J]. Plant Physiology, 118: 451-459.

Nishi A, Nakamura Y, Tanaka N, et al. 2001. Biochemical and genetic effects of amylose-extender mutation in rice endosperm [J]. Plant Physiology, 127: 459-472.

Ohdan T, Francisco P B. 2005. Expression profiling of genes involved in starch synthesis in sink and source organs of rice [J]. Journal of Experimental Botany, 56: 3229-3244.

Parker R, Ring S G. 2001. Aspects of the physical chemistry of starch [J]. J of Cereal Sci, 34: 1-17.

Peng B, Kong H L, Li Y B, et al. 2014. OsAAP6 functions as an important regulator ofgrain protein content and nutritional quality in rice [J]. Nature Communication, 5: 4847.

Peng M M, Gao E S M, Abdel A, et al. 1999. Separation and characterization of A-and B-type starch granules in wheat endosperm [J]. Cereal Chemistry, 76: 375-379.

Peng M, Hucl P, Chibbar R N. 2001. Isolation, characterization and expressionanalysis of starch synthase Ⅰ from wheat (*Triticum aestivum* L.) [J]. Plant Science, 161: 1055-1062.

Persson S, Wei H, Milne J, et al. 2005. Identification of genes required for cellulose synthesis by regression analysis of public microarray data sets [J]. Proceedings of the National Academy of Sciences of the United States of America, 102: 8633-8638.

Purhagen J K, Sjöö M E, Eliasson A C. 2011. Starch affecting anti-staling agents and their function in freestanding and pan-baked bread [J]. Food Hydrocolloids, 25: 1656-1666.

Rahman S, Li Z, Batey I, et al. 2000. Genetic alteration of starch functionality in wheat [J]. Jouranl of Creal Science, 31 (1): 91-110.

Rakesh K, Amandeep K, Ankita P, et al. 2019. CRISPR-based genome editing in wheat: a comprehensive review and future prospects [J]. Molecular Biology Reports, 46: 3557-3569.

Regina A, Kosar H B, Li Z, et al. 2005. Starch branching enzyme Ⅱ b in wheat is expressed at low levels in the endosperm compared to other cereals and encoded at a non-syntenic locus [J]. Planta, 222: 899-909.

Rho K L, Chung O K, Seib P A, et al. 1989. The effect of wheat flour lipids, gluten and several starches and surfactants on the quality of oriental dry noodles [J]. Cereal Chemistry, 66 (4): 276-282.

Richard F T, William R M. 1990. Suelling and gelatinization of cereal starches Ⅰ effets of amy lopectin, amylose and lipids [J]. Cereal Chemistry, 67 (6): 551-557.

Sabaratnam N, Jihong L, Thava V, et al. 2012. Amylolysis of large and small granules of native triticale, wheat and corn starches using a mixture of α-amylase and glucoamylase [J]. Carbohydrate Polymers, 88: 864-874.

Salas J J, Ohlrogge J B. 2002. Characterization of substrate specificity of plant FatA and FatB acyl-ACP thioesterases [J]. Arch Biochem Biophys, 403 (1): 25-34.

Sánchez-León S, Gil-Humanes J, Ozuna C V, et al. 2018. Low-gluten, nontransgenic wheat engineered with CRISPR/Cas9 [J]. Plant Biotechnology Jouranl, 16: 902-910.

Santos M M, Dubreucq B, Miquel M, et al. 2005. LEAFY COTYLEDON 2 activation is sufficient to trigger the accumulation of oil and seed specific mRNAs in *Arabidopsis* leaves [J]. FEBS letters, 579 (21): 4666-4670.

Scofield S R, Huang L, Brandt A S, et al. 2005. Development of a virus-inducedgene-silencing system for hexaploid wheat and its use in functional analysis of the Lr21-mediated leaf rust resistance pathway [J]. Plant Physiology, 138: 2165-2173.

Sethaphong L, Haigler C H, Kubicki J D, et al. 2013. Tertiary model of a plant cellulose synthase [J]. Proceedings of the National Academy of Sciences of the United States of America, 110: 7512-7517.

Shan Q, Wang Y, Li J, et al. 2014. Genome editing in rice and wheat using the CRISPR/Cas system [J]. Nature Protocols, 9 (10): 2395-2410.

Shan Q, Wang Y, Li J, et al. 2013. Targeted genome modification of crop plants using a CRISPR-Cas system [J]. Nature Biotechnology, 31: 686-688.

Shaw S L, Lamyar R, Ehrhardt D W. 2003. Sustained microtubule treadmilling in *Arabidopsis* cortical arrays [J]. Science, 300: 1715-1718.

Shew P R, Hazard B, Lovegeove A, et al. 2020. Improving starch and fibre in wheat geain for human health [J]. Plant genomics, DOI: 10.1042/BIO20200051/889413/bio20200051.

Shukla V K, Doyon Y, Miller J C, et al. 2009. Precise genome modification in the crop species *Zea mays* using zinc-finger nucleases [J]. Nature, 459 (7245): 437-441.

Slabas A R, Simon J W, Brown A P. 2001. Biosynthesis and regulation of fatty acids and triglycerides in oil seed rape. Current status and future trends [J]. European Journal of Lipid Science and Technology, 103 (7): 455-466.

Song R, Llaca V, Linton E, et al. 2001. Sequence, regulation and evolution of the maize 22-kD alpha zein gene family [J]. Genome Research, 11 (11): 1817-1825.

Song R, Messing J. 2002. Contiguous genomic DNA sequence comprising the 19-kD zein gene family from maize [J]. Plant Physiology, 130 (4): 1626-1635.

Stork J, Harris D, Grifths J, et al. 2010. CELLULOSE SYNTHASE9 serves a nonredundant role in secondary cell wall synthesis in *Arabidopsis* epidermal testa cells [J]. Plant Physiology, 153: 580-589.

Sullivan S, Ralet M C, Berger A, et al. 2011. CESA5 is required for the synthesis of cellulose with a role in structuring the adherent mucilage of *Arabidopsis* seeds [J]. Plant Physiology, 156: 1725-1739.

Svitashev S, Young J, Schwartz C, et al. 2015. Targeted mutagenesis, precise gene editing, and site-specific gene insertion in maize using Cas9 and guide RNA [J]. Plant Physiology, 169 (2): 931-945.

Tan Y F, Sun M, Xing Y Z, et al. 2001. Mapping quantitative trait loci for milling quality, protein content and color characteristics of rice using a recombinant inbred population detived from an elite rice hybrid [J]. Theoretical Applied Genetics, 103: 1037-1045.

Tanaka K, Sugimoto T, Ogawa M, et al. 1980. Isolation and characterization of two types pf protein bodies in the rice endosperm [J]. Agricultural Biology Chemistry, 44: 1633-1639.

Taru L, Helena H, Karin A, et al. 1998. Effects of enzymes in fibre-enriched baking [J]. Journal of the Science of Food and Agriculture, 76: 239-249.

Taylor N G, Howells R M, Huttly A K, et al. 2003. Interactions among three distinct CesA proteins essential for cellulose synthesis [J]. Proc Natl Acad Sci USA, 100: 1450-1455.

Taylor N G, Scheible W R, Cutler S, et al. 1999. The irregular xylem3 locus of *Arabidopsis* encodes a cellulose synthase required for secondary cell wall synthesis [J]. Plant Cell, 11: 769-780.

Taylor N G, Laurie S, Turner S R. 2000. Multiple cellulose synthase catalytic subunits are required for cellulose synthesis in *Arabidopsis* [J]. Plant Cell, 12: 2529-2540.

Thompson G A, Larkins B A. 1989. Structural elements regulating zein gene—expression [J]. Bioessays, 10 (4): 108-113.

Timmers J, Vernhettes S, Desprez T, et al. 2009. Interactions between memberane-bound cellulose synthase involved in the synthesis of the second cell wall [J]. FEBS Lett, 583: 978-982.

Upadhyay S K, Kumar J, Alok A, et al. 2013. RNA-guided genome editing for target gene mutations in wheat [J]. G3: Genes, Genomes, Genetics, 3 (12): 2233-2238.

Vicente-Carbajosa J M S, Parsons R L, Schmidt R J. 1997. A maize zinc-finger protein binds the prolamin box in zein gene promoters and interacts with the basic leucine zipper transcriptional activator Opaque2 [J]. Proceedings of the National Academy of Sciences of the United States of America, 94 (14): 7685-7690.

Wang F, Wang C, Liu P, et al. 2016. Enhanced rice blast resistance by CRISPR/Cas9-targeted mutagenesis of the ERF transcription factor gene *OsERF922* [J]. PloS One, 11 (4): e0154027.

Wang H, Guo J, Lambert K, et al. 2007. Developmental control of *Arabidopsis* seed oil biosynthesis [J]. Planta, 226 (3): 773-783.

Wang S, Li C, Yu J, et al. 2014. Phase transition and swelling behaviour of different starch granules over a wide range of water content [J]. LWT-Food Science & Technology, 59: 597-604.

Wang W, Pan Q, He F, et al. 2018. Transgenerational CRISPR-Cas9 activity facilitates multi-plex gene editing in allopolyploid wheat [J]. CRISPR Journal, 1 (1): 65-74.

Wang Y, Cheng X, Shan Q, et al. 2014. Simultaneous editing of three homoeoalleles in hexaploid bread wheat confers heritable resistance to powdery mildew [J]. Nature Biotechnology, 32: 947-951.

Wang Y J, Truong V D, Wang L. 2003. Structures and rheological properties of corn starch as affected by acid hydrolysis [J]. Carbohydrate Polymers, 52: 327-333.

Wang Y, Zong Y, Gao C. 2017. Targeted mutagenesis in hexaploid bread wheat using the TALEN and CRISPR/Cas systems [J]. Methods in Molecular Biology, 1679: 169.

Wang Z, Messing J. 1998. Modulation of gene expression by DNA-protein and protein-protein interactions in the promoter region of the zein multi gene family [J]. Gene, 223 (12): 333-345.

Wei C, Liu J, Yu Z, et al. 2013. TALEN or Cas 9 rapid, efficient and specific choices for genome modifications [J]. Journal of Genetics and Genomics, 40 (6): 281-289.

Wu Y, Messing J. 2012. Rapid divergence of prolamin gene promoters of maize after gene amplification and dispersal [J]. Genetics, 192 (2): 507-519.

Xing H L, Dong I, Wang P, et al. 2014. A CRISPR/Cas9 toolkit for multiplex genome editing in plants [J]. BMC Plant Biology, 14: 327.

Xu R, Li H, Qin R, et al. 2014. Gene targeting using the *Agrobacterium* tumefaciens-mediated CRISPR-Cas system in rice [J]. Rice, 7 (1): 5.

Xu R, Yang Y, Qin R, et al. 2016. Rapid improvement of grain weight via highly efficient CRISPR/Cas9-mediated multiplex genome editing in rice [J]. Journal of Genetics and Genomics, 43 (8): 529-532.

Yamagata H, Sugimoto T, Tanaka K, et al. 1982. Biosynthesis of storage proteins in developing rice seeds [J]. Plant Physiology, 70: 1094-1100.

Yamamori M, Fujita S, Hayakawa K, et al. 2000. Genetic elimination of a starch granule protein, SGP-1, of wheat generates an altered starch with apparent high amylse [J]. Theoretical and Applied Genetics, 101: 121-129.

Yanagisawa S, Schmidt R J. 1999. Diversity and similarity among recognition sequences of Dof transcription factors [J]. Planta, 17 (2): 209-214.

Yasumatsu K, Moritaka S. 1964. Fatty acid compositions of rice lipid and their changes during storage [J]. Agricultural and Biological Chemistry, 28 (5): 257-264.

Zhang B, Li X, Liu J, et al. 2013. Supramolecular structure of A-and B-type granules of wheat starch [J]. Food Hydrocolloids, 31: 68-73.

Zhang Y, Bai Y, Wu G, et al. 2017. Simultaneous modification of three homoeologs of TaEDR1 by genome editing enhances powdery mildew resistance in wheat [J]. Plant Journal, 91 (4): 714-724.

Zhang Y, Liang Z, Zong Y, et al. 2016. Efficient and transgene-free genome editing in wheat through transient expression of CRISPR/Cas9 DNA or RNA [J]. Nature Communications, 7: 12617.

Zhong R Q, Morrison W H, Freshour G D, et al. 2003. Expression of a mutant form of cellulose synthase AtCesA7 causes dominant negative effect on cellulose biosynthesis [J]. Plant Physiology, 132: 786-795.

Zhou H, He M, Li J, et al. 2016. Development of commercial thermosensitive genetic male sterile rice accelerates hybrid rice breeding using the CRISPR/Cas9-mediated TMS5 editing system [J]. Scientific Reports, 6: 37395.

Zhu J, Li L, Chen L, et al. 2012. Study on supramolecular structural changes of ultrasonic treated potato starch granules [J]. Food Hydrocolloids, 29: 116-122.

Zhu J, Song N, Sun S, et al. 2016. Efficiency and inheritance of targeted mutagenesis in maize using CRISPR/Cas9 [J]. Journal of Genetics and Genomics, 43: 25-36.

Ziobro R, Korus J, Juszczak L, et al. 2013. Influence of inulin on physical characteristics and staling rate of gluten-free bread [J]. Journal of Food Engineering, 116: 21-27.

Zong Y, Wang Y, Li C, et al. 2017. Precise base editing in rice, wheat and maize with a Cas9-cytidine deaminase fusion [J]. Nat Biotechnology, 35: 438-440.

Zou J, Wei Y, Jako C, et al. 1999. The *Arabidopsis thaliana* TAG1 mutant has a mutation in a diacylglycerol acyltransferase gene [J]. The Plant Journal, 19 (6): 645-653.